ROS2
혼자 공부하는 로봇 SW
직접 만들고 코딩하자

R OS2 **ROS2** 혼자 공부하는 로봇SW
직접 만들고 코딩하자

2024년 3월 4일 2판 1쇄 발행

저자   민형기
발행자   정지숙
마케팅   김용환

발행처   (주)잇플ITPLE
주소   서울 동대문구 답십리로 264 성신빌딩 2층
전화   0502.600.4925
팩스   0502.600.4924
홈페이지   www.itpleinfo.com
이메일   itpleinfo@naver.com
카페   http://cafe.naver.com/arduinofun

정가 : 27,300원
ISBN   979-11-91198-04-1 13550

소스코드(GitHub): **https://url.kr/p1qhc6**
동영상(YouTube): **https://url.kr/hp3ver**

머리말

저는 아주 예전부터 로봇을 공부하고 개발도 했습니다. 처음에는 학생으로서 공부를 했고, 작은 규모의 교육용 로봇부터 판매 가격이 십몇억 원이나 되는 복강경 수술용 로봇의 개발까지 참여했습니다. 제가 관심을 가진 분야는 정말 많지만, 실제 개발에 참여하기는 쉽지 않았습니다. 그런데 어쩌다 보니 블록 코딩을 하는 교육용 로봇, 폭발물 제거용 로봇, 중심을 잡고 사람의 이동을 도와주는 밸런싱 로봇의 일종인 스케이트 로봇, 3D 프린터, 딥러닝을 이용한 다양한 프로젝트까지도 도전했습니다. 그런 제가 로봇을 개발하든 사용하든 언제나 편하게 기능을 구현할 수 있도록 도움을 준 친구가 ROS(Robot Operating System)입니다.

물론 처음부터 ROS를 사용한 건 아닙니다. 제가 ROS의 존재를 안 것은 2012년 경이지만, 실제 ROS를 공부하면서 사용하게 된 것은 몇 년 후이고, ROS를 이용해서 로봇 SW를 개발한 것은 또 그로부터 몇 년 후입니다. ROS를 사용해본 후에 '아! 이 좋은 도구를 더 일찍 사용했더라면, 정말 편했을 텐데'라고 후회했습니다.

최근 저는 다양한 형태의 교육 과정에 참여해서 로봇과 딥러닝을 전파하고 있습니다. 또한 훌륭한 책이나 자료를 통해 여러 장소에서 학생들에게 잘 전달하려 애쓰고 있습니다. 그러다가 로봇의 기능을 배우고, 로봇 개발을 위해 ROS를 학습하려는 분들에게 뭔가 도움을 드리고 싶단 생각이 들었습니다. 거창한 ROS의 역사나 ROS의 철학, 아키텍처에 관한 게 아니라, 어떻게 하면 ROS를 정말 잘 쓸 수 있는지에 관한 이야기를 하고 싶었습니다.

저는 ROS, 블록 코딩, 제어이론, 로보틱스, 디지털 필터, 딥러닝 등 로봇을 개발하는 데 필요하다고 판단한 것 중에 제가 할 수 있는 것은 모두 전달해야겠다고 생각했습니다. 분야별로 한 권의 책이 될지 아니면 좀 다른 형태가 될지는 모르겠지만 하나씩 이야기를 꺼내서 전달하려고 합니다.

첫 번째 책은 ROS2 Humble으로 시작하려고 합니다.

저는 ROS 버전이 1인지 2인지는 중요하지 않은 것 같습니다. 어떤 도구를 쓰느냐보다 자기에게 필요한 기능을 빠르게 찾아서 어떻게 적용하는가가 더 중요하다고 생각합니다.

'완벽한 정리'라든가, '이 책 한 권이면 끝'이라는 말은 제 책에는 어울리지 않습니다. 저는 인터넷에 있는 자료보다 더 많은 내용을 더 깊이 있게 정리할 수 있는 능력이 제게 있다고 생각하지 않습니다. 저는 앞에서 말한 것처럼 독자들이 빠르게 도구를 익힐 수 있는 방법을 고민한다는 것을 말하고 싶습니다.

이 책은 우선, ROS의 기본적인 사용법에 집중할 것인데 그전에 Linux의 사용법을 간략하게 다룰 겁니다. ROS는 Ubuntu(Linux 기반의 OS)에서 아주 잘 동작하므로 Ubuntu의 사용법에 익숙해질 필요가 있기 때문입니다. 또한 URDF로 로봇을 기술하는 방법, Gazebo에서 시뮬레이션하는 방법과 아두이노를 ROS에서 이용하는 방법도 다음에 출판될 2권에서 다루려고 합니다.

현재 ROS라는 이름의 유용한 도구는 몇 년 전에 ROS2 버전이 나와서 ROS1에서 ROS2로 넘어가고 있는 과도기입니다. 인터넷 커뮤니티에서는 ROS1이냐, ROS2냐를 가지고 많은 논쟁이 있지만, 제 생각에는 무의미한 논쟁인 것 같습니다. 왜냐하면, 다 다룰 줄 알아야 하기 때문입니다.

우리는 ROS2 Humble 버전을 기준으로 설명을 진행합니다. 아마도 곧 우분투 24.04에 맞는 ROS2 버전이 나오겠지만, 지금 공부하기 좋은 버전은 Humble이라고 생각을 합니다.

이 책이 이야기하는 대상 독자

이 책은 ROS라는 도구의 존재를 알고 공부하려는 분 중에 아직 공부를 시작하지 않았거나, 이것저것 예제를 돌려봤지만 어떤 것인지 감을 잡지 못한 분들을 대상으로 하고 있습니다.

오랫동안 강의를 해왔던 저의 경험을 바탕으로 이러한 독자들이 쉽게 이해할 수 있게 이야기를 들려주는 것처럼 이 책을 기술했습니다. 이 책이 추구하는 것은 독자들이 빠르게 ROS의 원리와 사용법을 파악해서 하고 싶은 일을 할 수 있도록 하는 것입니다.

이 책 한 권이면 다 된다고 하는 말은 아닙니다. 저자인 제가 독자분들에게 하고자 하는 말은 '이렇게 배우면 좀 더 쉽지 않을까요?'라는 것입니다. 수학의 한 분야라면 한 권이면 다 되는 책이 중요하겠지만, 전체 인원이 가늠도 안 되는 사람들이 참여해서 다양한 패키지를 공유하는 ROS라는 생태계에 그렇게 접근할 수 있다고 생각하지 않습니다.

또한, 우리에게는 '표윤석' 박사라는 매우 뛰어난 ROS 전도사가 계셔서 그분의 책과 자료를 통해 ROS2의 기본적인 동작 원리 등을 알 수 있습니다. 그래서 저는 제가 수업 때 즐겨 접근하는 방식대로 이 책을 기술했습니다.

사랑하는 우리 딸 민수아가 언제나 행복하길 …
또 항상 가족을 위해 고생하는 우리 와이프 한혜경 …
요즘 잘 못 하는 말을 여기에 남깁니다.
사랑합니다.

들어가며

PinkWink가 ROS를 공부하며 만난 고마운 분들

▌ ROS와의 첫 만남, 그리고 그 옆에 표윤석 박사님

제가 ROS를 처음 혼자 공부하기 시작한 것이 2014년과 2015년쯤입니다. 한국에서 ROS 하면 연관되어 떠오르는 한 분이 있다면 바로 표윤석 박사님이죠. 저는 표 박사님이 공개하신 정말 많은 자료를 보면서 따라 했습니다. 회사 일과 병행하며 취미 생활처럼 공부하던 터라 참 학습 속도가 느렸습니다. 그리고 2016년 여름쯤 실습할 대상 로봇이 필요해서 SNS에 도움을 요청했습니다. 안 쓰는 로봇이 있는 분은 도와 달라고 말이죠. 황당한 요청임에도 로보티즈와 로보티즈의 표윤석 박사님께서 응답을 주셨습니다.

[그림 0.1] 2016년 표윤석 박사님께 선물 받은 로봇팔 〈출처: https://pinkwink.kr/907〉

저 로봇팔과 함께 보내주신 액세서리들을 활용해서 참 잘 공부했습니다. 거듭 감사의 인사를 드립니다. 로보티즈는 2016년 막 ROS를 공부하던 한 변두리 공학도에게 2022년 이렇게 ROS2 책을 집필할 수 있는 원동력이 되었습니다. 고맙습니다.

▌ Universal Robot과의 만남

　그 후 저는 그다음 해인 2017년 협동로봇 세계 1위인 유니버설 로봇의 로봇팔을 ROS로 기동해 볼 기회를 얻었습니다. 당시 UR5였는데 UR5는 큰 프로젝트에 들어가야 할 팔이었는데 당시 일하던 회사에 일정보다 좀 일찍 도착하는 바람에 제가 ROS를 공부할 수 있는 시간적 여유를 얻게 된 것이었습니다.

[그림 0.2] Universal Robot의 UR5 〈출처: https://pinkwink.kr/1048〉

　당시 남은 사진은 [그림 0.2]뿐이지만, 저 로봇팔을 처음 연결하고 ROS를 기동하고 각종 필요한 패키지를 설치하고 모든 토픽의 설정이 문제없음을 느끼는 그 순간을 아직 잊지 못합니다 [그림 0.3]. 몇천만 원이나 하는 산업용 로봇팔을 이제 막 공부한 ROS로 구동을 시켜 보는 그 희열. 로봇을 좋아하는 분들이 바로 눈앞에서 실제 로봇을 물리적으로 움직이는 맛에 공부하리라는 것을 그때 경험으로 알았습니다.

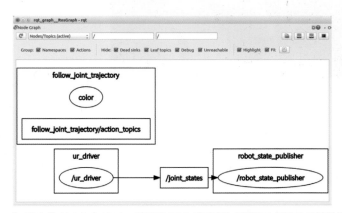

[그림 0.3] Universal Robot의 UR5 ROS 패키지를 실행하고 토픽의 흐름을 관찰하는 모습
〈출처: https://pinkwink.kr/1048〉

▌AI Robot 수업 기획과 강의, 그리고 정말 고마운 인연들

저는 계속 회사 생활도 하고 또 그 속에서 여러 프로젝트도 수행하면서 바쁘게 보내다가 문득 ROS와 여러 하드웨어를 엮어서 하나의 수업을 만들면 좋겠다고 생각을 했습니다. 당시 저는 패스트캠퍼스라는 곳에서 주말마다 'Python을 활용한 데이터 분석 입문'이라는 강의를 하고 있었는데, 2019년 겨울 당시 패스트캠퍼스에 재직 중이셨던 코스 매니저인 윤형진 매니저님과 의기투합해서 엄청난 물량을 투입하는 로봇 강의[1]를 만들어 보자고 했습니다.

당시 수업의 목표는 아래와 같았습니다.

- 먼저 ROS를 단순히 배우는 단계에서 더 나아가, 스스로 패키지를 직접 만드는 과정에 익숙해지도록 구성할 것
- 다수의 실물 로봇을 대상으로 실제 실습이 이루어질 것(로봇팔, 주행로봇, 드론 등도 꼭 포함할 것)
- 최소한 영상인식 등의 인공지능을 구현해 볼 것
- 산업계에서 실제 상용화에 성공한 인공지능 관련 제품을 실제 경험할 것
- 로봇 업계에서 자신만의 영역을 구축한 전문가들을 수강생과 만나게 해줄 것

[그림 0.4] 2019년 겨울에 런칭한 AI 로봇 구현 패스트캠퍼스 홈페이지 화면 〈출처: 패스트캠퍼스〉

---

1 https://pinkwink.kr/1268

[그림 0.5] AI 로봇에서 사용한 로보티즈의 오픈 머니플레이터 〈출처: https://pinkwink.kr/1268〉

　　[그림 0.5]부터 [그림 0.9]까지는 당시 교육에 사용한 장비입니다. 주행로봇 학습과 머니플레이터의 학습을 위해 로보티즈의 터틀봇3와 오픈머니플레이터를 사용했습니다.

[그림 0.6] AI 로봇에서 사용한 로보티즈의 터틀봇3 〈출처: https://pinkwink.kr/1268〉

[그림 0.7] AI 로봇 강좌에서 열심히 실습 중인 수강생 〈출처: https://pinkwink.kr/1268〉

[그림 0.8] AI 로봇 강좌에서 사용 중인 로보링크의 드론 〈출처: https://pinkwink.kr/1268〉

[그림 0.9] AI 로봇 강좌에서 사용 중인 UR5 〈출처: https://pinkwink.kr/1268〉

그리고 협동로봇을 경험하기 위해 유니버설 로봇의 UR5를 사용했고, ROS로 드론을 활용하기 위해 로보링크의 코드론을 사용했습니다.

[그림 0.10] AI 로봇 강좌에서 수강생들에게 수업 중인 구성용 박사님 〈출처: https://pinkwink.kr/1268〉

[그림 0.11] AI 로봇 강좌에서 수강생들에게 수업 중인 한재권 교수님 〈출처: https://pinkwink.kr/1268〉

또한, 산업용 로봇에서 3D 비전 시스템을 최고로 개발해서 운용하고 있는 회사인 Pickit3D의 구성용 박사님과 제자에 대한 열정, 개발자의 열정, 요리에 대한 열정이 어마어마하신 한재권 교수님을 초빙해서 수강생들과 멋진 이야기를 나눌 수 있는 자리도 여러 번 만들었습니다.

이 교육에서 저는 강의 처음부터 끝까지 함께 한 윤형진 매니저님, 그리고 사진 한 장이 없어서 공개하지 못한 제가 아는 최고의 ROS 테크니션인 안병규 연구원님, 로봇에 대한 넘치는 열정과 이 분야에서 안 한 것 없는 당시 로보링크 이현종 대표님, Pickit3D의 구성용 박사님, 최고의 로봇 스승이신 한재권 교수님 등과 한 단계 더 깊은 인연을 맺고 많은 도움을 받았습니다. 또한 당시 로보티즈에서 아낌없는 지원을 해주었음에 감사드립니다. 당연히 무엇보다 당시 수강하신 수강생분들께도 감사를 드립니다.

복강경 수술용 로봇에 ROS 패키지 개발 그리고 그때의 인연

복잡하고 어려운 여러 검증 절차를 거치는 의료분야의 복강경 수술용 로봇[1]은 오픈소스 기반의 플랫폼을 잘 사용하지 않습니다. 그래서 저의 경력 중에서 많은 기간을 차지하는 의료 로봇 개발에 직접 ROS를 접목하진 못했습니다.

그러나 알고리즘, 기구학 관련 엔지니어들이 미리 자신의 파트를 개발하거나 테스트하는 용도로서는 유용할 것으로 판단하고 회사를 설득해서 복강경 수술용 로봇의 ROS 패키지를 개발 후 사용한 적이 있습니다. 그때의 모든 결과물은 보안 사항이라 더 상세히 말할 수도 없고 사진도 없어 아쉽지만 그래도 저에게는 중요한 경험이었던 것 같습니다.

----

1 https://pinkwink.kr/756

당시 빠른 접목을 위해 초기 개발을 의뢰해서 멋지게 성공시켜준 안병규 연구원님에게 감사를 보내며, 또 그 후 접목하고 개량하고 사용하려 노력했던 팀원들에게도 이 자리를 빌려 감사를 드립니다.

▌교육용 플랫폼 개발을 위한 ROS 패키지 개발에서의 인연

그 후 저는 한양대학교 에리카에 1년 정도 연구교수로 있었습니다. 그때 앞서 이야기한 안병규 연구원님과 bishop pearson님, 이현옥 연구원님과 함께 일할 기회가 잠시 있었습니다. 이분들이 해주신 일을 옆에서 관찰했던 것은 개인적으로 좋은 기회였다고 생각합니다. 그때 만들어진 플랫폼은 하나의 실습실 전체를 GAZEBO에서 구현하고 SLAM을 연습할 수 있는 바탕도 만들고, 해당 로봇을 이용해서 학생들이 자율주행을 공부할 수 있도록 했습니다. 또한 로봇팔 두 대가 ROS에서 구동될 수 있도록 준비하여 로봇팔이 무언가 조립할 때의 과정을 연구할 수 있도록 준비했었습니다. 그때 만나 저에게 많은 도움을 주신 안병규 연구원님, bishop pearson님, 이현옥 연구원께도 감사를 드립니다.

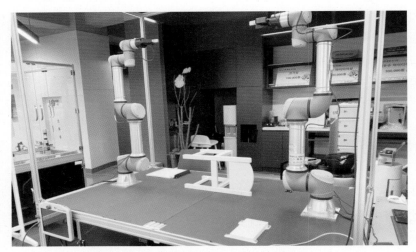

[그림 0.12] 로봇 교육용 플랫폼을 위해 UR5 두 대로 구성한 플랫폼 HW

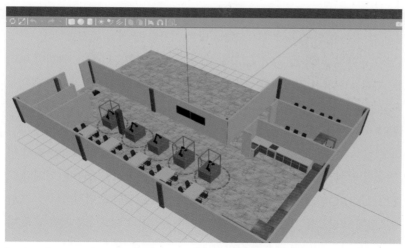

[그림 0.13] 로봇 교육용 플랫폼을 구성한 GAZEBO 시뮬레이션 화면

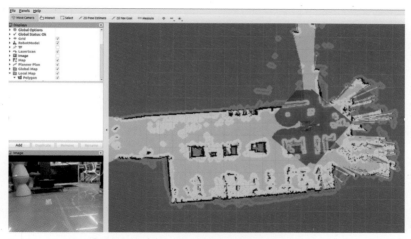

[그림 0.14] 로봇 교육용 플랫폼에서 구현한 SLAM 시연 장면

Special Thanks …

제가 살아오면서 감사할 분들은 너무 많지만, 제 기억 속에서 몇몇 굵직한 뭔가 중요한 이벤트가 되었던 일만 몇 가지 소개했습니다. 이 책은 이제 시작입니다. 저는 이후 로봇의 제어, 필터 관련 코드는 어떻게 만들고 진행하는지도 다룰 예정이고 비록 작지만, 모바일 로봇의 구성에 관해서도 이야기하려고 합니다. 그 과정에서 애드로이트의 이정학 대표님의 도움에 감사하며, 늘 도움을 주시는 김진욱 이사님께도 감사드립니다.

그리고 향후 계획에 큰 축을 담당해 주셔야 하는 잇플의 정지숙 대표님과 잇플 직원들께도 감사드립니다. 원고 마감 기한은 언제나 어기고 요구는 많은 저자를 잘 참아 주셨습니다.

무엇보다 Noma님과 김현진, 고정현, 김상구, 고원진, 정다은, 유승환, 함종수, 곽희상 여러분 항상 고맙습니다. 미래는 어떨지 모르지만, 지금까지는 제 부탁을 마다하지 않고 도와줘서 고맙습니다.

또한, 저에게 지원을 아끼지 않는 제로베이스 김지훈 대표님, 강호준 매니저님, 권성은 매니저님, 그리고 고생하고 있는 조용하 강사님 역시 항상 고맙습니다. 그리고 제가 설립한 회사 핑크랩의 사실상 1호 직원인 김민정, 그리고 2호 직원인 이체은 님 너무나 감사합니다. 언제나 교육에 대해 고민해 주시는 KIRO의 김대연 실장님, 안국화, 이영도 선생님도 감사합니다. 또한 새로 설립한 회사 핑크랩에 냉장고를 기증해 주신 이강민 데이원컴퍼니 대표님과 저의 교육 방향에 대한 고민을 같이 해주시는 이덕주 대표님 감사합니다.

이 책을 읽을 때 유의할 점

이 책을 집필하는 저의 콘셉트는 아주 간단합니다. 제가 여러분 앞에서 이야기합니다. 한 단원씩 한숨에 읽어가면 좋습니다. 흐름과 소개, 제가 경험하고 느낀 전달하고 싶은 내용을 설명합니다.

그런데 이 책은 아래와 같은 것은 다루지 않습니다.

- 어떤 명령의 모든 옵션
- 한 클래스가 지원하는 모든 명령
- 표로 정리한 옵션별 이름과 기능 등등

이유는 지극히 개인적이긴 하지만, 옵션과 명령 기능을 나열하는 것은 한숨에 한 단원씩 진행할 때 방해가 됩니다. 저는 비록 규모가 작더라도 하나의 이야기처럼, 한 이야기를 읽고 보는 것처럼 공부할 때 제일 효율이 높았습니다. 그래서 그렇게 진행하려 노력합니다. 또 하나는 어차피 옵션이든 뭐든 공식 홈페이지에서 가장 잘 설명하고 있습니다. 아마 5장부터 본격적으로 시작되겠지만, 저는, 공식 홈페이지를 보면서 어떻게 명령과 사용법 등을 익히는지 설명합니다.

이제 새로운 공부를 시작하려는 여러분께 꼭 화이팅을 기원합니다. 우리! 잘해봅시다.

CONTENTS

Chapter 1 환경설정

Chapter 2 터미널과 bashrc 그리고 리눅스 익숙해지기

Chapter 3 ROS2 기본 명령 익히기

Python으로 서비스 클라이언트 다루기

Chapter 5

ROS2 학습을 위한 Python Class 이해하기

Chapter 6

Chapter 9 액션 익숙해지기

Chapter 10 Parameter 다루기

Chapter 11

디버그와 관찰을 위한 여러 도구들

Chapter
1

환경설정

저는 공부하거나 수업할 때, 처음부터 끝까지 빼곡하게 정리해서 그것을 이런저런 표로 전달하려고 하지 않습니다. 필요한 것을 필요할 때 익히면 되는 분야가 있고, 처음부터 단계를 밟아서 익혀야 하는 수학이나 물리와 같은 분야도 있습니다. 제가 다루려는 것은 처음부터 단계를 밟아서 익혀야 한다고 생각하지 않습니다. 그래도 기본적으로 알고 있어야 하는 지식은 있으니까 그런 것들은 간략하게나마 다루고 넘어가려고 합니다. 그래 봐야 리눅스에서 터미널을 다루는 것에 관한 내용과 그 터미널에서 사용하는 명령에 관한 내용입니다.

1.1 화면 분할이 되는 터미널의 필요성

Ubuntu의 기본 터미널은 화면 분할이 안 됩니다. 새 창으로 터미널을 실행하거나, 탭으로 터미널을 실행할 수는 있습니다. 그런데 ROS를 사용하다 보면 많은 터미널을 실행해야 할 때가 있습니다. 너무 많은 터미널이 실행된 너저분한 화면은 효율을 아주 떨어뜨립니다.

터미널은 보통 terminator와 tilix, tmux를 많이 추천합니다. 물론 각 터미널의 스타일이나 어려운 부분은 모두 다릅니다. 이번 절에서는 terminator와 tilix에 대해 간략히 다루겠습니다. 여기서 말하는 '터미널'은 Ubuntu의 원래 terminal을 말하기도 하고, 이 절을 공부하고 독자들이 따로 설치한 tilix, tmux, terminator을 말하기도 합니다. 터미널 기능을 하는 것은 모두 터미널이라고 생각하면 됩니다. 다만, 여기에서는 대부분 화면 분할이 되는 터미널로 설명할 것입니다.

1.2 기본 터미널 사용해보기

1.2.1 기본 터미널 실행하기

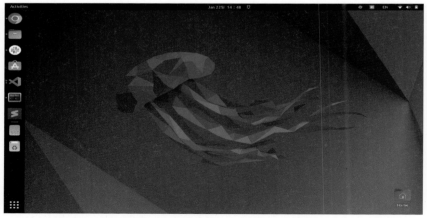

[그림 1.1] 우분투 22.04의 바탕화면

PC에 우분투 22.04를 설치하면, [그림 1.1]과 같은 우분투 22.04 바탕화면을 만나게 됩니다. 조금 다른 이야기지만, 저는 독자들이 될 수 있으면 Ubuntu를 설치하는 것, 또다시 설치하는 것에 스트레스를 받지 않았으면 합니다. 10여 년 전과 달리 요즘 Ubuntu의 설치는 매우 간결하고 쉬워서 시간이 별로 걸리지 않습니다. 그리고 한글 입력기는 설치하더라도 Ubuntu는 될 수 있으면 영어 버전으로 설치하기를 권장합니다. 설치하고 나서 원하는 SW를 세팅하는 것도 여러분들에게는 필요하기 때문입니다.

[그림 1.2] Show Applications 버튼의 위치

[그림 1.2]에 보이는 Show Applications 버튼을 누르고 나타난 화면에서 terminal이라고 검색하면 [그림 1.3]과 같이 터미널 실행 아이콘이 나옵니다.

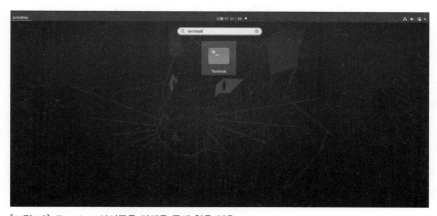

[그림 1.3] Terminal 아이콘을 검색을 통해 찾은 경우

위의 방법으로 터미널을 실행할 수도 있지만, Ctrl+Alt+T 키를 사용해도(사실 이 단축키를 더 많이 사용합니다) [그림 1.4]와 같은 터미널이 나옵니다.

[그림 1.4] 우분투의 기본 terminal을 실행한 모습

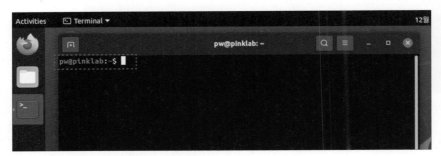

[그림 1.5] 실행한 터미널에서 나타난 프롬프트

[그림 1.4]에서 실행된 터미널을 보면 [그림 1.5]에서 빨간색 박스로 부분이 있습니다. 여기서 중요한 사항이 하나 나옵니다. 바로 프롬프트입니다.
먼저 [그림 1.5]의 빨간색 박스 안의 pw@pinklab을 주의해서 봐주세요.

username@user-PC-name

위와 같이 프롬프트는 사용자의 이름과 사용자의 PC 이름으로 되어있습니다. 본능적으로 이 부분을 살펴보는 버릇이 필요합니다. 여러분들은 앞으로 터미널을 통해 원격으로 연결된 장치에 자주 접근하게 될 겁니다. 그때 나의 로컬 PC인지 원격 장치인지 확인할 수 있는 최소한의 방법이 [그림 1.5]에 있는 프롬프트를 확인하는 것입니다.

1.2.2 새 터미널 만들기

[그림 1.4]에서 터미널을 하나 실행했다면 CTRL+ALT+T를 한 번 더 누르거나, [그림 1.3]의 상황을 만들어서 아이콘을 클릭하면 [그림 1.6]과 같이 창이 하나 나타납니다.

[그림 1.6] 두 개의 터미널을 실행한 화면

이렇게 창을 만드는 것은 간단하게 화면을 사용할 때는 상관없습니다. 그런데 ROS는 아주 많은 터미널을 실행해야 할 때가 있어서 이렇게 터미널의 개수를 늘리는 것은 여러 애플리케이션을 실행할 때 좋지 않습니다. 그러나 기본 터미널은 화면 분할이 되지 않으니까 주로 새 탭을 열어 사용하게 됩니다.

여기서 잠깐, 터미널을 사용하다 보면 마우스보다는 키보드를 주로 사용합니다. 터미널을 끄는 명령은

exit

입니다.

[그림 1.7] 종료하고자 하는 터미널에서 exit 명령을 입력한 모습

[그림 1.7]처럼 종료하고자 하는 터미널에서 exit를 입력하고 엔터를 입력하면 해당 터미널이 종료됩니다.

다시 본래 이야기로 돌아가겠습니다. 기본 터미널에서 또 하나의 터미널을 여는 방법은 [그림 1.4]의 상황에서 새 창으로 터미널을 열지 말고 탭을 추가하는 것입니다. 단축키는 CTRL+SHIFT+T입니다.

[그림 1.8] 새 탭에서 터미널을 실행한 모습

[그림 1.8]은 새 탭으로 터미널을 실행한 모습입니다. 우분투의 기본 터미널을 이렇게 실행할 수 있습니다. 터미널에 대해서 할 이야기는 아주 많지만, 다른 터미널을 소개한 후에 다시 이야기하도록 하겠습니다.

1.3 Terminator

1.3.1 Terminator 설치

앞 절에서 우분투의 기본 터미널에 대해 알아보았습니다. 이번에는 화면 분할 기능과 함께 많은 기능을 제공하는 터미네이터(terminator) 터미널을 이야기하려고 합니다.

먼저 [그림 1.4]의 화면에서 아래 명령을 [그림 1.9]와 같이 입력합니다.

sudo apt install terminator

여기서 sudo는 관리자 권한으로 명령을 실행하라는 뜻입니다. 그다음의 apt install은 패키지를 관리하는 apt 명령을 통해 terminator라는 패키지를 설치하라는 명령입니다. 보통 우분투에서는 패키지 관리자로 apt나 apt-get을 많이 사용합니다.

[그림 1.9] 기본 터미널에서 terminator를 설치하는 명령을 입력한 화면

[그림 1.9]와 같이 입력한 후 엔터를 입력하면 [그림 1.10]과 같이 먼저 암호를 물을 것입니다. 이 암호는 같은 터미널에서 이미 sudo와 같은 명령으로 암호를 입력한 적이 있다면 묻지 않을 수도 있습니다.

우분투는 터미널에서 암호를 물을 때 *가 나타나지 않습니다. 그러므로 입력했는데 아무 글자가 나타나지 않는다고 걱정할 필요는 없습니다. 그렇게 암호를 묻고 답하고 나면 새로 설치해야 할 패키지가 있으면 계속 진행할 것인지 아닌지를 묻게 될 겁니다.

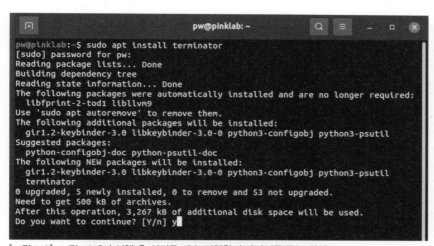

[그림 1.10] 그림 1.9에서 실행 후 설치를 계속 진행할지 아닐지를 묻는 화면

Preparing to unpack .../python3-configobj_5.0.6-4_all.deb ...
Unpacking python3-configobj (5.0.6-4) ...
Selecting previously unselected package python3-psutil.
Preparing to unpack .../python3-psutil_5.5.1-1ubuntu4_amd64.deb ...
Unpacking python3-psutil (5.5.1-1ubuntu4) ...
Selecting previously unselected package terminator.
Preparing to unpack .../terminator_1.91-4ubuntu1_all.deb ...
Unpacking terminator (1.91-4ubuntu1) ...
Setting up libkeybinder-3.0-0:amd64 (0.3.2-1ubuntu1) ...
Setting up gir1.2-keybinder-3.0 (0.3.2-1ubuntu1) ...
Setting up python3-psutil (5.5.1-1ubuntu4) ...
Setting up python3-configobj (5.0.6-4) ...
Setting up terminator (1.91-4ubuntu1) ...
update-alternatives: using /usr/bin/terminator to provide /usr/bin/x-terminal-em
ulator (x-terminal-emulator) in auto mode
Processing triggers for mime-support (3.64ubuntu1) ...
Processing triggers for hicolor-icon-theme (0.17-2) ...
Processing triggers for gnome-menus (3.36.0-1ubuntu1) ...
Processing triggers for libc-bin (2.31-0ubuntu9.2) ...
Processing triggers for man-db (2.9.1-1) ...
Processing triggers for desktop-file-utils (0.24-1ubuntu3) ...
pw@pinklab:~$

[그림 1.11] 그림 1.10에서 계속 진행하고 설치를 완료한 화면

이제 설치가 완료되었습니다.

[그림 1.11]에 이어서 [그림 1.12]처럼 terminator라고 입력하고 실행하면 됩니다.

[그림 1.12] Terminator 명령을 입력한 화면

[그림 1.13] 그림 1.12에서 terminator를 실행한 화면

그러면 [그림 1.13]과 같이 terminator가 실행되어 나타날 것입니다. 기본 터미널과 모양은 약간 다르지만 비슷합니다.

보통 terminator는 설치되는 순간 단축키가 1.2절에서 말한 기본 터미널의 단축키인 CTRL+ALT+T를 누르면 실행되도록 변경됩니다. 혹시 그렇지 않다면 [그림 1.14]처럼 Add to Favorites에 등록해서 사용해도 됩니다.

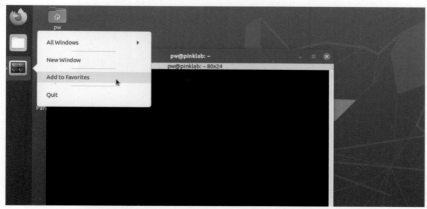

[그림 1.14] 그림 1.13에서 실행한 terminator를 Favorites에 등록하는 화면

[그림 1.15]에서처럼 terminator에서 마우스 오른쪽 버튼을 누르면 terminator 화면을 수평이나 수직 방향으로 분할할 수 있습니다. 여러 명령을 사용하면서 일목요연하게 터미널을 관리할 때 유용합니다.

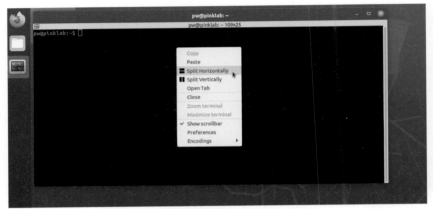

[그림 1.15] Terminator에서 수평, 수직 방향으로 분할하는 명령

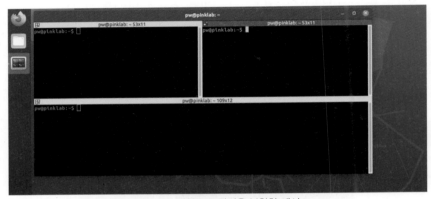

[그림 1.16] Terminator에서 수평, 수직 방향으로 화면을 분할한 예시

1.3.2 Terminator의 유용한 단축키

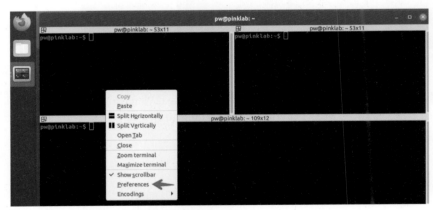

[그림 1.17] Terminator에서 환경설정을 선택하는 화면

ROS2 혼자 공부하는 로봇SW 직접 만들고 코딩하자

Terminator뿐만 아니라 터미널 관련 애플리케이션은 마우스 사용을 줄이는 것에 관심이 가게 됩니다. [그림 1.17]처럼 terminator에서 오른쪽 버튼을 눌러서 Preferences를 선택합니다. 그러면 [그림 1.18]과 같이 환경설정 화면이 나타납니다.

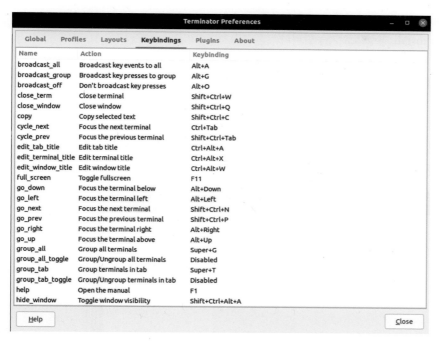

[그림 1.18] Terminator의 환경설정에서 Keybindings 탭을 누르면 나타나는 화면

[그림 1.18]의 단축키 목록은 Keybindings 탭을 선택하면 나옵니다. 많이 사용하는 단축키를 소개하면 다음과 같습니다.

- alt+화살표 키: 분할된 터미널에서 터미널 선택
- ctrl+shift+화살표 키: 선택한 터미널의 크기를 변경
- ctrl+shift+z: 선택한 터미널을 zoom(한 번 더 누르면 복귀)
- exit: 분할된 터미널 닫기(단축키가 아니고 명령)

이외에도 Global, Profiles, Layouts 등의 탭을 통해 터미널의 모양(색깔 등), 폰트의 종류나 크기 등을 설정할 수 있습니다.

1.4 Tilix

1.4.1 Tilix 설치

1.3절의 Terminator와 유사하지만, 많이 사용하는 터미널 애플리케이션이 tilix입니다. tilix의 설치도 apt install 명령으로 가능합니다.

```
sudo apt install tilix
```

1.3절에서와 같은 방식으로 tilix를 위의 명령으로 설치하고 Favorites에 등록해서 사용합니다. [그림 1.19] 상태에서 Ubuntu 22.04의 상단 바의 Tilix를 선택하면 [그림 1.20]에서 보이는 Preferences를 선택할 수 있습니다.

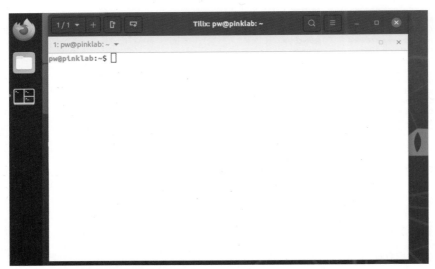

[그림 1.19] Tilix를 설치한 후 처음 실행한 화면

[그림 1.20] Tilix의 preferences를 선택하는 화면

[그림 1.21]의 Preferences 화면에서 좌측 탭들을 선택하면 사용자가 다양한 옵션을 지정할 수 있습니다. 특히 Shortcuts 탭에서는 분할된 화면 사이의 전환, 크기 조절 등의 단축키도 지정할 수 있습니다.

혹시 동작하지 않는 단축키가 있다면 우분투의 단축키와 충돌이 난 것입니다. 이런 경우에는 우분투 단축키를 사용하지 않는다면 우분투 설정에서 해당 단축키를 제거하고 사용하면 됩니다. 물론 tilix의 단축키를 변경해도 됩니다.

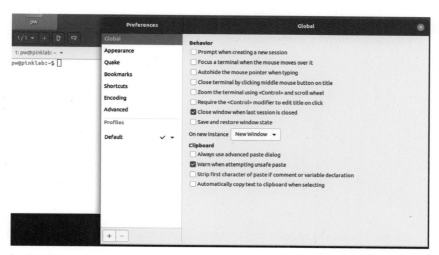

[그림 1.21] Tilix의 Preferences를 선택한 화면

그리고 [그림 1.22]에 나타난 Default 탭을 선택한 후 빨간색 화살표로 표시된 Color scheme 을 선택하면 다양한 색상 테마를 지정할 수 있습니다. 저는 개인적으로는 Monokai Dark라는 어두운 계열의 테마를 좋아하지만, 책으로 인쇄되는 특성 때문에 밝은 계열인 Tango를 선택해서 사용할 예정입니다.

[그림 1.22] Tilix의 Preferences에서 Default 탭의 테마 선택 화면

[그림 1.23]은 적절히 테마를 수정해서 화면을 분할했을 때의 예시 화면입니다. Tilix에서 화면을 분할하려면 [그림 1.23] 화면의 좌측 상단에 있는 화면 분할 아이콘(우측 방향, 아래쪽 방향)을 클릭하면 됩니다.

Tilix의 화면 분할 단축키는 아래 방향으로 분할할 때는 CTRL+ALT+D, 오른쪽 방향으로 분할할 때는 CTRL+ALT+R입니다. 그러나 앞에서 이야기한 것처럼 CTRL+ALT+D 키는 우분투의 바탕화면 보이기 단축키와 겹칩니다.

[그림 1.23] Tilix에서 화면을 분할한 예시

1.4.2 Ubuntu와 Tilix의 단축키 겹침 문제 해결

우분투의 단축키와 tilix의 화면 분할 단축키가 겹치는 것이 있는데, 이럴 때는 키보드의 윈도우 버튼을 누르고 [그림 1.24]에서처럼 shortcuts라고 입력하면 Settings Keyboard Shortcuts가 나타납니다.

[그림 1.24] 우분투에서 시작 버튼을 누른 후 검색 화면에서 shortchuts를 검색한 결과

그러면 [그림 1.25]에서 보이는 단축키 지정 화면이 나옵니다. 여기서 Hide all normal windows를 찾아서 키보드 단축키를 클릭합니다. 이 단축키는 원래 우분투에서 활성화되어 있는 모든 창을 숨기는 기능에 대한 단축키입니다.

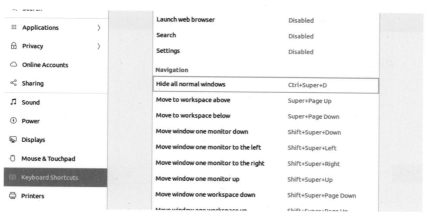

[그림 1.25] 우분투에서 Settings Keyboard Shortcuts 화면

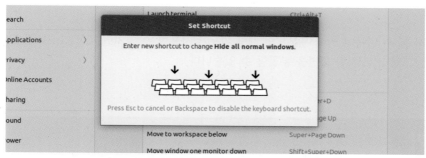

[그림 1.26] 단축키를 지정하는 화면

[그림 1.26]과 같은 화면이 나타나면 우분투에서 모든 창을 숨기는 기능의 단축키를 다시 지정하든지, 이 기능의 단축키를 사용하지 않겠다면 백스페이스를 눌러 지워버리면 됩니다. 저는 해당 기능을 단축키로는 잘 사용하지 않아서 [그림 1.27]에 보이는 것처럼 지워버렸습니다.

[그림 1.27] Hide all normal windows 단축키를 삭제한 화면

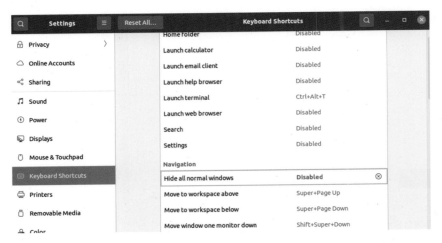

[그림 1.28] Hide all normal windows 단축키를 삭제한 후 해당 기능이 Disabled 된 결과

[그림 1.28]에서 볼 수 있듯이 이제 우분투의 해당 기능은 사용할 수 없지만, CTRL+ALT+D 키를 이용해서 [그림 1.23]처럼 화면을 분할할 수 있습니다.

② 편집기

2.1 Sublime Text의 설치

파워 유저들은 자신에게 익숙한 편집기를 사용합니다. 우리도 코딩과 패키지 수정 관리를 위해 편집기를 선택해야 합니다. ROS 유저들이 많이 선택하는 편집기는 아마도 마이크로소프트에서 발표한 VS Code[1]가 아닐까 합니다. 그러나 이 책에서는 VS Code가 아니라 Sublime Text라는 도구를 사용할 것입니다.

VS Code보다 Sublime Text가 더 훌륭하기 때문은 아니고, VS Code는 우분투나 ROS가 처음인 분들이 배우기에는 기능이 너무 많아서 책에서 함께 다루기가 쉽지 않기 때문입니다. 편집기는 편집기 본연의 기능만 사용해도 되므로 그중에서 조금 괜찮은 기능을 가진 도구가 Sublime Text라고 생각했습니다. 혹시 여러분들 중에서 이미 우분투에서 사용하기에 좋은

---

1 Visual Studio Code의 약자로 흔히 code라고도 부릅니다. 설치 방법이나 사용법은 많이 공개되어 있으나 마이크로소프트의 공식 홈페이지를 참조하면 됩니다.

편집기나 익숙한 편집기가 있으면 그것을 사용해도 됩니다.

여기서는 그러지 못한 독자들을 위해 Sublime Text에 대해 설치부터 이야기하겠습니다. Sublime Text를 설치하는 전 과정은 유튜브에 따로 업로드해 두었습니다.

설치하는 과정은 어렵지 않습니다. https://youtu.be/1HJzAOIutzg를 방문하면 [그림 1.32] 과 같은 Sublime Text의 설치법을 만날 수 있습니다.

먼저 [그림 1.29]에 보이는 Sublime Text의 다운로드 페이지 https://www.sublimetext.com/download를 방문합니다.

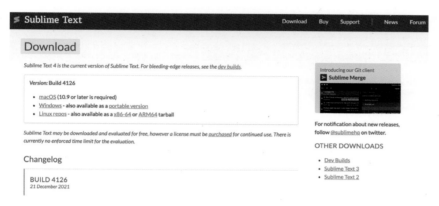

[그림 1.29] Sublime Text의 다운로드 페이지

[그림 1.29]에서 Linux repos라는 링크를 선택하면 [그림 1.30]이 나옵니다.

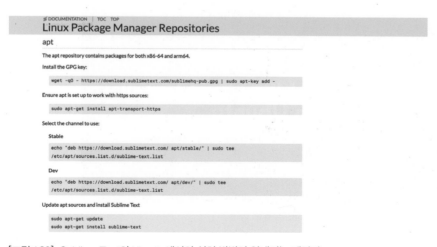

[그림 1.30] Sublime Text의 Ubuntu에서의 설치 방법이 안내되는 페이지

[그림 1.30]에 나타난 명령들을 복사해서 터미널에 붙여넣고 실행하면 됩니다. 단 Select the channel to use라는 항목에서 Dev는 설치하지 말고 Stable만 설치해서 진행해야 합니다.

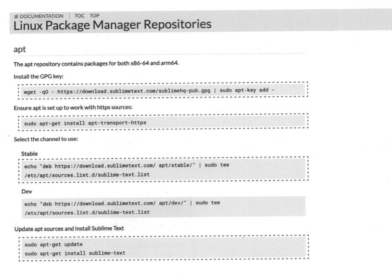

[그림 1.31] 그림 1.30에서 실행해야 할 명령들

즉, [그림 1.31]에 표시된 명령들만 실행해야 합니다. 여기서 Stable 항목에 있는 명령은 화면에서는 두 줄로 보이지만, 실제는 한 줄의 명령으로 모두 선택해서 복사 후 붙여넣기를 하면됩니다.

[그림 1.32] Sublime Text의 설치 방법을 안내하는 유튜브 화면[1]

---

1 https://youtu.be/1HJzAOlutzg

2.2 Sublime Text 사용해보기

Sublime Text의 기능은 정말 많습니다. 그런데 이런 기능 대부분은 사용하는 사람이 이용할 때 빛을 발합니다. 이번에는 간단히 Sublime Text를 사용해서 유용한 기능 몇 가지를 소개하겠습니다.

2.2.1 Sublime Text 실행해보기

[그림 1.33]처럼 터미널을 열고 cd 명령으로 Documents 폴더로 이동해 보겠습니다. 우분투에서 cd는 폴더를 이동하는 명령입니다.

cd Documents

다 입력하려고 하지 말고 터미널에서 cd Doc 정도까지만 입력한 다음 tab 키를 눌러보세요.

성공적으로 이동하면 [그림 1.33]처럼 프롬프트 기호인 달러($) 표시 전에 홈을 의미하는 물결(~) 기호, 다음에 폴더 구분자(/) 뒤에 Documents라고 표시가 되어있을 겁니다.

[그림 1.33] 터미널에서 cd 명령으로 Documents 폴더로 이동한 모습

subl .

[그림 1.34] Sublime Text를 실행할 때 현재 폴더를 모두 포함하라는 명령

[그림 1.34]처럼 subl이라는 명령을 터미널에서 입력하면 sublime text가 실행됩니다. 그런데 [그림 1.34]의 명령을 입력한 부분을 자세히 보면 subl 뒤에 한 칸 띄우고 점(.)을 찍은 게 보일 겁니다.

우분투에서는 파일의 경로를 나타낼 때 점 하나는 현재 폴더를 의미합니다. 그러니 [그림 1.34]의 명령은 subl을 실행하는데 현재 폴더를 모두 포함해서 실행하라는 뜻입니다. 즉 [그림 1.34]와 같이 subl 명령 뒤에 열고 싶은 폴더나 파일명을 입력해서 실행할 수 있습니다.

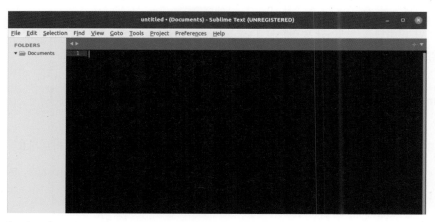

[그림 1.35] 폴더를 포함해서 실행한 Sublime Text

[그림 1.34]에서 폴더명을 입력으로 Sublime Text를 실행하면 [그림 1.35]처럼 실행 화면 좌측에 폴더 파일 내비게이션이 함께 실행됩니다. 처음 우분투를 설치했으므로 아마 Documents 폴더에는 아무것도 없을 겁니다.

아무튼, Sublime Text를 실행하는 방법은 터미널에서 그냥 subl이라는 명령만 실행해도 되고, 입력으로 파일명을 지정하거나 폴더명을 지정해도 됩니다.

2.2.2 Sublime Text의 명령 팔레트 실행하기

요즘 인기 있는 에디터는 대부분 명령 팔레트를 사용합니다. 명령 팔레트는 사용하기 아주 편합니다. Sublime Text에서 명령 팔레트를 호출하는 방법은 CTRL+SHIFT+P를 누르면 됩니다. 그러면 [그림 1.36]과 같은 화면이 나타납니다.

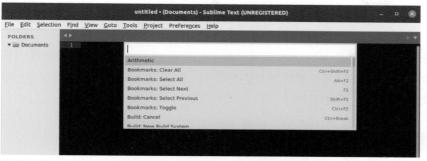

[그림 1.36] Sublime Text의 명령 팔레트를 CTRL+SHIFT+P 키로 실행한 화면

명령 팔레트를 사용하는 방법은 사용하려고 하는 명령의 중간중간 일치하는 알파벳만 대충 입력하면 됩니다.

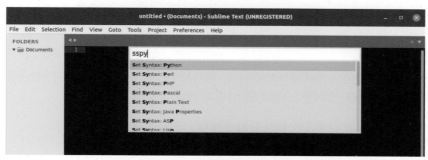

[그림 1.37] Set Syntex : Python이라는 명령을 명령 팔레트에서 sspy를 입력해서 실행하는 화면

Sublime Text에서 편집 중인 파일의 문법 강조를 하는 명령은 Set Syntax입니다. Set Syntax 후에 Python이라고 지정하면 Python 문법으로 편집 중인 파일의 문법을 강조할 수 있습니다.

[그림 1.37]에서는 [그림 1.36]에서 활성화한 명령 팔레트에서 Set Syntax를 실행하기 위해 ss 라고 입력한 후 Python을 의미하는 py를 붙여서 sspy라고 입력한 것입니다. 그러면

Set Syntax:Python

이 선택됩니다. 이것이 명령 팔레트를 사용하는 방법입니다. 명령 팔레트 사용에 익숙해지면 마우스로 명령을 일일이 찾지 않아도 되므로 간편합니다.

2.2.3 멀티 커서

인기 있는 에디터들은 대부분 멀티 커서도 지원합니다. 멀티 커서는 저도 꽤 유용하게 사용하고 있습니다. Sublime Text에서 멀티 커서를 사용하는 몇 가지 경우가 있는데 특정 단어를 찾으면서 진행해 보도록 하겠습니다.

[그림 1.38] Sublime Text에서 테스트 문장을 입력한 화면

[그림 1.38]처럼 아무 문장이나 입력해 보았습니다. 여기서 1번 줄에 있는 hello라는 단어를 마우스로 긁어서 선택합니다. 그러면 [그림 1.39]처럼 선택될 것입니다.

Sublime Text는 같은 단어를 선택하면 동일 단어에 대해 가이드를 해 줍니다.

[그림 1.39] 그림 1.38에서 1번 줄의 hello라는 단어를 선택한 화면

[그림 1.39] 상황에서 키보드 CTRL+D 키를 누릅니다. 한 번 누를 때마다 3번, 5번 줄에 있는 hello가 선택되는 것을 확인할 수 있습니다.

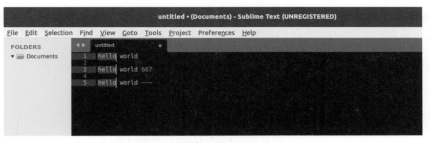

[그림 1.40] Sublime Text에서 멀티 커서를 사용하고 있는 화면

[그림 1.40]에서 보이는 멀티 커서 기능은 꽤 유용합니다. 변수 이름의 일괄 변경이나 원하는 단어를 찾을 때에도 기존의 찾기 기능보다 더 편할 때가 많습니다.

❸ ROS 설치

드디어 ROS 설치의 단계입니다. ROS를 설치하는 것은 쉽게 흘러갑니다.

이 단계에서 당부하고 싶은 것이 하나 있습니다. 인터넷 검색에서 찾을 수 있는 '한 줄 설치' 라든지 확장명이 sh인 파일을 이용해서 설치를 대신해주는 스크립트 같은 것을 사용하지 말라는 겁니다.

그 이유는 설치하는 과정도 여러분들이 꼭 익혀야 하는 과정입니다. 로봇을 개발하다 보면 하드웨어의 지원, 클라이언트의 요구, 기획 단계에서의 어쩔 수 없는 상황 등으로 로봇 SW를 운용해야 하는 환경을 구축하는데 많은 고민을 해야 할 때가 있습니다. 그런데 내가 직접 설치하지 않았기 때문에, 알 수 없는 에러를 만났을 때 설치과정을 이해하지 못해 대응하지 못하는 경우가 생길 수 있기 때문입니다.

이번 절에서는 Ubuntu 22.04에서 설치하는 설치하는 ROS2 Humble 버전의 설치를 진행하도록 하겠습니다.

3.1 ROS2 Humble 버전 설치 페이지 찾기

구글에서 ros humble install이라고 검색하면 바로 첫 화면에 공식 설치 안내 페이지[1]가 나옵니다.

이 책을 집필하는 시점에 Humble의 공식 설치 페이지는 [그림 1.41]의 화면입니다.

---

1 https://docs.ros.org/en/humble/Installation.html

Installation

Options for installing ROS 2 Humble Hawksbill:

Binary packages

Binaries are only created for the Tier 1 operating systems listed in REP-2000. Given the nature of Rolling, this list may be updated at any time. If you are not running any of the following operating systems you may need to build from source or use a container solution to run ROS 2 on your platform.

We provide ROS 2 binary packages for the following platforms:

- Ubuntu Linux - Jammy Jellyfish (22.04)
  - Debian packages (recommended)
  - "fat" archive
- RHEL 8
  - RPM packages (recommended)
  - "fat" archive
- Windows (VS 2019)

Building from source

We support building ROS 2 from source on the following platforms:

- Ubuntu Linux
- Windows
- RHEL
- macOS

[그림 1.41] ROS2 Humble의 공식 설치 안내 페이지

[그림 1.41]의 안내 페이지에는 크게 바이너리(binary) 설치와 소스 코드에서 직접 빌드 (building from sources)로 두 가지 방법이 안내되어 있습니다. 인텔 CPU를 사용하는 Ubuntu 22.04라면 그냥 바이너리 설치를 진행하는 것이 가장 빠르고 쉬운 방법입니다.

[그림 1.41]에서 〈Debian packages〉를 선택합니다.

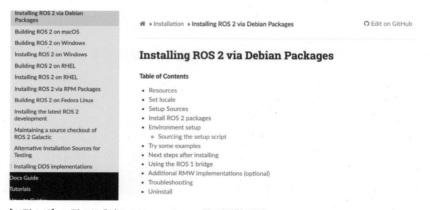

[그림 1.42] 그림 1.41에서 Debian packages를 선택한 화면

[그림 1.41]에서 〈Debian packages〉를 선택하면 나타나는 화면이 [그림 1.42]입니다. 이 화면을 아래로 스크롤 하면서 진행하면 됩니다.

3.2 Set Locale

Set locale

Make sure you have a locale which supports `UTF-8` . If you are in a minimal environment (such as a docker container), the locale may be something minimal like `POSIX` . We test with the following settings. However, it should be fine if you're using a different UTF-8 supported locale.

```
locale  # check for UTF-8

sudo apt update && sudo apt install locales
sudo locale-gen en_US en_US.UTF-8
sudo update-locale LC_ALL=en_US.UTF-8 LANG=en_US.UTF-8
export LANG=en_US.UTF-8

locale  # verify settings
```

[그림 1.43] ROS2 Humble의 설치 화면인 그림 1.42에서 Set locale 부분

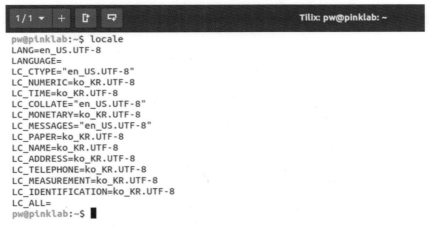

[그림 1.44] 터미널에서 locale 명령을 실행한 결과

아마도 한국에서 영어 전용으로 설치했다 하더라도 locale 명령을 실행해보면 [그림 1.44]처럼 나타날 것입니다. 에러 없는 설치를 위해서 ROS2의 인스톨 가이드[1]에서는 locale 설정을 통해 UTF-8로 모두 설정하라고 안내하고 있습니다. 따라서 [그림 1.43]에서 안내하는 코드를 카피해서 터미널에 붙여넣습니다.

이 책의 [그림 1.43]을 보고 따라 입력하지 마세요. 설치를 안내하는 개념이라고 생각해 주시

---

1 https://docs.ros.org/en/humble/Installation/Ubuntu-Install-Debians.html#set-locale

고, 여러분들은 ROS2 Humble의 공식 설치 안내페이지[1]에서 [그림 1.43]의 내용을 찾아서 마우스로 드래그해서 복사(CTRL+C) 후에 터미널에서 붙여넣기를 수행해 주세요. 터미널에서 붙여넣기 단축키는 CTRL+SHIFT+V라는 것을 잊지 마세요.

[그림 1.45] 코드 블록을 지원하는 경우 활성화 되는 copy 버튼의 모습

혹은 [그림 1.43]의 코드 블록에서 마우스를 오른쪽 상단으로 가져가면 [그림 1.45]에서처럼 copy 버튼이 활성화됩니다. 이 버튼을 누르고 터미널에서 붙여넣기(CTRL+SHIFT+V)를 수행해도 됩니다. 단, 이때 조심해야 할 것은 # 뒤에 적힌 것은 주석(설명문)으로 명령어가 아니므로 함께 붙여넣기를 할 경우 에러가 날 수 있습니다. 또한, sudo 명령은 첫 실행 시에 암호를 묻게 되는데, 여러 명령어를 붙여넣을 때 자동으로 연속 실행해주는 기능이 이때는 수행되지 않으므로 잘 확인해야 합니다. 어려우면 한 줄씩 입력해 보세요.

3.3 Setup Sources

이제 인스톨 전 단계입니다. 소스를 등록하는 과정[2]으로 [그림 1.42]에서 계속 나타나는 페이지입니다.

```
pw@pinklab:~$ apt-cache policy | grep universe
 500 http://security.ubuntu.com/ubuntu jammy-security/universe i386 Packages
     release v=22.04,o=Ubuntu,a=jammy-security,n=jammy,l=Ubuntu,c=universe,b=i386
 500 http://security.ubuntu.com/ubuntu jammy-security/universe amd64 Packages
     release v=22.04,o=Ubuntu,a=jammy-security,n=jammy,l=Ubuntu,c=universe,b=amd64
 100 http://kr.archive.ubuntu.com/ubuntu jammy-backports/universe i386 Packages
     release v=22.04,o=Ubuntu,a=jammy-backports,n=jammy,l=Ubuntu,c=universe,b=i386
 100 http://kr.archive.ubuntu.com/ubuntu jammy-backports/universe amd64 Packages
     release v=22.04,o=Ubuntu,a=jammy-backports,n=jammy,l=Ubuntu,c=universe,b=amd64
 500 http://kr.archive.ubuntu.com/ubuntu jammy-updates/universe i386 Packages
     release v=22.04,o=Ubuntu,a=jammy-updates,n=jammy,l=Ubuntu,c=universe,b=i386
 500 http://kr.archive.ubuntu.com/ubuntu jammy-updates/universe amd64 Packages
     release v=22.04,o=Ubuntu,a=jammy-updates,n=jammy,l=Ubuntu,c=universe,b=amd64
 500 http://kr.archive.ubuntu.com/ubuntu jammy/universe i386 Packages
     release v=22.04,o=Ubuntu,a=jammy,n=jammy,l=Ubuntu,c=universe,b=i386
 500 http://kr.archive.ubuntu.com/ubuntu jammy/universe amd64 Packages
     release v=22.04,o=Ubuntu,a=jammy,n=jammy,l=Ubuntu,c=universe,b=amd64
```

[그림 1.46] Ubuntu Universe repository가 활성화되어 있는지 확인하는 장면

---

1 https://docs.ros.org/en/humble/Installation/Ubuntu-Install-Debians.html
2 https://docs.ros.org/en/humble/Installation/Ubuntu-Install-Debians.html#setup-sources

[그림 1.46]에서 보이는 apt-cache policy 명령으로 우분투의 패키지 관리자에게 패키지 리스트를 요청해 봅니다. 여기서 v=22.04, o=ubuntu, a=jammy, n=jammy, l=ubuntu, c=universe, b=amd64라는 구절이 보이면 이상이 없는 겁니다.

ROS2 설치 가이드에서는 이 구절이 보이지 않는다면 [그림 1.47]의 명령을 실행하라고 안내하고 있습니다. 보통 [그림 1.46]에서 이상이 없는 경우는 [그림 1.47]을 실행해도 이미 설치되어 있다는 메시지가 나타납니다.

```
sudo apt install software-properties-common
sudo add-apt-repository universe
```

[그림 1.47] Ubuntu Universe repository 설정을 위해 설치해야 할 패키지

ROS2는 GPG key를 받아서 인증을 받고 패키지를 설치합니다. 그래서 [그림 1.48]의 두 코드를 터미널에서 실행해야 합니다.

먼저 [그림 1.48]의 첫 번째 줄을 실행하면 필요한 패키지를 설치하고, 두 번째 줄을 실행하면 GPG Key를 다운로드합니다. 이때 설치 화면에서 [그림 1.48]의 부분이 가로로 스크롤 되므로 잘 선택해야 합니다.

```
sudo apt update && sudo apt install curl gnupg lsb-release
sudo curl -sSL https://raw.githubusercontent.com/ros/rosdistro/master/ros.key -o /usr/share/key
```

[그림 1.48] GPG Key 인증받는 코드

```
pw@pinklab:~$ sudo curl -sSL https://raw.githubusercontent.com/ros/rosdistro/master/ros.key -o /usr/share/keyring
s/ros-archive-keyring.gpg
pw@pinklab:~$
pw@pinklab:~$ ls /usr/share/keyrings/
ros-archive-keyring.gpg          ubuntu-advantage-esm-infra-trusty.gpg   ubuntu-archive-removed-keys.gpg
ubuntu-advantage-cc-eal.gpg      ubuntu-advantage-fips.gpg               ubuntu-cloudimage-keyring.gpg
ubuntu-advantage-cis.gpg         ubuntu-advantage-ros.gpg                ubuntu-cloudimage-removed-keys.gpg
ubuntu-advantage-esm-apps.gpg    ubuntu-archive-keyring.gpg              ubuntu-master-keyring.gpg
pw@pinklab:~$
```

[그림 1.49] 그림 1.48을 실행한 후 결과를 확인하는 화면

[그림 1.48]의 두 번째 줄을 터미널에 실행하는 부분이 [그림 1.49]의 첫 줄입니다. 출력되는 결과가 없어서 이 코드가 잘 실행되었는지 궁금하면 [그림 1.49]의 두 번째 명령을 입력합니다. 우분투에서 파일이나 폴더의 목록을 보여주는 명령인 ls를 이용해서 /usr/share/keyrings 폴더를 조회하면 ros-archive-keyring.gpg라는 파일이 보일 겁니다.

```
echo "deb [arch=$(dpkg --print-architecture) signed-by=/usr/share/keyrings/ros-archi Copy 🖐 g.
```

[그림 1.50] 소스 리스트를 레파지토리에 추가하는 명령

[그림 1.49]에서 받은 gpg 파일의 소스 코드를 레파지토리에 추가하는 명령을 [그림 1.50]에서처럼 카피해서 사용합니다. [그림 1.50]의 명령이 잘 수행되었는지 확인하는 방법은 [그림 1.51]에서처럼 /etc/apt/sources.list.d/에서 ros2.list라는 파일이 있는지 확인하면 됩니다.

```
pw@pinklab:~$ ls /etc/apt/sources.list.d/
ros2.list  sublime-text.list
pw@pinklab:~$
```

[그림 1.51] ros2.list 파일이 생성되었는지 확인하는 화면

3.4 Install ROS2 packages

설치 마지막 단계[1]입니다. 이 단계는 앞의 절차를 잘 수행했다면 간단합니다. [그림 1-52]에서처럼 apt udpate를 sudo 권한으로 수행합니다. 일단 앞 절에서의 과정을 모두 끝냈으면 [그림 1.52]와 같이 sudo apt update를 수행합니다. 이때 다른 것은 몰라도 ros2 관련 업데이트는 순조롭게 진행되어야 합니다.

```
pw@pinklab:~$ apt-cache policy | grep universe
 500 http://security.ubuntu.com/ubuntu jammy-security/universe i386 Packages
     release v=22.04,o=Ubuntu,a=jammy-security,n=jammy,l=Ubuntu,c=universe,b=i386
 500 http://security.ubuntu.com/ubuntu jammy-security/universe amd64 Packages
     release v=22.04,o=Ubuntu,a=jammy-security,n=jammy,l=Ubuntu,c=universe,b=amd64
 100 http://kr.archive.ubuntu.com/ubuntu jammy-backports/universe i386 Packages
     release v=22.04,o=Ubuntu,a=jammy-backports,n=jammy,l=Ubuntu,c=universe,b=i386
 100 http://kr.archive.ubuntu.com/ubuntu jammy-backports/universe amd64 Packages
     release v=22.04,o=Ubuntu,a=jammy-backports,n=jammy,l=Ubuntu,c=universe,b=amd64
 500 http://kr.archive.ubuntu.com/ubuntu jammy-updates/universe i386 Packages
     release v=22.04,o=Ubuntu,a=jammy-updates,n=jammy,l=Ubuntu,c=universe,b=i386
 500 http://kr.archive.ubuntu.com/ubuntu jammy-updates/universe amd64 Packages
     release v=22.04,o=Ubuntu,a=jammy-updates,n=jammy,l=Ubuntu,c=universe,b=amd64
 500 http://kr.archive.ubuntu.com/ubuntu jammy/universe i386 Packages
     release v=22.04,o=Ubuntu,a=jammy,n=jammy,l=Ubuntu,c=universe,b=i386
 500 http://kr.archive.ubuntu.com/ubuntu jammy/universe amd64 Packages
     release v=22.04,o=Ubuntu,a=jammy,n=jammy,l=Ubuntu,c=universe,b=amd64
```

[그림 1.52] sudo apt update를 수행한 모습

```
pw@pinklab:~$ sudo apt install ros-humble-desktop
Reading package lists... Done
Building dependency tree... Done
Reading state information... Done
The following additional packages will be installed:
  autoconf automake autotools-dev binutils binutils-common binutils-x86-64-linux-gnu blt build-essential
  ca-certificates-java catch2 cmake cmake-data cppcheck default-jdk default-jdk-headless default-jre
  default-jre-headless default-libmysqlclient-dev dh-elpa-helper docutils-common dpkg-dev fakeroot
  fonts-dejavu-extra fonts-lyx freeglut3 g++ g++-11 gcc gcc-11 gdal-data gfortran gfortran-11 google-mock
  googletest graphviz hdf5-helpers i965-va-driver ibverbs-providers icu-devtools intel-media-va-driver java-common
  javascript-common libaacs0 libaec-dev libaec0 libalgorithm-diff-perl libalgorithm-diff-xs-perl
  libalgorithm-merge-perl libann0 libaom-dev libaom3 libarmadillo-dev libarmadillo10 libarpack2 libarpack2-dev
  libasan6 libasound2-dev libassimp-dev libassimp5 libatk-wrapper-java libatk-wrapper-java-jni libavcodec-dev
  libavcodec58 libavformat-dev libavformat58 libavutil-dev libavutil56 libbdplus0 libbinutils libblas-dev libblas3
  libblkid-dev libblosc-dev libblosc1 libbluray2 libboost-all-dev libboost-atomic-dev libboost-atomic1.74-dev
```

[그림 1.53] ros-humble-desktop을 설치하는 명령을 입력한 모습

----

1 https://docs.ros.org/en/humble/Installation/Ubuntu-Install-Debians.html#install-ros-2-packages

```
ros-humble-tf2-bullet ros-humble-tf2-eigen ros-humble-tf2-eigen-kdl ros-humble-tf2-geometry-msgs
ros-humble-tf2-kdl ros-humble-tf2-msgs ros-humble-tf2-py ros-humble-tf2-ros ros-humble-tf2-ros-py
ros-humble-tf2-sensor-msgs ros-humble-tf2-tools ros-humble-tinyxml-vendor ros-humble-tinyxml2-vendor
ros-humble-tlsf ros-humble-tlsf-cpp ros-humble-topic-monitor ros-humble-tracetools ros-humble-trajectory-msgs
ros-humble-turtlesim ros-humble-uncrustify-vendor ros-humble-unique-identifier-msgs ros-humble-urdf
ros-humble-urdf-parser-plugin ros-humble-urdfdom ros-humble-urdfdom-headers ros-humble-visualization-msgs
ros-humble-yaml-cpp-vendor ros-humble-zstd-vendor rpcsvc-proto shiboken2 sip-dev tango-icon-theme tcl-dev
tcl8.6-dev tk tk-dev tk8.6 tk8.6-blt2.5 tk8.6-dev uncrustify unicode-data unixodbc-common unixodbc-dev uutd-dev
va-driver-all vdpau-driver-all vtk9 x11proto-dev xorg-sgml-doctools xtrans-dev zlib1g-dev
0 upgraded, 1023 newly installed, 0 to remove and 2 not upgraded.
Need to get 664 MB of archives.
After this operation, 2,940 MB of additional disk space will be used.
Do you want to continue? [Y/n] Y
```

[그림 1.54] ros-humble-desktop을 설치하는 명령을 입력한 후 진행 여부를 확인하는 장면

[그림 1.53]에서처럼 ros-humble-desktop을 apt install 명령으로 설치합니다. [그림 1.53]의 명령을 입력하면 [그림 1.54]처럼 계속 진행할 것인지를 묻는데 y를 입력하면 됩니다.

[그림 1.54]에 보이듯이 설치 용량은 2.9GB 정도입니다.

3.5 ROS2 설치 확인하기

지금까지 진행한 설치가 잘 되었는지 확인할 단계입니다. 먼저 [그림 1.55]처럼 터미널을 두 개 준비합니다.

[그림 1.55]는 1.4절에서 설치한 tilix에서 화면 분할로 터미널 두 개를 준비한 모습입니다. 여러분들은 꼭 [그림 1.55]처럼 할 필요 없이 그냥 터미널 두 개를 열어도 되고, 1.3절에서 다룬 terminator를 사용해도 됩니다.

[그림 1.55] 터미널을 화면 분할로 두 개 준비한 모습

```
source /opt/ros/humble/setup.bash
```

그리고 위의 source 명령어로 시작하는 명령을 [그림 1.56]처럼 두 터미널 모두에 입력합니다. setup.bash를 읽어 오는 이 과정은 다음 장에서 상세히 다루면서 사용하는 방법을 간단히 이야기하겠습니다. 지금은 그저 ROS2 humble의 실행 명령을 터미널에서 호출할 수 있도록 하는 환경을 설정했다는 정도만 알고 진행해도 됩니다.

[그림 1.56] 그림 1.55에서 source 명령으로 humble에서 setup.bash를 읽는 모습

그리고 [그림 1.57]처럼 한 곳은 talker를, 다른 곳은 listener라는 노드를 실행합니다. 노드의 개념과 실행 명령의 사용법은 3장에서 다룰 겁니다. 지금은 긴 시간을 들여서 설치한 ROS2가 잘 동작하는지 미리 확인하는 단계라고 알아주세요.

[그림 1.57] 그림 1.56에서 각 터미널에 talker와 listener를 실행한 모습

[그림 1.57]과 같이 두 터미널에서 각각 명령이 실행되고 결과가 나타나면 잘 설치된 것입니다.

[그림 1.58] 그림 1.57의 상황을 그래프로 표현한 모습

[그림 1.57]에서 한쪽에는 talker를, 또 한쪽에는 listener를 실행한 것은 [그림 1.58]과 같이 talker라는 노드에서 chatter라는 이름의 토픽이 listener라는 노드로 전송된다는 것을 의미합니다. 이제 다시 [그림 1.57]의 상황을 감상해 보시면 대충 그런 느낌은 들 것입니다.

노드와 토픽에 관해서는 3장에서 더 상세히 이야기할 것이고, 지금은 그저 ROS2가 잘 설치되었는지를 확인하는 과정입니다. 각 터미널을 멈추는 방법은 CTRL+C를 누르면 됩니다.

이번 장에서는 ROS2를 공부하기 위한 환경을 설정하고, ROS2 Humble을 설치했습니다. 만약 여러분들이 우분투나 ROS가 처음이라면 이 과정은 참 어렵게 느껴질 수도 있습니다. 그러나 이것도 익숙해져야 하는 과정입니다. 저는 여러분들이 어렵다고 느꼈다면 그것은 오히려 다행이라고 생각합니다. 어려운 부분은 곧 공부할 부분이니 어디를 공부해야 하는지 알게 된 것이라고도 볼 수 있으니까요.

다음 장에서는 bashrc라는 것을 다루려고 합니다. 아직 ROS 공부로 바로 이어지진 않지만, 다음 장도 중요한 부분입니다.

Chapter
2

터미널과 bashrc 그리고
리눅스 익숙해지기

1 이 장의 목적

이 장에서 다룰 이야기는 bashrc입니다. 정확히는 홈 경로에 있는 .bashrc라는 파일에 관한 이야기입니다. 추가로 우분투의 기본 명령어에 관한 이야기도 해 보려고 합니다. 기본 명령이라고 해도 매우 많아서 그중에서 폴더 관련 기본 명령만 다뤄보도록 하겠습니다.

ROS 관련 이야기는 우분투 환경에서 진행할 때가 많습니다. 윈도우나 맥에서도 ROS2를 성공적으로 설치했다는 이야기가 있지만, 역시 우분투[1]가 가장 편합니다. 그래서 이 장에서는 우분투의 기초 명령을 설명하고 이후 bashrc의 기능에 관해 이야기하겠습니다.

2 Ubuntu의 폴더 관련 기본 명령

2.1 폴더를 하나 만들어 볼까요 – mkdir

먼저 [그림 2.1]과 같이 ls 명령으로 현재 폴더[2]의 상황을 보겠습니다. 이후 여기서 터미널이라고 하는 것은 1장의 1절에서 언급한 터미널 중 여러분이 설치한 것을 말합니다.

이 책에서는 tilix를 기준으로 진행하지만, terminator이든 기본 우분투 기본 터미널이든 상관없습니다. 터미널을 열고 ls 명령을 입력하면 [그림 2.1]과 같은 화면이 보일 것입니다.

```
pw@pinklab:~$ ls
Desktop  Documents  Downloads  fontconfig  Music  Pictures  Public  Templates  Videos
pw@pinklab:~$
```

[그림 2.1] 처음 터미널을 열고 ls 명령을 입력한 화면

pw@pinklab:~$

----
1 실제 저는 우분투와 같은 계열의 mint를 사용합니다. 여러분도 여건이 된다면 사용해보길 권합니다.
2 사실 폴더라는 용어는 마이크로소프트의 윈도우에서 사용하는 것이지만, 대다수 유저에게 폴더라는 용어가 익숙하므로 이 책에서는 폴더라는 용어를 사용하겠습니다.

[그림 2.1]에 보면 위와 같이 유저이름 pw와 @ 기호 뒤에 PC 이름 pinklab이 있고 물결(~) 기호가 보입니다. 그리고 달러($) 기호가 있죠.

여기서 ~ 기호는 HOME 폴더를 의미합니다. HOME 폴더에는 보통 Documents와 Downloads 폴더가 있습니다. 여러분이 한글로 설정해서 설치했다면 문서와 다운로드라고 한글 이름으로 된 폴더가 있을 겁니다.

```
pw@pinklab:~$ ls
Desktop  Documents  Downloads  fontconfig  Music  Pictures  Public  Templates  Videos
pw@pinklab:~$ mkdir test_ubuntu
pw@pinklab:~$ ls
Desktop  Documents  Downloads  fontconfig  Music  Pictures  Public  Templates  test_ubuntu  Videos
pw@pinklab:~$ 
```

[그림 2.2] 홈 폴더에서 test_ubuntu라는 이름으로 폴더를 만드는 장면

mkdir test_ubuntu

[그림 2.2]에서처럼 폴더를 만드는 명령인 mkdir로 test_ubuntu라는 이름의 폴더를 만들어 보겠습니다.

[그림 2.2]의 mkdir 명령을 실행한 위치는 $ 기호 뒤에 물결(~)이 있기 때문에 HOME 폴더에서 실행한 것이고 그래서 test_ubuntu라는 이름의 폴더는 HOME 폴더에 만들어져 있습니다. 그것은 [그림 2.2]에서 mkdir 명령 후에 다시 ls 명령을 해보면 [그림 2.2]의 하단에 보이는 것처럼 test_ubuntu라는 폴더가 만들어져 있다는 것을 확인할 수 있습니다. 항상 내가 어떤 경로에서 명령을 실행하는지, 혹은 어디서 실행해야 하는지 신경 쓰세요.

2.2 폴더를 이동해 볼까요 – cd

폴더를 이동하고 싶으면 cd 명령을 사용하면 됩니다.

여러분들은 여기서 키보드 〈TAB〉 키를 활용하는 습관을 들여보세요. 〈TAB〉 키는 입력할 나머지 부분을 완성해줍니다.

[그림 2.2]에서 만든 폴더인 test_ubuntu 폴더로 이동하기 위해 [그림 2.3]과 같이 cd 명령으로 test_ubuntu를 지정하겠습니다. [그림 2.2]와 같은 상황에서 'tes'까지만 입력하고 〈TAB〉 키를 누르면 나머지는 자동으로 완성됩니다. 혹은 cd 명령 후에 한 칸 띄우고 〈TAB〉 키를 두 번 연속해서 누르면 입력할 수 있는 목록이 나타납니다. 아무튼 〈TAB〉 키를 사용하면 터미널 생활이 매우 편해집니다.

```
pw@pinklab:~$
pw@pinklab:~$ cd test_ubuntu/
pw@pinklab:~/test_ubuntu$ ▮
```

[그림 2.3] cd test_ubuntu 명령을 실행한 화면

[그림 2.2]에서 cd 명령으로 test_ubuntu 폴더로 이동한 후에 위치가 HOME(물결표시)에 있는 test_ubuntu 폴더로 이동했음이 나타나 있습니다.

```
pw@pinklab:~$
pw@pinklab:~$ cd test_ubuntu/
pw@pinklab:~/test_ubuntu$ cd  ←
pw@pinklab:~$ ▮
```

[그림 2.4] cd 명령만 실행한 모습

```
pw@pinklab:~$
pw@pinklab:~$ cd test_ubuntu/
pw@pinklab:~/test_ubuntu$ cd ~  ←
pw@pinklab:~$
pw@pinklab:~$ ▮
```

[그림 2.5] cd ~ 명령을 실행한 모습

[그림 2.4]나 [그림 2.5]는 터미널에서 어떤 폴더에 있든 cd 명령을 하거나 cd ~ 명령을 하면 HOME 폴더로 이동하는 것을 보여주고 있습니다.

2.3 삭제 명령 – rm

파일이나 폴더를 삭제하는 명령은 rm입니다. 폴더를 삭제하는 경우 r 옵션을 사용하면 폴더 안에 파일이 있더라도 경고 없이 삭제할 수 있습니다.

```
pw@pinklab:~$ ls
Desktop  Documents  Downloads  fontconfig  Music  Pictures  Public  Templates  test_ubuntu  Videos
pw@pinklab:~$ rm test_ubuntu/
rm: cannot remove 'test_ubuntu/': Is a directory
pw@pinklab:~$ ▮
```

[그림 2.6] rm 명령을 그냥 폴더에 사용하여 에러가 난 화면

```
pw@pinklab:~$ ls
Desktop  Documents  Downloads  fontconfig  Music  Pictures  Public  Templates  test_ubuntu  Videos
pw@pinklab:~$ rm test_ubuntu/
rm: cannot remove 'test_ubuntu/': Is a directory
pw@pinklab:~$
pw@pinklab:~$ rm -r test_ubuntu/
pw@pinklab:~$
pw@pinklab:~$
pw@pinklab:~$ ls
Desktop  Documents  Downloads  fontconfig  Music  Pictures  Public  Templates  Videos
pw@pinklab:~$
```

[그림 2.7] rm에 -r 옵션을 붙여 삭제하는 화면

다른 명령도 비슷하지만, 이때 해당 폴더에 유저가 삭제할 권한이 없는 경우에는 관리자 권한 sudo를 붙여서 삭제하면 됩니다.

③ bashrc

우분투에서 작업할 때 특히 ROS 관련 작업을 하다 보면 .bashrc에 대한 이야기를 많이 듣게 됩니다. 이 절에서는 .bashrc에 대한 이야기를 하려고 합니다.

3.1 Shell 쉘

Shell은 운영체제의 일부로서, PC가 실행된 이후 메모리에 상주하는 핵심 프로그램인 커널과 사용자 사이를 연결해 주는 프로그램입니다. 사용자가 직접 커널에 명령을 입력하는 것입니다. 유닉스 초창기 때부터 사용자가 직접 명령을 입력하고 그 명령을 OS에 전달하는 역할을 하는 쉘이 있었습니다.

지금은 쉘도 몇 가지 종류가 있습니다. 이 중 Ubuntu에서 기본으로 사용하는 것은 bash(배쉬)입니다. 현재 나의 OS에서 사용하는 쉘의 종류가 궁금하면 [그림 2-8]과 같이 echo 명령으로 Shell을 확인하면 됩니다.

```
pw@pinklab:~$ echo $SHELL
/bin/bash
pw@pinklab:~$ ▮
```

[그림 2.8] echo $SHELL로 현재 shell을 확인하는 장면

3.2 .bashrc

앞에서 이야기한 bash의 각종 설정을 저장하는 파일이 몇 개 있습니다. 그 중 로그인한 사용자 개별로 지정한 설정을 저장해 두는 것이 bashrc 파일입니다. 이 파일의 정식 명칭은 점(.)을 포함해서 '.bashrc'입니다.

보통 파일 이름 앞에 점(.)이 붙어서 시작되면 숨김 파일이라는 뜻이고 '.bashrc'는 HOME 폴더에 위치해 있습니다. 그래서 앞에서 배운 sublime text로 .bashrc를 열고 싶으면

```
subl ~/.bashrc
```

라고 입력하면 됩니다. 그러면 [그림 2.9]와 같은 화면이 나타납니다. 이미 많은 설정이 HOME 폴더의 .bashrc 파일에 있습니다.

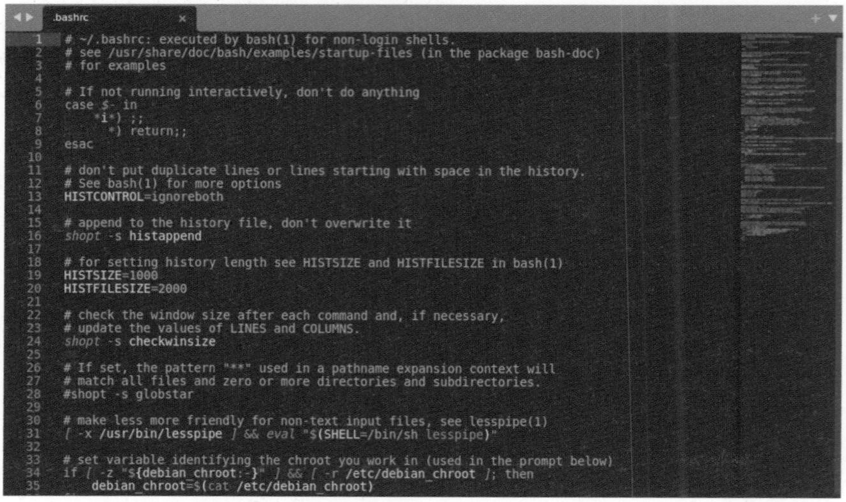

[그림 2.9] 초반 HOME 폴더의 .bashrc의 내용

우리는 1장의 3.4절에서 ROS2를 설치하고 설치를 확인하기 위해서 [그림 1.56]에 있는

```
source /opt/ros/humble/setup.bash
```

라는 명령을 터미널에 입력했습니다. 이 명령은 터미널이 실행될 때마다 입력되어야 하는 명령입니다. 그런데 터미널을 실행할 때마다 [그림 1.57]에서 보이는 ROS2의 명령을 입력하기 위해서 [그림 1.56]의 source 명령을 경로와 함께 길게 입력하는 것은 귀찮은 일입니다. ROS 엔지니어들은 이 문제를 보통 두 가지 접근으로 해결하려고 합니다.

3.3 .bashrc에 명령 입력해 두기

앞에서 이야기한 대로 ROS를 사용하기 위해서 터미널에서 필요한 명령 중 가장 먼저 실행되어야 할 명령은 3.2절의 마지막 명령입니다. 해당 명령을 터미널을 실행할 때마다 입력하는 것은 비효율적으로 보입니다. 그래서 많이 사용하는 것이 필요한 명령을 .bashrc에 등록해 두는 것입니다.

[그림 2.9]에서 실행한 sublime text에서 [그림 2.10]처럼 .bashrc 파일의 제일 마지막으로 이동합니다.

[그림 2.10] 그림 2.9에서 화면 제일 아래로 이동한 화면

그리고 두 줄의 코드를 입력합니다. 입력 완료 후에는 CTRL+S 키를 눌러 반드시 저장해야 합니다. 실제로 많은 분들이 에디터에서 코드 등을 변경한 후 저장하지 않아서 의도한 실습을 확인하지 못 하는 경우가 많습니다.

```
echo "ROS2 humble is activated!"
source /opt/ros/humble/setup.bash
```

```
107
108    # enable programmable completion features (you don't need to enable
109    # this, if it's already enabled in /etc/bash.bashrc and /etc/profile
110    # sources /etc/bash.bashrc).
111    if ! shopt -oq posix; then
112      if [ -f /usr/share/bash-completion/bash_completion ]; then
113        . /usr/share/bash-completion/bash_completion
114      elif [ -f /etc/bash_completion ]; then
115        . /etc/bash_completion
116      fi
117    fi
118
119    echo "ROS2 humble is activated"
120    source /opt/ros/humble/setup.bash
```

[그림 2.11] .bashrc에 humble의 setup.bash를 읽도록 하는 코드를 입력해 둔 화면

[그림 2.11]에 나타난 코드 중 두 번째 줄의 source 명령으로 시작하는 것은 [그림 1.56]에서처럼 해당 터미널에서 우리가 설치한 ROS2 humble 버전을 사용하기 위해서 항상 실행해야 하는 코드입니다. 이 코드를 .bashrc에 넣어 터미널이 실행할 때마다 해당 코드가 실행되는 효과를 얻도록 해 둔 것입니다.

그리고 [그림 2.11]에서 추가한 두 줄의 명령 중 첫 번째 줄의 echo 명령은 화면에 글자를 출력하는 명령입니다. humble의 setup.bash를 source 명령으로 불러왔다는 것을 알리기 위해

넣어 두었습니다. 이렇게 해 두면 터미널이 실행될 때 humble 버전 ROS2가 활성화되었구나 하고 알게 됩니다. 이제 터미널을 끄고 다시 실행하거나 터미널에서

```
source ~/.bashrc
```

라고 입력하면 변경된 .bashrc를 읽어옵니다. 그러면 [그림 2.12]와 같이 ROS2의 setup.bash 가 읽어지고 [그림 2.11]에 입력했던 echo 명령으로 우리가 세팅한 메시지가 나타납니다.

[그림 2.12] 그림 2.11을 완료한 후 터미널을 끄고 다시 실행했을 때 화면

4 .bashrc에서 alias 설정

4.1 alias 설정

humble 버전의 ROS 중에서 apt install 명령으로 설치된 ROS pkg와 환경은 모두 source 명령으로 읽을 수 있습니다.

3.2절의 마지막에서 터미널을 실행할 때마다 source 명령을 이용해서 humble의 setup.bash 를 읽어야 한다고 했습니다. 그게 비효율적이라고 생각한다면 3.3절에서처럼 .bashrc에 등록해 두면 된다고도 했습니다. 어차피 .bashrc는 터미널이 실행될 때마다 알아서 실행되는 설정이니 같은 개념입니다.

```
alias command_name="values"
```

Alias 설정은 위의 문법을 따릅니다. [그림 2.11]의 화면에서 그 하단에 [그림 2.13]과 같이 입력하고 저장합니다.

alias alias_test="echo \"Alias test\""

```
106   fi
107
108   # enable programmable completion features (you don't need to enable
109   # this, if it's already enabled in /etc/bash.bashrc and /etc/profile
110   # sources /etc/bash.bashrc).
111   if ! shopt -oq posix; then
112     if [ -f /usr/share/bash-completion/bash_completion ]; then
113       . /usr/share/bash-completion/bash_completion
114     elif [ -f /etc/bash_completion ]; then
115       . /etc/bash_completion
116     fi
117   fi
118
119   echo "ROS2 humble is activated"
120   source /opt/ros/humble/setup.bash
121
122   alias alias_test="echo \"Alias test\""
```

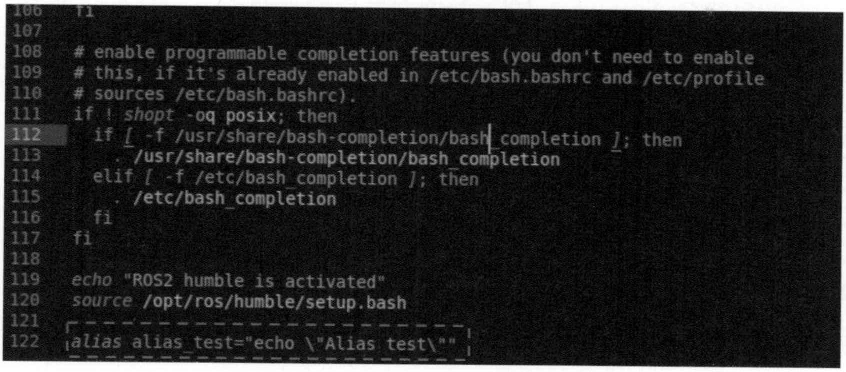

[그림 2.13] . bashrc에 alias_test라는 이름으로 alias를 지정하는 장면

[그림 2.13]에서 입력한 것은

echo "Alias test"

라는 명령을 alias_test라는 이름으로 등록한 것입니다. 여기서 [그림 2.13]에서 echo 명령에 해당하는 부분의 큰따옴표 앞에 \가 붙어있는 것은, 단순 문자의 의미를 지닌 특수 문자 앞에는 역슬래시(\)를 붙여야 하는 규칙이 있기 때문입니다. 그리고 alias를 지정할 때 name과 value 사이의 등호(=)는 꼭 띄어쓰기 없이 붙여 써야 합니다.

[그림 2.13]과 같이 입력하고 저장합니다. 그리고 터미널에서

source ~/.bashrc

라고 입력하고 난 후 [그림 2.14]처럼 alias_test라고 입력합니다.

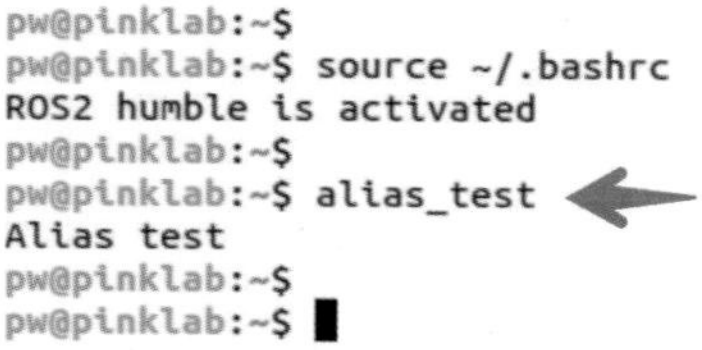

```
pw@pinklab:~$
pw@pinklab:~$ source ~/.bashrc
ROS2 humble is activated
pw@pinklab:~$
pw@pinklab:~$ alias_test      ←
Alias test
pw@pinklab:~$
pw@pinklab:~$ ▊
```

[그림 2.14] 그림 2.13에서 설정한 alias_test를 테스트하는 장면

[그림 2.13]에서 지정해 둔 alias 설정이 [그림 2.14]에서처럼 터미널에서 확인됩니다. 이것이 alias 설정입니다. Alias 설정 전체를 확인하고 싶으면 터미널에서 alias라고만 입력해 보면 [그림 2.15]와 같이 확인할 수 있습니다. [그림 2.15]에서는 [그림 2.13]에서 만든 alias_test도 보입니다.

```
pw@pinklab:~$ alias
alias alert='notify-send --urgency=low -i "$([ $? = 0 ] && echo terminal || echo error)" "$(hi
story|tail -n1|sed -e '\''s/^\s*[0-9]\+\s*//;s/[;&|]\s*alert$//'\'')"'
alias alias_test='echo "Alias test"'
alias egrep='egrep --color=auto'
alias fgrep='fgrep --color=auto'
alias grep='grep --color=auto'
alias l='ls -CF'
alias la='ls -A'
alias ll='ls -alF'
alias ls='ls --color=auto'
pw@pinklab:~$ █
```

[그림 2.15] alias 명령을 통해 설정된 alias 목록을 조회하는 장면

4.2 humble 설정을 alias로 지정하기

이제 방금 만든 alias_test는 삭제하고 [그림 2.11]에 humble 버전을 활성화하기 위해 넣어둔 두 줄의 코드를 alias 설정으로 변경해 보겠습니다.

```
# enable programmable completion features (you don't need to enable
# this, if it's already enabled in /etc/bash.bashrc and /etc/profile
# sources /etc/bash.bashrc).
if ! shopt -oq posix; then
  if [ -f /usr/share/bash-completion/bash_completion ]; then
    . /usr/share/bash-completion/bash_completion
  elif [ -f /etc/bash_completion ]; then
    . /etc/bash_completion
  fi
fi

alias humble="source /opt/ros/humble/setup.bash; echo \"ROS2 Humble is activated.\""
```

[그림 2.16] alias 명령으로 humble 설정을 활성화하도록 변경한 장면

[그림 2.16]은 [그림 2.13]에서 추가된 alias_test를 삭제하고 [그림 2.11]에서 추가된 두 줄을 세미콜론(;)으로 연결해서 한 줄로 만들고 echo 명령에서 필요한 큰따옴표는 역슬래시(₩)로 구현해 둔 것입니다.

[그림 2.16]과 같이 변경하고 저장하고 난 후 터미널을 끄고 다시 실행해보면 [그림 2.12]에서 나타난 메시지가 이번에는 나타나지 않을 겁니다. 대신 이제는 humble이라고 입력해야 [그림 2.17]과 같이 나타나게 될 겁니다.

```
pw@pinklab:~$ humble
ROS2 Humble is activated.
pw@pinklab:~$
pw@pinklab:~$
```

[그림 2.17] 그림 2.16의 설정 후 humble을 실행하는 장면

이제 처음 터미널을 기동할 때는 humble이 활성화되지 않고 [그림 2.16]의 alias 설정을 마치고 난 후 [그림 2.17]처럼 humble이라고 입력해야만 활성화됩니다. [그림 1.56]처럼 길게 입력하는 것은 너무 비효율적이고, [그림 2.11]과 같이 입력하면 다른 버전의 ROS를 사용할 때 비효율적입니다. 그 중간이 [그림 2.16]과 같은 설정인 것 같습니다.

어떤 스타일로 할 건지 여러분 스스로 정할 수 있습니다. 어떤 분은 [그림 2.16]이 좋을 수 있고, 어떤 분은 [그림 2.11]이 좋을 수도 있습니다. 중요한 것은 어떤 것을 선택해야 한다는 것이 아니고 source 명령과 .bashrc, 그리고 alias를 잘 이해하는 것입니다.

4.3 source ~/.bashrc도 alias로 지정하기

주로 많이 사용하는 설정이 있습니다. 겨우 설치 단계인 우리도 source ~/.bashrc 명령은 참 많이 사용했습니다. 그런데 source ~/.bashrc 명령은 조금 길어서 급하게 여러 명령을 테스트할 때 꽤 귀찮습니다. 그래서 많은 분들이 source ~/.bashrc를 [그림 2.18]처럼 alias로 지정해서 사용합니다.

```
108  # enable programmable completion features (you don't need to enable
109  # this, if it's already enabled in /etc/bash.bashrc and /etc/profile
110  # sources /etc/bash.bashrc).
111  if ! shopt -oq posix; then
112    if [ -f /usr/share/bash-completion/bash_completion ]; then
113      . /usr/share/bash-completion/bash_completion
114    elif [ -f /etc/bash_completion ]; then
115      . /etc/bash_completion
116    fi
117  fi
118
119  alias sb="source ~/.bashrc"
120  alias humble="source /opt/ros/humble/setup.bash; echo \"ROS2 Humble is activated.\""
121
```

[그림 2.18] source ~/.bashrc를 sb라고 alias 지정을 한 장면

이제 [그림 2.18]과 같이 지정해 두고 sb라고만 입력하면, source ~/.bashrc를 수행하게 됩니다.

그런데 저는 bashrc가 잘 읽어졌는지 확인하고 싶어서 [그림 2.18]의 sb alias에 [그림 2.19]와 같이 echo를 추가해 두는 습관이 있습니다.

```
119  alias sb="source ~/.bashrc; echo \"bashrc is reloaed.\""
120  alias humble="source /opt/ros/humble/setup.bash; echo \"ROS2 Humble is activated.\""
121
```

[그림 2.19] 그림 2.18의 sb alias에 echo를 추가한 장면

[그림 2.19]와 같이 했다면 반드시 저장하고 source ~/.bashrc를 수행하든가 터미널을 껐다가 다시 켜야 합니다.

bashrc는 실시간으로 읽어 들이는 설정이 아니므로 사용자가 매번 다시 읽도록 해 주어야 하

는데 [그림 2.19]로 수정했어도 아직 sb 명령이 인식되지는 않기 때문에 source ~/.bashrc를 한 번 해야 하는 겁니다.

```
pw@pinklab:~$
pw@pinklab:~$ source ~/.bashrc
pw@pinklab:~$
pw@pinklab:~$ sb
bashrc is reloaed.
pw@pinklab:~$
pw@pinklab:~$
```

[그림 2.20] sb라는 alias를 실행한 장면

이제 [그림 2.20]처럼 sb 명령도 잘 실행됨을 알 수 있습니다.

앞으로도 여러분들은 필요한 명령을 이렇게 alias에 추가할 수 있을 겁니다. 한 가지 주의해야 할 것은 sb라는 것을 실행하면 source ~/.bashrc를 실행한 것이라는 것과 왜 source ~/.bashrc를 실행하는지 이해해야 한다는 겁니다.

❺ ROS2 도메인 설정

ROS1은 노드 간의 통신과 네임스페이스의 관리 등을 ROS master가 수행했습니다. 그러나 ROS2에서는 ROS master가 없어지고 DDS(Data Distribution System)를 이용합니다.

> 데이터 분산 서비스(Data Distribution Service, DDS)는 실시간 시스템의 실시간성(real-time), 규모가변성(scalable), 안전성(dependable), 고성능(high performance)을 가능하게 하는 Object Management Group(OMG) 표준 출판/구독(Publish/Subscribe) 네트워크 커뮤니케이션 미들웨어이다.
>
> – 출처 : 위키백과 DDS 문서

메시지의 구독/발행 시스템을 더 장점이 많은 개념을 사용한 것입니다. 이 시스템의 사용으로 여러 장점이 생겼지만, ROS2를 공부하는 사람들이 한 가지 신경 써야 하는 문제가 있습니다.

한 AP(Access Point)에서 여러 사람이 동시에 ROS2를 공부하는 경우 공부하는 사람들 사이에서 시스템에 혼란이 일어날 수 있습니다. 3장에서 배우겠지만, 특히 공부할 때는 같은 노드의 이름, 같은 토픽의 이름이 충돌 날 수 있습니다. 그래서 나의 시스템 도메인을 별도로 지정할 필요가 있습니다.

별도로 도메인을 관리하는 방법은 터미널에서 본인의 ID를 정한 다음

```
export ROS_DOMAIN_ID=<ID>
```

라고 입력하는 것입니다. 이렇게 도메인을 지정하면 같은 도메인의 ROS2 노드[1]들은 서로를 발견하고 메시지를 주고받을 수 있습니다. 그래서 독립적으로 학습하는 사람들이 같은 공간에서 모여있는 경우 도메인 ID를 각자 다르게 설정할 필요가 있습니다.

```
111  if ! shopt -oq posix; then
112    if [ -f /usr/share/bash-completion/bash_completion ]; then
113      . /usr/share/bash-completion/bash_completion
114    elif [ -f /etc/bash_completion ]; then
115      . /etc/bash_completion
116    fi
117  fi
118
119  alias killgazebo="killall gzserver gzclient"
120
121  alias sb="source ~/.bashrc; echo \"bashrc is reloaed.\""
122  alias humble="source /opt/ros/humble/setup.bash; ros_domain; echo \"ROS2 Humble is activated.\""
123  alias ros_domain="export ROS_DOMAIN_ID=13"
```

[그림 2.21] bashrc에 ROS_DOMAIN_ID를 설정하는 화면

일일이 터미널에 지정하는 것이 귀찮다면 [그림 2.21]처럼 역시 alias를 ros_domain으로 지정하고 humble에 포함시켜 주면 됩니다.

❻ 마무리

이번 장에서는 bashrc의 기능을 살펴보고 몇 가지 편리한 기능을 익혀 보았습니다. 분량은 얼마 안 되는 장입니다. 그러나 대부분의 교재가 이 부분은 ubuntu의 설명 영역이라고 보고 생략하는 경향이 많습니다. 그러나 오랜 기간 ROS를 강의해본 경험상 여러분들이 앞으로 만날 에러 중에는 이 장의 내용을 이해 못 해서 발생하는 경우가 꽤 있었습니다.

다음 장에서는 ROS2의 기초 명령들을 확인하면서 진행하겠습니다.

---

1 노드(node)는 3장에서 이야기하겠지만 ROS에서 실행 가능한 최소 단위라고 생각하면 됩니다.

Chapter

3

ROS2 기본 명령 익히기

3장에서는 ROS2의 기본적인 명령어들을 익히는 시간을 가지려고 합니다. 이 장에서 모든 것을 다 익힐 수는 없지만, 서비스, 토픽, 액션, 그리고 디버그에 필요한 기능을 익히는 시간을 가져보려고 합니다.

먼저 ROS를 공부할 때 유용한 turtlesim이라는 패키지로 이야기를 시작해보겠습니다.

② Turtlesim 설치와 실행

ROS2 humble 버전을 설치할 때 desktop 버전을 선택했다면 turtlesim도 같이 설치됩니다. 혹시 그러지 않았거나 설치가 되지 않은 경우, 설치는

sudo apt install ros-humble-turtlesim

이 명령을 터미널에 실행하면 됩니다.

2장의 마지막 부분 [그림 2.19]에서 .bashrc 파일에 alias 설정으로 humble이라는 명령을 만들어 두었습니다. 만약 여러분들도 [그림 2.19]와 같이 설정하고 따라왔다면 [그림 3.1]과 같이 humble이라고 명령을 작성합니다.

```
pw@pinklab: ~ 80x24
pw@pinklab:~$ humble
ROS2 Humble is activated.
pw@pinklab:~$
pw@pinklab:~$
```

[그림 3.1] 터미널에서 그림 2.19에서 설정한 humble 명령을 실행하는 장면

이제 humble이라는 명령이 실행되면서 /opt/ros/humble 경로의 setup.bash의 설정들이 bashrc에 읽혀지고 ROS2 관련 명령들을 사용할 수 있게 됩니다.

여기서 ROS2 관련 명령이라고 하면 sudo apt install 명령으로 설치한 패키지들도 포함됩니다.

```
                                    pw@pinklab: ~ 80x24
pw@pinklab:~$ humble
ROS2 Humble is activated.
pw@pinklab:~$
pw@pinklab:~$ ros2 run turtlesim turtlesim_node █
```

[그림 3.2] turtlesim 패키지의 turtlesim_node를 실행하기 위해 명령을 입력한 장면

[그림 3.1]에서 humble의 명령을 실행하기 위해 설정을 읽은 다음 [그림 3.2]와 같이 ros2 명령을 입력합니다.

ros2 run <PKG Name> <Node Name>

이 명령은 ROS2의 노드를 하나 실행하기 위한 것으로 ros2 run으로 시작하며 그다음에 패키지 이름과 실행하고자 하는 노드(node)의 이름으로 구성됩니다.

ROS 세계에서는 실행 가능한 최소한의 단위를 노드(node)라고 합니다. 그리고 다수의 노드와 여러 설정을 모아 둔 것을 패키지라고 부릅니다.

ros2 run turtlesim turtlesim_node

그래서 지금은 turtlesim이라는 패키지의 turtlesim_node라는 노드를 실행하고자 위의 명령을 [그림 3.2]와 같이 입력합니다. 이때 [그림 3.2]의 명령을 모두 입력(타이핑)할 필요는 없고 적절한 위치에서 키보드의 〈TAB〉 키를 누르면 나머지는 자동으로 완성됩니다. 혹시 탭을 눌렀는데 아무 반응이 없으면 더블클릭하듯이 〈TAB〉 키를 두 번 연달아 눌러보면 됩니다.

탭 키를 누르는 적절한 시점을 설명하는 것은 꽤 길지만, 사실 이것은 그냥 해 보면 됩니다. ros2와 run은 명령이 길지 않으니 그냥 입력하더라도 그 다음은 tu라고 두 글자만 입력하고 〈TAB〉 키만 누르면 아마 명령이 완성될 것입니다.

```
                     pw@pinklab: ~                          TurtleSim
                     pw@pinklab: ~ 83x39
pw@pinklab:~$ humble
ROS2 Humble is activated.
pw@pinklab:~$
pw@pinklab:~$ ros2 run turtlesim turtlesim_node
Warning: Ignoring XDG_SESSION_TYPE=wayland on Gnome.
 run on Wayland anyway.
[INFO] [1705921316.678666239] [turtlesim]: Starting t
esim
[INFO] [1705921316.683195293] [turtlesim]: Spawning t
], y=[5.544445], theta=[0.000000]
```

[그림 3.3] turtlesim 패키지의 turtlesim_node를 실행한 화면

[그림 3.1]에서 humble의 설정을 읽고, [그림 3.2]에서 turtlesim_node를 실행한 결과가 [그림 3.3]입니다. 드디어 여러분들은 ros2의 노드를 처음으로 실행해보게 된 것입니다.

③ 다시 강조하는 setup.bash 환경

우리는 2장에서 bashrc에 대해 이야기했습니다. 여기서 한 번 더 강조해서 이야기를 정리해 보려고 합니다. 제가 여러 교육 현장을 다녀본 경험에서 볼 때 이 부분에 대한 이해가 초반 학습에서는 중요하기 때문입니다.

먼저 'sudo apt install' 명령으로 설치한 패키지들의 환경은

/opt/ros/humble/

경로에 setup.bash 파일을 읽어 오면 됩니다. bash 파일은 source 명령으로 읽으면 터미널에 환경이 세팅됩니다. 결국, 어떤 터미널을 실행한 후 어떻게든

source /opt/ros/humble/setup.bash

라는 명령은 실행이 되어야 합니다. 그래야만 'sudo apt install' 명령으로 설치된 ROS 관련 명령이나 패키지[1]를 실행할 수 있다는 것을 꼭 기억해두세요.

ROS2 관련 명령을 실행하고 싶다면 해당 터미널에서 source 명령어로 /opt/ros/humble/ setup.bash를 읽어야 합니다. 앞으로 이 setup.bash를 그냥 opt 경로의 setup.bash라고 부르 겠습니다.

그럼 터미널을 실행할 때마다 opt 경로의 setup.bash를 읽는 source 명령을 줘야 한다는 거 죠. 그게 조금 불편할 수 있어서 많이 사용하는 방법이 터미널이 실행될 때마다 읽어 들이는 홈 경로의 .bashrc 파일에 그 명령을 넣어 두는 것입니다. 그중에 한 방법으로 [그림 2.18]에 서 이야기한 대로 alias 설정을 이용하는 것입니다. 이 책에서는 humble이라는 명령을 만들 어 두었습니다.

---

1 여기서 주의할 점은 직접 만들었거나 혹은 받은 소스 코드를 빌드하는 경우는 다른 경로(흔히 워크스페이스)에 있는 setup.bash입니다. 이것에 관해서는 나중에 다시 다룰 겁니다.

그런데 공부하는 단계에서는 그것마저도 불편할 수 있습니다. 그럴 때는 [그림 2.18]과 같이 설정하지 말고, [그림 3.4]와 같이 alias 없이 설정하면 됩니다.

```
119   alias sb="source ~/.bashrc; echo \"bashrc is reloaed.\""
120   alias killgazebo="killall gzserver gzclient"
121   #alias humble="source /opt/ros/humble/setup.bash; ros_domain; echo \"ROS2 Humble is activated.\""
122   source /opt/ros/humble/setup.bash
123   echo "ROS2 Humble is activated."
124
```

[그림 3.4] 그림 2.18의 설정에서 humble 명령을 해제한 화면

[그림 3.4]는 [그림 2.18]에서 humble alias를 주석(#) 처리하고 그냥 그 명령을 풀어서 나열한 것입니다. [그림 3.4]처럼 하면 매번 humble이라고 입력하지 않고 터미널을 다시 실행하거나 source ~/.bashrc 명령을 입력하거나 [그림 2.18]에서 alias 설정을 만들어 둔 sb를 입력하면 됩니다.

여러분이 기억해야 할 것은 이 책이 [그림 2.18]의 설정을 사용하니까 매번 humble이라는 명령을 입력해야 한다든지, [그림 2.18]의 설정이 싫으면 [그림 3.4]처럼 하면 된다는 것이 아니라, opt 경로의 setup.bash를 source 명령으로 읽어야 한다는 것입니다. 앞으로 당분간은 언급하겠지만, 점점 humble을 입력하라는 안내는 줄어들 것입니다. 그래도 여러분은 터미널이 새로 실행되면 opt 경로의 setup.bash를 source 명령으로 읽어야 한다는 것을 기억하고 있어야 합니다.

4 ROS Node

다시 [그림 3.1]부터 [그림 3.3]의 상황까지 가보도록 하겠습니다. 그다음 [그림 3.5]처럼 터미널을 분리하거나 또 다른 터미널을 실행해도 됩니다.

[그림 3.5] 그림 3.3의 상황에서 터미널을 분리한 화면

그리고 다시 새로 실행한 터미널에서 humble을 실행한 후

ros2 node list

명령을 실행한 결과가 [그림 3.6]입니다. 노드는 ROS에서 실행 가능한 최소한의 단위입니다. 현재 그런 노드가 얼마나 실행되고 있는지 목록을 확인할 수 있습니다. 우리는 겨우 [그림 3.3]의 turtlesim_node라는 노드를 실행했고 그 이름이 turtlesim이라는 것을 [그림 3.6]에서 알 수 있습니다.

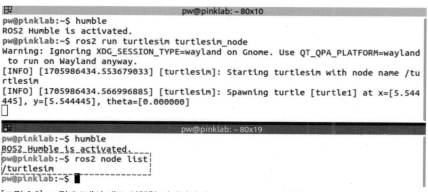

```
                              pw@pinklab: ~ 80x10
pw@pinklab:~$ humble
ROS2 Humble is activated.
pw@pinklab:~$ ros2 run turtlesim turtlesim_node
Warning: Ignoring XDG_SESSION_TYPE=wayland on Gnome. Use QT_QPA_PLATFORM=wayland
 to run on Wayland anyway.
[INFO] [1705986434.553679033] [turtlesim]: Starting turtlesim with node name /tu
rtlesim
[INFO] [1705986434.566996885] [turtlesim]: Spawning turtle [turtle1] at x=[5.544
445], y=[5.544445], theta=[0.000000]

                              pw@pinklab: ~ 80x19
pw@pinklab:~$ humble
ROS2 Humble is activated.
pw@pinklab:~$ ros2 node list
/turtlesim
pw@pinklab:~$
```

[그림 3.6] 그림 3.5에서 새로 실행한 터미널에서 ros2 node list 명령을 실행한 결과

```
                              pw@pinklab: ~ 80x10
pw@pinklab:~$ humble
ROS2 Humble is activated.
pw@pinklab:~$ ros2 run turtlesim turtlesim_node
Warning: Ignoring XDG_SESSION_TYPE=wayland on Gnome. Use QT_QPA_PLATFORM=wayland
 to run on Wayland anyway.
[INFO] [1705986434.553679033] [turtlesim]: Starting turtlesim with node name /tu
rtlesim
[INFO] [1705986434.566996885] [turtlesim]: Spawning turtle [turtle1] at x=[5.544
445], y=[5.544445], theta=[0.000000]

                              pw@pinklab: ~ 80x19
pw@pinklab:~$ humble
ROS2 Humble is activated.
pw@pinklab:~$ ros2 node info /turtlesim
/turtlesim
  Subscribers:
    /parameter_events: rcl_interfaces/msg/ParameterEvent
    /turtle1/cmd_vel: geometry_msgs/msg/Twist
  Publishers:
    /parameter_events: rcl_interfaces/msg/ParameterEvent
    /rosout: rcl_interfaces/msg/Log
    /turtle1/color_sensor: turtlesim/msg/Color
    /turtle1/pose: turtlesim/msg/Pose
  Service Servers:
```

[그림 3.7] 그림 3.6에서 확인한 노드 /turtlesim의 정보를 확인하기 위해 명령을 입력한 장면

[그림 3.6]에서 실행 중인 노드의 목록을 알게 되었고, 그 이름인 /turtlesim의 정보(info)를 조회하는 명령인

을 [그림 3.7]과 같이 실행했습니다. 노드의 정보를 알고 싶으면 node info라는 ros2 명령을 사용하면 됩니다.

[그림 3.7]에서 실행한 결과에 주목할 필요가 있습니다.

〈표〉 그림 3.7의 결과

```
/turtlesim
  Subscribers:
    /parameter_events: rcl_interfaces/msg/ParameterEvent
    /turtle1/cmd_vel: geometry_msgs/msg/Twist
  Publishers:
    /parameter_events: rcl_interfaces/msg/ParameterEvent
    /rosout: rcl_interfaces/msg/Log
    /turtle1/color_sensor: turtlesim/msg/Color
    /turtle1/pose: turtlesim/msg/Pose
  Service Servers:
    /clear: std_srvs/srv/Empty
    /kill: turtlesim/srv/Kill
    /reset: std_srvs/srv/Empty
    /spawn: turtlesim/srv/Spawn
    /turtle1/set_pen: turtlesim/srv/SetPen
    /turtle1/teleport_absolute: turtlesim/srv/TeleportAbsolute
    /turtle1/teleport_relative: turtlesim/srv/TeleportRelative
    /turtlesim/describe_parameters: rcl_interfaces/srv/DescribeParameters
    /turtlesim/get_parameter_types: rcl_interfaces/srv/GetParameterTypes
    /turtlesim/get_parameters: rcl_interfaces/srv/GetParameters
    /turtlesim/list_parameters: rcl_interfaces/srv/ListParameters
    /turtlesim/set_parameters: rcl_interfaces/srv/SetParameters
    /turtlesim/set_parameters_atomically:
  rcl_interfaces/srv/SetParametersAtomically
  Service Clients:

  Action Servers:
    /turtle1/rotate_absolute: turtlesim/action/RotateAbsolute
  Action Clients:
```

지금은 뭔지 잘 모르겠지만 /turtlesim이라는 노드는 구독(Subscribers)하는 것이 있고, 발행 (Publishers)하는 것이 있는 모양입니다. 이것은 6절에서 이야기할 '토픽(Topic)'입니다. 그리고 5절에서 이야기할 '서비스(Service Servers, Clients)'가 있고, 7절에서 이야기할 '액션(Action Servers, Clients)'도 있습니다.

우리가 아직은 모르지만, 만약 토픽, 서비스, 액션에 대해 알고 있다면 [그림 3.7]의 node info 명령으로 해당하는 토픽, 서비스, 액션의 이름을 알 수 있고, 그때 사용하는 데이터의 형도 알 수 있다는 것입니다.

⑤ ROS Service

5.1 Service의 개념

ROS에서 말하는 서비스(service)의 개념을 [그림
3.8]에 간략히 나타냈습니다. 두 노드(node)가 데이
터를 주고받는 방식 중에 클라이언트(client)가 서버
(server)에게 요청(request)하면 응답(response)을 받
을 수 있는 방식을 ROS에서는 서비스(service)라고
합니다. 이때 입력 혹은 출력 데이터는 있을 수도
있고 없을 수도 있습니다.

ROS의 서비스를 어떻게 만들 것인가는 다음 장에
서 학습하는 것으로 하고 여기에서는 어떻게 사용
하는지에 대해 튜토리얼처럼 이야기해보겠습니다.

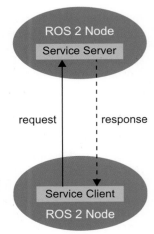

[그림 3.8] ROS2 service의 개념도
〈출처: mathworks.com〉

5.2 ros2 service list

Turtlesim_node라는 노드를 실행한 [그림 3.5]의 상황에서 [그림 3.9]에서처럼 또 다른 터미
널에서 humble 후에

ros2 service list

를 실행합니다.

[그림 3.9] Turtlesim_node를 실행한 상태에서 service list를 조회해본 결과

[그림 3.9]를 보면 현재 사용 가능한 서비스(service)들이 나타나 있습니다. 이 중에서

5.3 ros2 service type

```
pw@pinklab:~$ humble
ROS2 Humble is activated.
pw@pinklab:~$ ros2 service type /turtle1/teleport_absolute
turtlesim/srv/TeleportAbsolute
pw@pinklab:~$
pw@pinklab:~$ 
```

[그림 3.10] service type 명령을 이용해서 서비스의 데이터 정의를 확인하는 장면

[그림 3.10]과 같이

ros2 service type /turtle1/teleport_absolute

명령을 사용하면 해당 서비스가 사용하는 정의를 알 수 있습니다. [그림 3.10]의 결과를 보면

turtlesim/srv/TeleportAbsolute

라고 되어있습니다. 이제 위 결과를 잠시 보겠습니다. 먼저 turtlesim이라고 되어있는 부분은 실행한 노드의 이름이자 패키지의 이름입니다. 그 안에 srv는 service를 의미하기도 하고 해당 패키지(turtlesim)가 위치하는 폴더에서 srv라는 폴더 이름이기도 합니다. 그리고 TeleportAbsolute는 서비스의 데이터 정의입니다.

https://github.com/ros/ros_tutorials/tree/humble/turtlesim

실제 생긴 모습이 궁금하면 위 주소를 방문하면 됩니다.

📁 action	Add RotateAbsolute action to turtlesim (#62)	5 years ago
📁 images	Add humble turtle (#140)	2 years ago
📁 include/turtlesim	Fixing deprecated subscriber callback warnings (#134)	3 years ago
📁 launch	Replace deprecated launch_ros usage (#84)	4 years ago
📁 msg	remove turtlesim velocity and use Twist msg	12 years ago
📁 src	Add humble turtle (#140)	2 years ago
📁 srv	Optionally name your turtles yourself	15 years ago
📁 tutorials	Fixing deprecated subscriber callback warnings (#134)	3 years ago
📄 CHANGELOG.rst	1.4.2	2 years ago
📄 CMakeLists.txt	Use rosidl_get_typesupport_target() (#132)	3 years ago
📄 package.xml	1.4.2	2 years ago

[그림 3.11] turtlesim humble 버전의 소스코드의 github

그러면 [그림 3.11]과 같이 나타납니다. [그림 3.11]은 turtlesim의 소스 코드입니다. 자세히 들여다보면 srv라는 폴더가 보입니다.

📄 Kill.srv	* Multi-turtle support	13 years ago
📄 SetPen.srv	Add turtlesim to the ros_tutorials stack	13 years ago
📄 Spawn.srv	Optionally name your turtles yourself	13 years ago
📄 TeleportAbsolute.srv	Add absolute and relative teleport service calls	13 years ago
📄 TeleportRelative.srv	Add absolute and relative teleport service calls	13 years ago

[그림 3.12] 그림 3.11에서 srv 폴더를 확인한 화면

[그림 3.11]에서 srv 폴더에 들어가 보면 [그림 3.12]의 파일들이 보입니다. [그림 3.12]의 파일 이름들이 [그림 3.9]의 결과와 상당 부분 유사한 것을 알 수 있습니다.

저 srv 파일들에는 어떤 내용이 있을까요? [그림 3.12]에서 해당 파일을 클릭해서 확인하면 [그림 3.13]과 같이 확인할 수 있습니다.

5.4 service definition

```
4 lines (4 sloc)   38 Bytes                          Raw  Blame  🖥 🗗 ✏ 🗑
    1   float32 x
    2   float32 y
    3   float32 theta
    4   ---
```

[그림 3.13] 그림 3.12에서 TeleportAbsolute.srv 파일을 확인하는 장면

srv라는 확장명을 가진 [그림 3.12]의 파일들은 ROS service에서 아주 중요한 파일들입니다. 그중 하나인 [그림 3.13]에 나타나 있는 TeleportAbsolute.srv라는 파일에 집중해 보겠습니다.

[그림 3.7]의 결과에도 있고, [그림 3.9]의 결과에서도 관찰되는 turtle1/teleport_absolute라는 서비스가 있습니다.

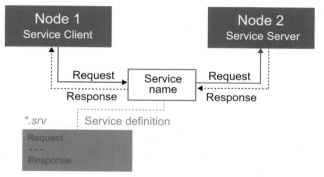

[그림 3.14] ROS service에서 service definition srv 파일의 역할

방금 관찰한 teleport_absolute라는 서비스는 [그림 3.10]에서 확인했듯이 TeleportAbsolute라고 정의(definition)되어 있습니다. 서비스의 정의는 srv 확장명을 가진 파일에 저장되고 통상 해당 패키지의 srv 폴더에 둡니다. [그림 3.14]에 있듯이 srv 파일은 대시(-) 기호를 연달아 세 번 사용하는 구분자를 기준으로 [그림 3.13]에서처럼 위, 아래로 나눠집니다.

이때 대시 세 개(---) 구분자의 윗부분은 서비스를 요청할 때의 데이터를 선언하고, 그 아랫부분은 서비스 서버가 응답(request)할 때의 데이터를 선언해 둡니다.

그럼 다시 [그림 3.13]을 보기 좋게 [그림 3.14]와 결합한 [그림 3.15]를 보겠습니다.

서비스 정의(service definition) 파일인 srv 파일의 구

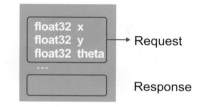

[그림 3.15] ROS service srv 파일의 구조

조를 [그림 3.15]에 나타냈습니다. 이것은 turtlesim의 teleport_absolute 서비스의 정의 파일인 TeleportAbsolute.srv 파일의 구조입니다. teleport_absolute 서비스를 요청(request)하고 싶다면 [그림 3.15]의 구분자(대시 세 개 ---) 위에 표시된 대로 x, y, theta라고 이름 붙은 float32형의 데이터 세 개를 주어야 합니다. 그리고 응답을 하는 response 영역은 turtlesim을 단지 옮기는 역할을 하는 teleport_absolute 서비스에서는 필요 없다고 느껴서 비어 있습니다. 컴퓨터 언어의 함수로 본다면 return 값이 없는 함수로 생각해도 됩니다.

[그림 3.13]의 내용을 확인하는 명령은 [그림 3.16]에 나와 있는

ros2 interface show turtlesim/srv/TeleportAbsolute

명령입니다.

```
pw@pinklab:~$ ros2 interface show turtlesim/srv/TeleportAbsolute
float32 x
float32 y
float32 theta
---
pw@pinklab:~$
```

[그림 3.16] ros2 interface show 명령을 사용한 화면

[그림 3.16]에서처럼 ros2 interface show 명령으로 [그림 3.10]에서 알아낸 서비스 정의의 이름을 조회하면 그 내용을 알 수 있습니다.

5.5 Mobile Robot 소개

[그림 3.16]에 나타나 있는 TeleportAbsolute.srv 파일에 있는 teleport_absolute 서비스에 뭔가를 요청(request)하기 위해 아주 간단히 소개할 내용이 생겼습니다.

[그림 3.17] Two-wheeled Mobile Robot의 예시

구동축이 두 바퀴인 모바일 로봇은 [그림 3.17]과 같은 구조를 가졌습니다. 바퀴는 세 개일 수 있지만, 하나는 그저 로봇 바디를 지탱하는 역할을 하기 때문에 구동축은 두 개면 충분합니다. 모든 움직이는 로봇이 [그림 3.17]과 똑같진 않지만, 연구/학습용 모바일 로봇들부터 대부분의 로봇이 [그림 3.17]과 유사하게 생겼습니다.

이런 로봇들은 모두 평면적으로 보면 [그림 3.18]과 동일하게 볼 수 있으며 주황색의 양쪽 바퀴 두 개에 의해 앞으로 가거나, 제자리 회전하거나, 전진하면서 한 방향으로 움직입니다.

그러므로 [그림 3.16] 또는 [그림 3.13]에 있는 TeleportAbsolute에서 요청(request)하는 데이터가 x, y, theta로 이름 붙여진 데이터 세 개로 이뤄진 이유는 평면에서 봤을 때 로봇의 좌표(x, y)와 로봇의 평면에서 볼 때 로봇의 자세(theta)인 것입니다.

[그림 3.18] Two Wheeled Mobile Robot의 간략한 구조

그리고 [그림 3.9]에서 turtlesim이 최초 등장하는 좌표는 아주 애매하지만, x, y 좌표 모두 5.44 근처입니다.

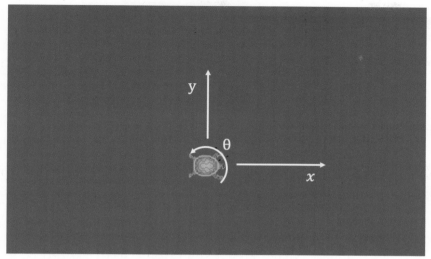

[그림 3.19] Two Wheeled Mobile Robot의 자세

Turtlesim은 처음 생성될 때 [그림 3.19]에서처럼 x축 방향을 보고 나타납니다. 그 방향이 0도입니다. 그리고 시계반대방향(CCW)으로 양(+)의 방향을 가집니다. ROS는 각도와 관련된 단위계는 라디안(radian) 단위를 사용합니다. 그러므로 위로 보게 하고 싶으면 90도를 돌려야 하고 라디안으로는 1.57입니다. 우리가 흔히 사용하는 한 바퀴를 360등분한 degree 각도를 한 바퀴를 2π(π≈3.14)로 보는 radian 사이의 변환은 아래 [그림 3.20]을 이용하면 됩니다.

$$rad = degree \, \frac{\pi}{180}$$

[그림 3.20][1] 디그리를 라디안으로 변경하는 수식

5.6 서비스를 호출하는 방법 service call

[그림 3.10]에서 teleport_absolute라는 서비스에 관심을 가지기 시작해서 한참이 지났습니다. [그림 3.10] 직후의 모습으로 돌아가도록 하겠습니다. [그림 3.14]에서 서비스 정의에 관해서도 이야기했으니 이제 서비스를 요청해 보도록 하겠습니다.

---

1 수식에 '그림'으로 캡션을 달고 싶지 않았으나, 이 책은 수식 표현이 많지 않아서 오히려 다른 페이지에서 이 수식을 찾는 것이 어려울 것이라 판단하고 수식도 '그림'으로 캡션 달았습니다.

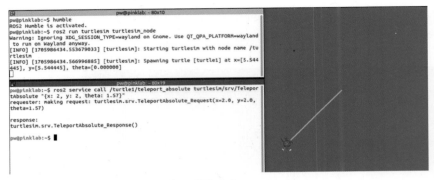

[그림 3.21] teleport_absolute 서비스를 요청한 화면

ros2 service call /turtle1/teleport_absolute turtlesim/srv/TeleportAbsolute "{x: 2, y: 2, theta: 1.57}"

위의 명령은 [그림 3.21]에서 실행한 서비스를 호출하는 명령입니다. 저 긴 명령을 어떻게 다 터미널에 입력할까 걱정하지 않아도 됩니다. 이 책과 함께 배포되는 유튜브 강좌에서 더 정확히 나오지만, 여러분들은 [그림 3.21]을 유심히 보고 탭(tab) 키를 적극 활용하면 됩니다. 그리고 노파심에서 한 번 이야기하지만 3.3절에서 언급한 내용을 기억하세요.

이 책은 터미널마다 수동으로 humble이라는(우리가 alias를 설정했던) 명령을 실행해야 합니다. 그게 귀찮으면 [그림 3.4]처럼 설정하면 됩니다. 여기서 조금 황당할 수 있지만, 입력할 때 x: 2와 같은 상황에서 콜론 왼쪽은 붙이고, 오른쪽은 띄워야 합니다.

ros2 service call <service name> <service definition> "data"

[그림 3.21]은 서비스를 요청하는 것은 위 형식대로 service call 명령이고, 이 명령을 사용할 때는 서비스의 이름과 서비스 정의(srv)를 다 지정해 주어야 합니다. 그리고 srv 파일의 request 부분에 정의된 대로 데이터를 지정해 주어야 합니다.

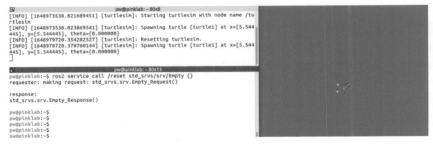

[그림 3.22] reset 서비스를 요청한 화면

만약 [그림 3.21]의 상황을 충분히 실습한 후 다시 처음으로 돌리고 싶다면 [그림 3.22]처럼 reset 서비스를 요청하면 됩니다. Turtlesim의 reset 서비스는 아무것도 입력할 필요가 없고 아무것도 출력을 내지 않습니다. 출력이 없는 것은 괜찮은데 입력은 없어도 Empty 데이터 타입에서 {}를 널문자를 주어야 합니다.

```
pw@pinklab:~$
pw@pinklab:~$ ros2 service type /reset
std_srvs/srv/Empty
pw@pinklab:~$
pw@pinklab:~$
pw@pinklab:~$
pw@pinklab:~$
```

[그림 3.23] reset의 service definition을 확인하는 장면

혹시 여러분들이 [그림 3.22]에서 보이는 것처럼 reset이라는 서비스를 요청(call)하기 위해 알아야 하는 정의(definition)를 확인하고 싶으면 [그림 3.23]처럼 service type 명령으로 확인하면 됩니다.

5.7 namespace

[그림 3.9]의 상황을 다시 보겠습니다. 혹은 이 장을 한 번에 학습하고 있다면 [그림 3.23] 상황에서 다시 한번

ros2 service list

를 실행하면 됩니다. 이 명령의 실행 결과는 [그림 3.9]에도 있지만, [그림 3.24]에 다시 나타냈습니다.

```
pw@pinklab:~$ humble
ROS2 Humble is activated.
pw@pinklab:~$ ros2 service list
/clear
/kill
/reset
/spawn
/turtle1/set_pen
/turtle1/teleport_absolute
/turtle1/teleport_relative
/turtlesim/describe_parameters
/turtlesim/get_parameter_types
/turtlesim/get_parameters
/turtlesim/list_parameters
/turtlesim/set_parameters
/turtlesim/set_parameters_atomically
pw@pinklab:~$
```

[그림 3.24] 그림 3.9에서 실행 결과를 다시 제시한 화면

이제 [그림 3.24]의 결과를 보고 service라는 이 절의 이름에 딱 맞는 내용은 아니지만[1], 처음 등장한 이 시점에 이야기를 하려고 합니다. 먼저 모든 결과에서 슬래시(/)가 있습니다. 이 슬래시는 현재 실행 중 혹은 사용 가능하다는 의미와 함께 슬래시 뒤에

```
/clear
/kill
/reset
/spawn
```

와 같이 바로 서비스 이름이 있는 경우가 있습니다. [그림 3.22]와 같이 그냥 바로 사용하면 됩니다.

그런데 어떤 서비스는

```
/turtle1/set_pen
/turtle1/teleport_absolute
/turtle1/teleport_relative
```

위와 같이 슬래시(/) 뒤에 바로 서비스 이름이 오지 않고 /turtle1이라는 것이 붙어 있습니다. 이것이 네임스페이스(namespace)입니다.

네임스페이스가 필요한 이유는 간단합니다. 먼저 set_pen은 turtle이 지나갈 때마다 그 경로를 표시하는데 그 선의 색상이나 굵기 등을 지정할 수 있고, teleport_absolute는 [그림 3.21]에서 사용했듯이 turtle을 한 번에 어딘가로 옮기는 서비스입니다. 또한 teleport_relative는 현재 turtle의 위치에서 상대적인 기준으로 어디론가 옮기는 명령입니다.

여기서 언급한 세 개의 서비스는 모두 하나의 turtle에 적용되는 이야기입니다. 우리가 [그림 3.9]의 ros2 run 명령을 실행하면 turtlesim 패키지의 turtlesim_node라는 파일이 실행되고 이때 거북이(turtle) 한 마리가 화면에 나타납니다. 이 거북이의 이름이 turtle1입니다. 또 다른 거북이를 만들 수 있는데, 구분을 위해 그 거북이의 이름은 지정하지 않으면 turtle2가 될 겁니다. 아무튼, turtle 하나당 각각 적용되어야 하는 서비스의 경우 구분이 되어야 할 겁니다. 그래서 네임스페이스(namespace)가 필요합니다.

---

1 사실 저는 책에서 장과 절을 구분했지만, 책 전체의 흐름에서 필요한 내용이라면 장이나 절의 구분과 관계없이 언급하는 것을 선호합니다.

5.8 spawn

5.7절에서 이야기한 네임스페이스를 확인해 볼 겸 새로운 서비스 하나 더 사용해 볼 겸 [그림 3.25]처럼

---

ros2 service type /spawn

를 입력합니다. 그러면 spawn이라는 서비스가 사용하는 서비스 정의(service definition)를 확인할 수 있습니다.

[그림 3.25]에 해당 명령의 실행 결과가 있습니다. 그 결과를 이용해서 다시

---

ros2 interface show turtlesim/srv/Spawn

라고 입력해 봅니다. 그러면 3.6절에서 다룬 것과 같이 Spawn이라는 서비스를 호출(call)하기 위해 어떻게 입력값을 잡아야 하는지 알 수 있습니다.

```
pw@pinklab:~ ~ 87x19
pw@pinklab:~$ humble
ROS2 Humble is activated.
pw@pinklab:~$ ros2 service type /spawn
turtlesim/srv/Spawn
pw@pinklab:~$ ros2 interface show turtlesim/srv/Spawn
float32 x
float32 y
float32 theta
string name # Optional.  A unique name will be created and returned if this is empty
---
string name
pw@pinklab:~$
```

[그림 3.25] Turtlesim의 spawn 서비스를 확인하는 장면

물론 이 과정만 수행해서는 [그림 3.25]에 나와 있는 x, y, theta, name이라는 데이터의 의미를 알 수 있는 것은 아닙니다. 만약 여러분들이 ROS 패키지를 제공하는 로봇(혹은 제품)을 구매했다면 매뉴얼을 통해 어떤 기능의 서비스들이 제공되는지 알 수 있는 상태일 겁니다.

혹시나 하고 이야기하는 것이지만, 지금 여러분들이 집중해야 할 것은 turtlesim이 아니라 ROS에서 서비스는 이렇게 사용할 수 있다는 것을 이해하려고 노력해야 하는 것입니다.

이왕 이야기하는 김에 하나 더 언급하면 이미 이쯤 되면 눈치챘겠지만 저는 명령어의 리스트나 각 명령어의 옵션 등을 일일이 정리해서 멋지게 표로 나열하는 정리를 이 책에서는 될 수 있으면 하지 않을 겁니다. 그저 지금처럼 어떤 명령어를 어떻게 사용하면 되는지 이야기하듯이 진행할 것입니다. 제 경험상 ROS 같은(python 같은 언어로 공부하는 머신러닝, 딥러닝도 마찬가지지만) 도구를 다룰 때, 사용 가능한 여러 옵션을 나열하는 것은 큰 이점이 없었기 때문입

니다.

일단 [그림 3.25]에서 확인한 대로 우리는 Spawn 서비스를 사용하기 위해서는 x, y, theta 값과 name을 입력하면서 요청(request)해야 합니다. 그러면 [그림 3.15]에서 보여준 서비스 정의에 따라 대시 세 개(---)로 이루어진 하단부의 name이 응답(reponse)되어 나옵니다. 물론 데이터를 반환하는 것과는 별도로 어떤 행동도 하게 될 겁니다.

[그림 3.25]에서의 x, y, theta는 [그림 3.21]에서 설명한 것과 같이 거북이의 좌표(x, y)와 자세(theta)입니다. 그럼 name은 어떨까요. [그림 3.25]에서 보면 주석(#)으로 옵션(option)이라고 되어 있고, 이 name이라는 입력을 주지 않으면 유일한(unique) 이름으로 만들어 둔다는 내용이 있네요.

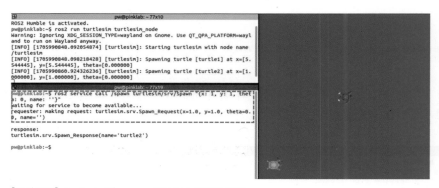

[그림 3.26] Turtlesim의 spawn 서비스를 실행한 화면

[그림 3.25]에서 알아낸 정보로 [그림 3.26]과 같이

> **ros2 service call /spawn turtlesim/srv/Spawn "{x: 1, y: 1, theta: 0, name: ''}"**

라고 명령을 줍니다. 이때 [그림 3.26]에 잘 나타나지만, name: 뒤에는 따옴표(')를 두 개를 연달아 넣었습니다. 이것은 내가 이름을 정하지 않고 그냥 아무것도 넣지 않는다[1]는 것을 의미합니다. 이렇게 하면 [그림 3.26]의 오른쪽처럼 또 다른 turtle이 하나 더 생겼을 겁니다.

---

1 이것을 null 문자를 넣는다고 합니다.

```
pw@pinklab:~$ ros2 service list
/clear
/kill
/reset
/spawn
/turtle1/set_pen
/turtle1/teleport_absolute
/turtle1/teleport_relative
/turtle2/set_pen
/turtle2/teleport_absolute
/turtle2/teleport_relative
/turtlesim/describe_parameters
/turtlesim/get_parameter_types
/turtlesim/get_parameters
/turtlesim/list_parameters
/turtlesim/set_parameters
/turtlesim/set_parameters_atomically
pw@pinklab:~$ ▮
```

[그림 3.27] 그림 3.26의 결과 후에 service list를 확인해 본 결과

[그림 3.26] 후에 ros2 service list를 확인해 보면 [그림 3.27]에서처럼 turtle1과 turtle2가 모두 보이는 것을 확인할 수 있습니다. 거북이 하나하나에 적용해야 할 성격의 서비스라면 [그림 3.27]에서처럼 네임스페이스(namespace)를 적용해서 관리하는 것이 효율적입니다. 물론 ROS는 이 부분을 알아서 잘하고 있으며 사용자가 별도의 네임스페이스를 적용하는 것을 아주 적극적으로 허용해 주고 있습니다.

이후 절을 이어서 계속 학습하고 싶다면 [그림 3.22]의 reset 서비스를 호출(call)하던 명령

ros2 service call /reset std_srvs/srv/Empty {}

을 실행해서 다시 처음으로 돌리거나 터미널을 다 끄고 [그림 3.5]의 상태에서 준비를 마치면 됩니다.

어느 정도 시간이 지나면 이런 말을 하는 것은 무의미하지만, 여러분들이 ROS가 처음이라면 아직은 명령을 입력하고 그 과정을 이해하는 것도 혼동될 수 있으므로 제가 설명 중간중간에 그림 몇 번이라고 이야기하는 과정에 대해 유심히 고민해야 합니다.

6.1 Topic의 개념

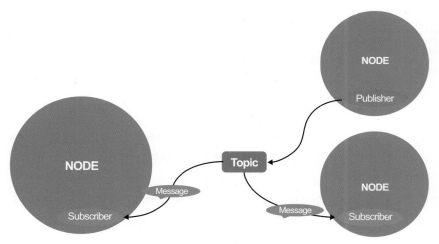

[그림 3.28] ROS2 Topic의 개념도 〈출처: docs.ros.org〉

[그림 3.8]의 서비스의 개념과 [그림 3.28]의 토픽(topic)의 개념을 비교해 보세요. 서비스는 요청(request)에 대한 응답(response)으로 되어있다고 했습니다. 지금 이야기할 토픽(topic)은 발행(publish)과 구독(subscribe)으로 되어있는 개념입니다.

제가 ROS를 처음 알아가던 때에 ROS topic의 개념을 보고 몇 번 실습하면서 참 편하다고 생각했습니다. ROS의 이 메시지를 다루는 방식이 로봇에 접목되면 정말 편하게 데이터의 흐름을 고민 없이 사용할 수 있습니다. 처음 이걸 공부할 때 회사에서 저랑 같이 일하던 소프트웨어 아키텍처를 설계하는 분께 '직업을 잃으실 수도 있겠다'고 놀렸던 기억이 납니다.

일단 [그림 3.28]을 보면서 상상해보면 먼저 토픽은 서비스와 달리 요청한 것에 대해서만 응답하지 않습니다. 발행하기로 결정이 난 메시지는 그저 구독만 하면 됩니다. 구독해야 할 메시지가 어떤 형태인지는 미리 알아야겠지만, 요청이라는 과정은 없습니다. 그러므로 토픽은 토픽의 이름과 데이터(메시지)의 구조(정의)를 알고 있다면 누구나 구독할 수 있습니다. 이것은 여러 부분에서 개발할 때 큰 장점을 가집니다. 장점을 일일이 열거하기보다는 이번 장에서 조금 들여다보고 책 전반에 걸쳐서 이해할 수 있도록 노력해 보겠습니다.

6.2 ros2 topic list

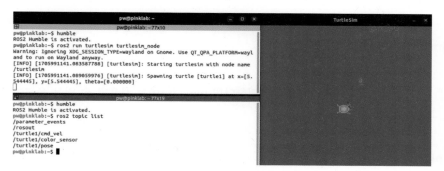

[그림 3.29] 다시 turtlesim을 실행한 후 topic list를 조회해본 결과

다시 [그림 3.5]의 상황에서

ros2 topic list

[그림 3.29]에서 현재 사용 가능한 topic을 조회해볼 수 있습니다.

6.3 ros2 topic type

[그림 3.29]의 결과를 보면 몇몇 토픽들이 나타나 있습니다.

```
pw@pinklab:~$ ros2 topic type /turtle1/pose
turtlesim/msg/Pose
pw@pinklab:~$ ros2 topic list -t
/parameter_events [rcl_interfaces/msg/ParameterEvent]
/rosout [rcl_interfaces/msg/Log]
/turtle1/cmd_vel [geometry_msgs/msg/Twist]
/turtle1/color_sensor [turtlesim/msg/Color]
/turtle1/pose [turtlesim/msg/Pose]
pw@pinklab:~$
```

[그림 3.30] pose 토픽의 메시지 타입을 확인하는 장면

서비스와 같이 토픽도 자신이 사용하는 메시지의 타입을 정의하고 있습니다. 메시지의 타입
은 로봇에서 많이 사용하는 다양한 형태를 이미 ROS에서 정의를 잘 해두고 있지만, 다양한
이유로 패키지들이 여러 메시지를 직접 만들어서 사용합니다.

[그림 3.29]의 결과에 따라

ros2 topic type /turtle1/pose

를 [그림 3.30]에서처럼 /turtle1/pose 토픽의 데이터 타입을 알고 싶다면 topic type 명령을 사용하면 됩니다. 그러면 그 결과는 [그림 3.30]처럼

turtlesim/msg/Pose

라고 나타납니다. 일일이 확인하는 것이 조금 귀찮다면 topic list에는 사용할 수 있는 옵션이 있습니다. [그림 3.30]에 있는 것처럼

ros2 topic list -t

를 이용하면 됩니다.

6.4 ros2 topic info

[그림 3.28]에서 이야기했지만, 토픽은 주는(publish) 쪽과 받는(subscribe) 쪽이 있습니다. 그렇다면 그걸 구분해서 볼 수 있으면 편할 것입니다. 이때 사용하는 명령이

ros2 topic info /turtle1/pose

입니다. 현재 사용할 수 있는 /turtle1/pose라는 토픽이 발행되고 있는 건지 혹은 구독을 대기하고 있는 토픽인지를 알고 싶으면 [그림 3.31]처럼 하면 됩니다.

```
pw@pinklab:~$ ros2 topic info /turtle1/pose
Type: turtlesim/msg/Pose
Publisher count: 1
Subscription count: 0
pw@pinklab:~$
```

[그림 3.31] pose 토픽의 상황을 알기 위해 topic info 명령을 사용한 모습

[그림 3.31]에서 보면 topic info 명령을 사용하면 어떤 메시지 타입을 사용하고 구독과 발행하는 노드의 개수를 확인할 수 있습니다. 이렇게 일일이 확인하기 조금 귀찮을 때는

ros2 topic list -v

를 사용하면 됩니다. 그러면 [그림 3.32]에서처럼 각 토픽의 이름, 데이터형, 구독 발행 상황 등을 모두 한 번에 알 수 있습니다.

```
pw@pinklab:~$ ros2 topic list -v
Published topics:
 * /parameter_events [rcl_interfaces/msg/ParameterEvent] 2 publishers
 * /rosout [rcl_interfaces/msg/Log] 2 publishers
 * /turtle1/color_sensor [turtlesim/msg/Color] 1 publisher
 * /turtle1/pose [turtlesim/msg/Pose] 1 publisher

Subscribed topics:
 * /parameter_events [rcl_interfaces/msg/ParameterEvent] 2 subscribers
 * /turtle1/cmd_vel [geometry_msgs/msg/Twist] 1 subscriber

pw@pinklab:~$ █
```

[그림 3.32] topic list 명령에 v 옵션을 사용한 화면

6.5 토픽을 사용하기 위해 메시지 타입 확인하기

[그림 3.32]에서 확인한 터틀(turtle1)이 발행하는 pose 토픽을 사용하기 위해 turtlesim/msg/ Pose가 어떻게 생겼는지 확인하겠습니다.

5.4절에서 활용했던 interface show 명령을

ros2 interface show turtlesim/msg/Pose

원하는 토픽이 사용하는 것으로 [그림 3.32]에서 확인한 이름인 turtlesim/msg/Pose에 사용 하면 됩니다. 그 결과가 [그림 3.33]에 있습니다.

```
pw@pinklab:~$ ros2 interface show turtlesim/msg/Pose
float32 x
float32 y
float32 theta

float32 linear_velocity
float32 angular_velocity
pw@pinklab:~$
```

[그림 3.33] turtlesim/msg/Pose 메시지를 interface show로 확인하는 장면

[그림 3.33]에서 보이는 데이터 타입은 [그림 3.32]에 의하면 /turtle1/pose라는 토픽이 사용 하는 것입니다. 상세한 설명은 이 상황이 어떤 로봇이나 패키지를 구한 경우라면 대부분 해 당 매뉴얼 등에 잘 나타나 있겠지만, 지금은 제가 간략히 설명할 수 있습니다.

[그림 3.33]에서 처음 x, y, theta는 거북이(turtle)의 위치와 자세를 의미합니다. 또한 linear_ velocity는 거북이의 직선 방향 속도입니다. 또 angular_velocity는 회전 방향의 속도입니다. 이것은 [그림 3.19]에서 이야기했습니다.

6.6 간단하게 터미널에서 토픽 구독해보기

간단히 터미널에서 토픽을 구독할 수 있는 명령을 이용해서 /turtle1/pose 토픽을 구독해보겠습니다. [그림 3.29]의 상황에서 터미널에

```
ros2 topic echo /turtle1/pose
```

를 [그림 3.34]에서처럼 실행합니다.

```
pw@pinklab:~$ ros2 topic echo /turtle1/pose
x: 5.544444561004639
y: 5.544444561004639
theta: 0.0
linear_velocity: 0.0
angular_velocity: 0.0
---
x: 5.544444561004639
y: 5.544444561004639
theta: 0.0
linear_velocity: 0.0
angular_velocity: 0.0
---
x: 5.544444561004639
y: 5.544444561004639
```

[그림 3.34] 토픽을 구독하는 ros2 topic echo 명령을 사용한 장면

[그림 3.34]를 보면 [그림 3.33]에서 보인 구조가 그대로 보입니다. 위치(x, y)와 자세(theta), 그리고 직선과 회전의 속도 성분(linear_velocity, angular_velocity)이 모두 나타나 있습니다. [그림 3.29]의 상황에서 [그림 3.34]의 명령을 사용했다면 거북이(turtle)가 움직이지 않고 있을 테니, 속도 성분은 모두 0의 값을 가지고 있을 겁니다. 화면상 가운데쯤 되는 곳의 좌표가 5.544, 5.544입니다. 만약 [그림 3.34]의 상황에서 구독을 멈추고 싶다면 키보드 CTRL+C를 누르면 됩니다.

6.7 주행 명령 토픽 발행해보기

현재 [그림 3.29]의 상황에서

```
ros2 topic list -t
```

명령으로 토픽 목록을 조회하면 [그림 3.35]처럼 나타납니다. [그림 3.35]의 결과는 [그림 3.7]에서도 볼 수 있습니다.

```
                            pw@pinklab: ~ 77x19
pw@pinklab:~$ humble
ROS2 Humble is activated.
pw@pinklab:~$ ros2 topic list -t
/parameter_events [rcl_interfaces/msg/ParameterEvent]
/rosout [rcl_interfaces/msg/Log]
/turtle1/cmd_vel [geometry_msgs/msg/Twist]
/turtle1/color_sensor [turtlesim/msg/Color]
/turtle1/pose [turtlesim/msg/Pose]
pw@pinklab:~$
```

[그림 3.35] 현재 사용 가능한 토픽의 목록을 조회한 화면

[그림 3.35]에서 turtle1의 토픽인 cmd_vel에 잠시 집중하도록 하죠. 먼저 데이터 타입이 geometry_msgs/msg/Twist라고 되어있습니다. 해당 메시지를 확인하기 위해

ros2 interface show geometry_msgs/msg/Twist

이 명령을 실행한 결과가 [그림 3.36]입니다.

```
                         pw@pinklab: ~ 67x13
pw@pinklab:~$ ros2 interface show geometry_msgs/msg/Twist
# This expresses velocity in free space broken into its linear and
angular parts.

Vector3  linear
        float64 x
        float64 y
        float64 z
Vector3  angular
        float64 x
        float64 y
        float64 z
pw@pinklab:~$ █
```

[그림 3.36] geometry_msgs의 Twist 데이터 타입을 확인하는 화면

[그림 3.36]에서 보이는 geometry_msgs/msg/Twist 데이터는 크게 3차원 속도 벡터 두 개로 되어있는데, 공간에서 x, y, z 축 방향과 x, y, z축을 중심으로 한 회전 방향의 값입니다. [그림 3.36]에 나와 있지만 공간상에서 6자유도를 표현할 수 있도록 직선 방향과 그 각 방향을 중심으로 한 회전 성분으로 되어 있습니다. 또한 속도 성분의 벡터이기도 합니다.

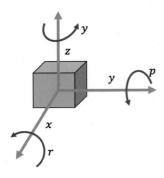

[그림 3.37] 공간상에서 6자유도의 표현

[그림 3.37]을 보면 어떤 물체가 공간상에서 직선 방향으로는 x, y, z 방향으로 운동할 수 있다는 것을 알 수 있습니다. 또 x축 중심의 회전을 roll, y축 중심의 회전을 pitch, z축 중심의 회전을 yaw라고 하는데, geometry_msgs/msg/Twist에서는 이 회전 성분도 그냥 x, y, z라고 표기를 하고 있습니다. 이 표현도 많이 사용하며 읽을 때는 x축 중심의 회전이라고 생각하면 됩니다. 물론 yaw, pitch, roll은 각도의 개념입니다.

일단, [그림 3.36]을 통해 cmd_vel 토픽을 사용하려면 두 개의 벡터로 구성해야 한다는 것을 알게 되었습니다. 그리고 [그림 3.19]에서도 이야기했지만, turtlesim은 평면에 있는 로봇이어서 직선 방향으로는 x축 성분만, 회전 방향으로는 z축 중심의 회전만 의미를 가집니다.

토픽을 발행하고 싶다면

> **ros2 topic pub -once (or rate <hz>) <topic_name> <msg_type> "<args>"**

와 같이 ros2 topic pub 명령 후에 한 번만 발행(--once)할 것인지 혹은 일정 주기(㎐)를 가지고 연속적으로 발행(rate)할 것인지를 정하고 토픽 이름과 메시지 타입을 나열하고 입력값("<args>")을 결정하면 됩니다.

예를 들어 geometry_msgs/msg/Twist 데이터 타입의 /turtle1/cmd_vel 토픽을 x축 직선 방향으로 2의 속도로 진행하도록 하고 싶다면

> **ros2 topic pub --once /turtle1/cmd_vel geometry_msgs/msg/Twist "{linear: {x: 2.0, y: 0.0, z: 0.0}, angular: {x: 0.0, y: 0.0, z: 0.0}}"**

라고 [그림 3.38]에서처럼 입력하면 됩니다. 이때, x:이나 y:처럼 콜론 왼쪽은 공백이 없어야

합니다. [그림 3.38]에서 보면 cmd_vel 토픽이 발행된 이후 turtle이 x축 방향(거북이 머리가 향하는 방향)으로 조금 움직이는 것을 확인할 수 있습니다.

[그림 3.38] 직선 방향으로 일정 속도 명령을 한 번 인가한 화면

이때 움직이다 멈추기 때문에 순간적으로 속도 명령이 아니라 위치명령을 준 것으로 오해할 수 있는데, 멈춘 이유는 토픽을 한 번만 발행했기 때문입니다.

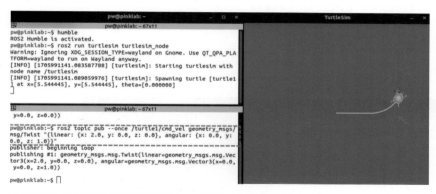

[그림 3.39] 직선 방향 및 회전 방향의 속도 명령을 모두 인가한 장면

[그림 3.39]처럼 이번에는 [그림 3.38]에서 인가한 명령에서 angular 부분에 z축 성분에 1.8을 넣어서 토픽을 한 번 발행했습니다. 그러면 [그림 3.39]의 화살표에서 보이는 것처럼 거북이가 곡선을 따라 움직이는 것이 보입니다.

[그림 3.40] 직선 방향 및 회전 방향의 속도 명령을 모두 일정 주기로 연속적으로 인가한 장면

이제 [그림 3.39]의 명령에서 --once라고 되어있는 부분을 --rate 1이라고 변경했습니다. 이 의미는 1Hz의 주기로 토픽을 발행하라는 의미입니다. Hz는 초당 진동수입니다. 그러면 [그림 3.40]의 왼쪽처럼 거북이는 계속 원을 그리게 됩니다.

6.8 토픽의 흐름을 보여주는 rqt_graph

[그림 3.40]의 상황에서 또 하나의 터미널을 열고 rqt_graph라고 명령[1]을 [그림 3.41]과 같이 실행합니다.

[그림 3.41] 그림 3.40의 상황에서 rqt_graph를 실행하는 화면

[그림 3.41]의 결과가 [그림 3.42]에 새 창으로 나타날 겁니다. [그림 3.42]의 rqt_graph는 토픽과 노드의 관계를 그림으로 나타낸 것입니다. 만약 여러분들이 [그림 3.42]와 비슷하게 나

---

1 이젠 2장에서 강조한 대로 humble이라고 우리가 alias를 설정한 명령을 입력해야 한다거나, 그러기 싫다면 setup. bash를 alias 설정하지 않고 바로 bashrc에 적용을 해야 한다라는 등의 말은 안 해도 되겠지요?

타나지 않는다면 상단의 설정들이 동일한지, 그리고 [그림 3.41]의 터미널 상황이 같은지 확인해 주세요.

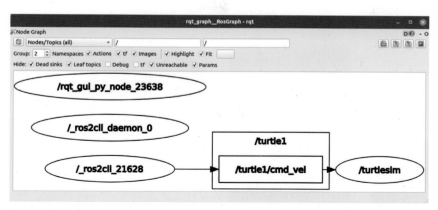

[그림 3.42] 그림 3.41의 결과로 실행된 rqt_graph

[그림 3.42]에서 동그라미는 노드(node)를 의미하고 사각형은 토픽(topic)을 의미합니다. [그림 3.42] 기준으로 '_ros2cli_21628'[1]은 [그림 3.40]에서 토픽을 발행하고 있는 터미널에서 실행된 노드[2]입니다. [그림 3.40]의 터미널에서 cmd_vel 토픽을 발행했고, 그것을 구독하는 노드가 turtlesim이라는 것을 쉽게 알 수 있습니다.

[그림 3.42]의 상단의 Hide라고 되어있는 부분의 체크 박스들은 아직 언급하지 않은 개념도 있지만, Debug를 체크도 해 보고 해제도 해 보길 바랍니다. Debug를 체크하면 디버그 관련 노드는 감추게 되는데 이때 터미널에서 실행된 명령은 숨겨집니다. ROS1에서는 Debug를 체크해도 터미널에서 실행된 노드는 대상이 아니었는데 ROS2 버전에서는 변경된 것 같습니다.

---

1 뒤에 붙은 번호는 여러분들과 다를 수 있습니다.
2 다시 한번 더, 노드(node)는 실행 가능한 최소한의 단위라고 생각하면 됩니다.

❼ ROS Action

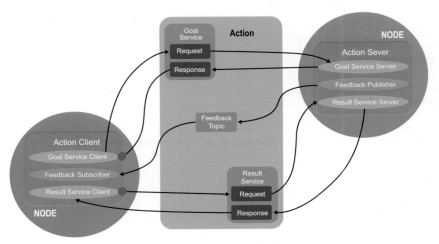

[그림 3.43] ROS Action 액션의 개념 〈출처: docs.ros.org〉

ROS에서는 토픽과 서비스와는 또 다른 기능으로 [그림 3.43]에서 보이는 액션이 있습니다. 액션을 제공하는 액션 서버(server)를 구현하는 노드에 클라이언트(client) 노드에서 먼저 서비스로 목표를 요청(request)합니다. 그러면 응답(response)을 서버가 합니다. 여기까지는 서비스(service)와 같지만, 액션이 다른 것은 목표(Goal)를 달성할 때까지 그 중간을 토픽으로 피드백(feedback topic)을 해 준다는 것입니다. 그래서 목표에 도달할 때까지 그 중간을 확인할 수 있습니다. 그리고 끝나면 결과(result) 서비스를 사용하게 됩니다.

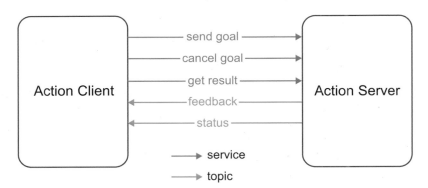

[그림 3.44] ROS Action 액션의 간략화된 개념 〈출처: design.ros2.org〉

[그림 3.43]의 구조가 조금 복잡하다면 [그림 3.44]의 구조를 보는 것도 좋을 것입니다. [그림 3.44]에서 보면 빨간색은 서비스, 파란색은 토픽입니다. 액션은 서비스와 토픽의 혼합이라는 것을 한 번 더 확인할 수 있습니다. 그리고 액션 클라이언트에서 서버로 서비스 요청만 표시되어 있고 응답은 편의상 그림에서는 생략되어 있습니다.

7.1 노드 turtle_teleop_key 실행

다시 [그림 3.29]의 turtlesim을 실행하던 상황에서 시작해 보겠습니다. [그림 3.29]와 같이 한 터미널에서

```
ros2 run turtlesim turtlesim_node
```

를 실행하고, 또 다른 터미널에서

```
ros2 run turtlesim turtle_teleop_key
```

를 실행합니다. 이렇게 turtlesim_node와 turtle_teleop_key 노드를 모두 각각의 다른 터미널에서 실행을 해 둡니다. 그리고 turtle_teleop_key를 실행한 터미널을 활성화[1] 한 후에 나타나 있는 메시지 대로 키보드의 화살표 키로 한 번 움직여 봅니다.

[그림 3.45] turtlesim 패키지의 turtle_teleop_key 노드를 실행하는 화면

---

1 해당 터미널을 그냥 마우스로 한 번 클릭해주면 됩니다. 마치 터미널에 뭔가를 입력하듯이 클릭하는 것입니다. 실제 개념은 해당 터미널에서 어떤 입력을 주는 것입니다.

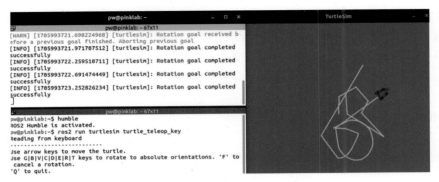

[그림 3.46] 화살표 키로 turtle을 움직이는 화면

[그림 3.46]의 상황에서 또 다른 터미널[1]에서

rqt_graph

를 실행한 결과가 [그림 3.47]에 있습니다.

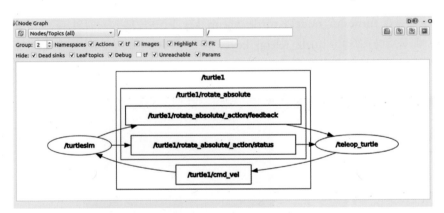

[그림 3.47] 그림 3.46의 상황에서 실행한 rqt_graph의 결과

[그림 3.47] 하단에 보면 /turtle1/cmd_vel이라는 토픽이 /teleop_turtle 노드에서 /turtlesim 노드로 들어가는 것을 확인할 수 있습니다. 이 토픽은 우리가 6.7절에서 다루었던 토픽으로 이번에는 [그림 3.46]에서 실행한 teleop_turtle 노드가 발행하고 있는 것입니다.

나머지 토픽은 액션 때문에 발생한 것입니다. 그리고 [그림 3.44]에서 표시된 feedback과 status 토픽이 [그림 3.47]에서 액션서버(/turtlesim)에서 클라이언트(/teleop_turtle)로 전달되는 것을 확인할 수 있습니다.

----
1 이제는 제가 일일이 humble을 먼저 실행하라는 안내를 하지 않아도 되겠죠?

7.2 ros2 action list

이제 또 다른 터미널에서

ros2 action list

명령을 수행하면 [그림 3.48]처럼 결과가 나타납니다. 액션의 목록을 조회했고 그 결과로

/turtle1/rotate_absolute

를 얻을 수 있습니다.

```
                         pw@pinklab: ~ 72x6
pw@pinklab:~$ ros2 run turtlesim turtlesim_node
Warning: Ignoring XDG_SESSION_TYPE=wayland on Gnome. Use QT_QPA_PLATFORM
=wayland to run on Wayland anyway.
[INFO] [1705993953.264414986] [turtlesim]: Starting turtlesim with node
name /turtlesim
[INFO] [1705993953.270242143] [turtlesim]: Spawning turtle [turtle1] at
x=[5.544445], y=[5.544445], theta=[0.000000]
                         pw@pinklab: ~ 72x7
Reading from keyboard
---------------------------
Use arrow keys to move the turtle.
Use G|B|V|C|D|E|R|T keys to rotate to absolute orientations. 'F' to canc
el a rotation.
'Q' to quit.

                         pw@pinklab: ~ 72x8
pw@pinklab:~$ humble
ROS2 Humble is activated.
pw@pinklab:~$ ros2 action list
/turtle1/rotate_absolute
pw@pinklab:~$
```

[그림 3.48] ros2 action list를 수행한 결과

이 상태에서 [그림 3.48]에 나타난 /turtle1/rotate_absolute의 데이터 타입을 알려면 info 옵션을 사용하면 되지만 우리는 한 번에 처리하는 명령을 알고 있습니다. 그것은

ros2 action list -t

뒤에다가 간단히 t 옵션을 붙이는 것입니다.

```
                              pw@pinklab: ~ 72x7
pw@pinklab:~$ ros2 action list -t
/turtle1/rotate_absolute [turtlesim/action/RotateAbsolute]
pw@pinklab:~$
pw@pinklab:~$
pw@pinklab:~$
pw@pinklab:~$
pw@pinklab:~$ ▊
```

[그림 3.49] ros2 action list -t를 수행한 결과

[그림 3.49]의 결과를 보면 /turtle1/rotate_absolute 액션을 사용하기 위해서는

turtlesim/action/RotateAbsolute

를 알아야 합니다.

```
                              pw@pinklab: ~ 72x10
pw@pinklab:~$ ros2 interface show turtlesim/action/RotateAbsolute
# The desired heading in radians
float32 theta
---
# The angular displacement in radians to the starting position
float32 delta
---
# The remaining rotation in radians
float32 remaining
pw@pinklab:~$ ▊
```

[그림 3.50] turtlesim/action/RotateAbsolute를 확인한 결과

[그림 3.50]의 결과는

ros2 interface show turtlesim/action/RotateAbsolute

를 입력하면 얻을 수 있습니다. [그림 3.50]의 결과를 보면 대시 기호 세 개로 된 구분자가 두 번 나와서 총 세 개의 데이터가 보입니다. 셋 다 float32 데이터로 각각 theta, delta, remaining입니다.

샵(#)으로 된 주석을 해석해보면 theta가 최종 목표(머리의 각도)이고 delta는 첫 출발 위치에서의 각도 차이를 보여주는 것 같습니다. 아마도 액션에서 이야기한 결과(result)일 것 같습니다. 그리고 ramaining은 남은 각도를 보여준다고 하니 아마 피드백(feedback)인 것으로 보입니다.

7.3 ros2 action send_goal

액션은 [그림 3.44]의 목표를 지정하는 방법인 send_goal을 지정하면 됩니다. 그 방법은 액션의 이름, 액션에서 사용하는 데이터 타입, 그리고 설정값을

> **ros2 action send_goal <action_name> <action_type> <values>**

이렇게 지정하면 됩니다. [그림 3.48]의 상황에서

> **ros2 action send_goal /turtle1/rotate_absolute turtlesim/action/RotateAbsolute "{theta: 3.14}"**

라고 [그림 3.51]처럼 입력합니다. 이 명령은 turtlesim/action/RotateAbsolute라는 데이터 타입을 가진 /turtle1/rotate_absolute라는 액션에 theta를 3.14(180도의 라디안값)를 인가한 것으로 [그림 3.51]의 우측에 turtle이 처음 오른쪽을 보고 있다가 반 바퀴(=3.14rad=180도)를 돌아서 왼쪽을 보고 있게 됩니다.

여기서 [그림 3.52]에 있는 [그림 3.51]의 터미널 결과도 함께 주목해서 보겠습니다. [그림 3.52]의 결과를 보면 [그림 3.51]에서 send_goal로 지정한 theta 값인 3.14를 Sending goal이라는 항목에서 확인할 수 있습니다. 그리고 Result 항목에서 −3.13를 확인할 수 있습니다. 최초 출발지에서 3.14만큼 회전하고 (약간의 오차를 허용한 상태에서) [그림 3.50]에서 확인한 result의 내용을 확인할 수 있습니다. 그리고 최종 상태(status)가 SUCCEEDED라는 것도 확인할 수 있습니다.

[그림 3.51] action의 send_goal 명령을 사용하는 장면

```
pw@pinklab:~$ humble
ROS2 Humble is activated.
pw@pinklab:~$ ros2 action send_goal /turtle1/rotate_absolute turtlesim/action
/RotateAbsolute "{theta: 3.14}"
Waiting for an action server to become available...
Sending goal:
     theta: 3.14

Goal accepted with ID: 4f3d6340e869407ca466cd027b54818e

Result:
    delta: -3.135999917984009

Goal finished with status: SUCCEEDED
pw@pinklab:~$
```

[그림 3.52] 그림 3.51의 결과만 다시 확인한 화면

⑧ 마무리

3장에서는 node, service, topic, action의 기본적인 명령과 기능을 터미널 명령을 통해 확인을 해 보았습니다. 여기서 여러분들은 turtlesim에 집중하는 것이 아니라 사용한 명령에 집중하길 바랍니다.

다음 장에서는 간단히 패키지를 만드는 것과 Python으로 topic과 service, action을 어떻게 사용하는지 확인해 볼 것입니다.

Chapter
4

Python으로 ROS2 토픽 다루기

① 이 장의 목적

ROS를 공부하는 방법은 개인의 취향이나 선택한 교재(혹은 강좌)에 따라 다를 겁니다. 저는 어쩌다 보니 ROS나 딥러닝 강의를 꽤 오래 진행해 왔습니다. 그래서 제가 수업한 경험의 범위 안에서 이긴 하지만, 나름대로 강의를 하는 순서를 가지게 되었습니다. 이번 장은 그런 제 경험에 비추어 준비된 내용입니다.

이제 막 ROS를 시작한 경우 많은 분들이 패키지를 만들고, 메시지를 만들고, 또 C++이나 Python으로 코드를 작성하는 것까지 한 번에 시작하는 것을 어려워하는 것 같습니다. 그래서 이번 순서는 ROS를 Python으로 다루는 데 중점을 두었습니다. 패키지를 직접 만드는 과정은 이후 장에서 다룰 겁니다. 지금은 Python으로 접근하는 방법에 대해서 집중하시기 바랍니다.

그래서 이번 장에서는 Python 유저들이 많이 사용하는 Jupyter라는 환경을 가지고 Python 의 어떤 명령을 이용해서 ROS2를 다루는지를 중심으로 이야기를 하려고 합니다. ROS의 클라우드 플랫폼을 운영하고 많은 교육 콘텐츠도 함께 가지고 있는 The Contructionsim[1]에서도 Jupyter를 이용한 접근을 자주 다루고 있습니다.

② 설치 및 준비

먼저 터미널에서

```
sudo apt install python3-pip
```

명령을 이용해서 pip를 [그림 4.1]처럼 설치합니다. Python에서 모듈을 관리하는 관리자가 pip입니다. 이 pip를 이용하면 Python 모듈들을 손쉽게 설치, 제거할 수 있습니다. 일단 [그림 4.1]에서 설치한 pip는 다시 [그림 4.2]의

```
pip3 install --upgrade pip
```

명령으로 최신 버전을 유지합니다.

---

1 https://www.theconstructsim.com/

```
pw@pinklab:~$ sudo apt install python3-pip
[sudo] password for pw:
Reading package lists... Done
Building dependency tree
Reading state information... Done
The following package was automatically installed and is no longer required:
  libfwupdplugin1
Use 'sudo apt autoremove' to remove it.
The following additional packages will be installed:
  python-pip-whl python3-wheel
The following NEW packages will be installed:
  python-pip-whl python3-pip python3-wheel
0 upgraded, 3 newly installed, 0 to remove and 18 not upgraded.
Need to get 2,060 kB of archives.
```

[그림 4.1] python3-pip를 설치하는 화면

```
pw@pinklab:~$
pw@pinklab:~$ pip3 install --upgrade pip
Collecting pip
  Using cached pip-22.0.4-py3-none-any.whl (2.1 MB)
Installing collected packages: pip
  WARNING: The scripts pip, pip3 and pip3.8 are installed in '/home/pw/.local/bi
n' which is not on PATH.
  Consider adding this directory to PATH or, if you prefer to suppress this warn
ing, use --no-warn-script-location.
Successfully installed pip-22.0.4
pw@pinklab:~$ █
```

[그림 4.2] pip를 최신 버전으로 유지하기 위해 upgrade를 수행하는 화면

```
pw@pinklab:~$ pip3 install jupyter ipywidgets pyyaml bqplot
Defaulting to user installation because normal site-packages is not writeable
Collecting jupyter
  Downloading jupyter-1.0.0-py2.py3-none-any.whl (2.7 kB)
Collecting ipywidgets
  Downloading ipywidgets-7.7.0-py2.py3-none-any.whl (123 kB)
                                    ━━━ 123.4/123.4 KB 8.9 MB/s eta 0:00:00
Requirement already satisfied: pyyaml in /usr/lib/python3/dist-packages (5.3.1)
Collecting bqplot
  Downloading bqplot-0.12.33-py2.py3-none-any.whl (1.2 MB)
                                    ━━━ 1.2/1.2 MB 38.3 MB/s eta 0:00:00
Collecting notebook
  Downloading notebook-6.4.11-py3-none-any.whl (9.9 MB)
                                    ━━━ 9.9/9.9 MB 53.8 MB/s eta 0:00:00
```

[그림 4.3] pip3 jupyter, ipywidgets, pyyaml, bqplot을 설치하는 화면

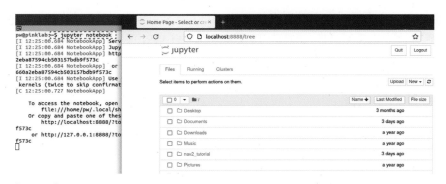

[그림 4.4] jupyter notebook을 실행한 화면

이제 [그림 4.1]에서 설치하고 [그림 4.2]에서 업그레이드를 수행한 pip[1]를 이용해서 먼저 필요한 모듈을

```
pip3 install jupyter ipywidgets pyyaml bqplot
```

명령으로 [그림 4.3]에서 설치하고 있습니다.

모듈 설치가 끝났으면 재부팅 후 [그림 4.4]처럼

```
jupyter notebook
```

이라는 명령을 터미널에서 실행하면 웹브라우저가 실행되고 [그림 4.4]의 오른쪽과 같은 화면이 나타납니다. 그런데 만약 재부팅했는데도 jupyter notebook 명령이 에러가 난다면 sudo apt install jupyter-core 명령을 실행한 후 다시 재부팅을 한 후 시도해 주세요. 실행되는 걸 알았으니 [그림 4.4]의 오른쪽에 실행된 웹브라우저도 끄고, 왼쪽의 터미널에서도 CTRL+c 버튼으로 중단시킵니다.

③ Jupyter의 간단한 사용법 및 Python 기초

저는 이 책을 읽고 있는 여러분들의 Python 학습 능력이 어느 정도인지는 모르겠습니다. 그러나 Python이라는 언어를 단순한 하나의 도구로 생각하고 접근하면 이 책의 Python 난도가 높지 않을 거라고 생각합니다. 결국은 다 공부해야 하는 분야이지만, 현재 모든 것이 처음인 상황이라면 ROS+Python이 가장 쉬운 조합이라고 생각합니다.

이 책에서 모든 것을 다 소화할 순 없고 제가 모두 다 알지도 못하지만, 이 책의 흐름에서 필요한 기초적인 내용들은 틈틈이 놓치지 않고 설명을 하려고 노력하도록 하겠습니다. 하지만 Python의 경우, 여러분들은 반복문, 조건문, Python의 데이터 타입 등등의 기초 지식은 별도로 공부해야 합니다.

3.1 Jupyter의 기본 사용

일단 터미널 홈 경로에서 mkdir 명령으로 python이라는 폴더를 만들겠습니다. 이 책에서는

---

1 실제 명령은 pip3입니다. Python은 지금은 지원이 중단되었지만 2와 3 버전이 있고, 그 각각의 Python 버전에 맞춰 pip가 있습니다. 그래서 Python2용은 pip, Python3용은 pip3입니다. 문맥의 흐름에서 pip라고 언급해도 명령은 pip3라고 이해하길 바랍니다.

jupyter에서 만들고 실행하는 코드는 python이라는 폴더에 넣어 두는 것으로 하겠습니다. jupyter에서 사용하는 코드는 확장명이 ipynb입니다. 이 과정은 [그림 4.5]에 있습니다.

```
pw@pinklab:~$
pw@pinklab:~$ ls
catkin_ws  Documents  Music      Public     Videos
Desktop    Downloads  Pictures   Templates
pw@pinklab:~$
pw@pinklab:~$ mkdir python
pw@pinklab:~$
pw@pinklab:~$ cd python/
pw@pinklab:~/python$
pw@pinklab:~/python$
```

[그림 4.5] 홈 경로에 python이라는 폴더를 만들고 이동한 모습

이제 [그림 4.5]의 마지막처럼 cd 명령을 사용해 python이라는 폴더로 이동합니다. 이 폴더에서 [그림 4.6]처럼 jupyter notebook을 실행하겠습니다. [그림 4.5]에서 방금 만들었고 그 속에서 jupyter를 실행했기 때문에 아직 빈 화면입니다.

[그림 4.6] 그림 4.5에서 만든 python 폴더에서 jupyter notebook을 실행한 화면

[그림 4.7] 그림 4.6에서 화면 좌측 상단의 New를 누르고 Python3를 선택하는 화면

[그림 4.6]의 상황에서 화면 우측 상단을 보면 New라는 버튼이 있습니다. [그림 4.7]에서 보는 것처럼 이 버튼을 누르고 Python3를 클릭하면 됩니다. 그러면 새로운 탭이 열리면서 [그림 4.8]과 같은 빈 화면이 나옵니다.

[그림 4.8] 코드를 입력할 수 있는 빈 화면

[그림 4.8]의 상단에 Untiltled라는 글자를 클릭하면 [그림 4.9]처럼 문서의 제목을 바꿀 수 있는 창이 뜹니다. 거기에 [그림 4.9]처럼 Hello World라고 입력합니다. 그리고 Rename 버튼을 누르면 [그림 4.10]의 상단에 보이듯이 문서 제목이 변경됩니다.

[그림 4.9] 문서 제목을 Hello World로 변경하고 있는 화면

[그림 4.10] 그림 4.9의 결과에 따라 문서 제목이 바뀐 모습

[그림 4.10]에서 빈칸을 마우스로 클릭하고 [그림 4.11]에 나타나 있는 print 문을 입력해 봅니다.

[그림 4.11] Hello World를 print 하는 구문을 입력한 모습

[그림 4.11]의 구문을 다 입력한 후에 SHIFT+Enter 키를 누르면 [그림 4.12]와 같이 Hello World가 코드 아래에 출력(print)됩니다. 이 책에서 Jupyter를 공부하는 동안 실행한다는 말이 나오면 SHIFT+Enter 키를 누르는 것으로 생각하면 됩니다.

[그림 4.12] Hello World가 출력된 모습

[그림 4.12]는 [그림 4.11]에서 입력한 print 구문이 실행된 결과입니다. 이렇게 코드를 입력하는 영역 바로 아래에서 코드의 출력이 나타나는 것이 Jupyter의 환경입니다. 그리고 좌측에 In [1]이라는 번호가 실행한 순서대로 나타납니다. Jupyter는 코드가 적힌 순서대로 실행되는 것이 아니라 각 코드 블록의 실행 순서를 마음대로 정할 수 있기 때문에 코드를 작성하는 곳 왼쪽의 실행 순서 번호를 주의해서 보아야 합니다.

또한, Jupyter는 코드가 실행된 후 PC를 끄고 다시 실행해서 ipynb 파일을 읽어보면 [그림 4.12]와 같은 모습을 유지하고 있습니다. 이것이 Jupyter의 큰 장점 중 하나입니다. 즉 바로 직전의 실행 결과를 코드를 재실행하지 않아도 다시 확인할 수 있어서 Jupyter를 문서로서의 가치를 가지게 하는 것이기도 합니다.

이때 유의해야 할 것은 실행 결과가 화면에 보이는 것일 뿐 계속 실행된 상태는 아니라는 겁니다. 즉 변수 a에 1을 할당한 것은 다음 실행에서 유지되지 않습니다.

3.2 Markdown 문서

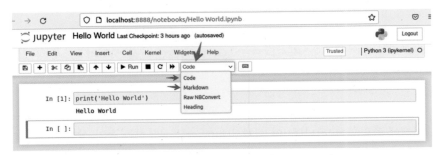

[그림 4.13] Code와 Markdown을 선택하는 화면

[그림 4.12]에서 SHIFT+Enter를 누르면 아래에 또 코드를 입력할 수 있는 블록이 만들어집니다. 새로 만들어진 블록은 Python 코드를 입력할 수 있는 블록인데 이 블록은 성격을 변경할 수 있습니다. [그림 4.13]에서 표시된 부분을 클릭하면 코드를 입력하는 Code와 또 그 아래에 Markdown이 보입니다. Markdown은 Jupyter 문서를 단순 코드가 아니라 문서로서의 가치를 가지게 만듭니다.

이 책에서는 아주 기본적인 내용만 다루지만 juptyer의 마크다운에서는 LaTeX 문법을 이용해서 수식 입력이 가능하고 나중에 간단한 설정으로 PDF로 출력해보면 문서로서도 그럴듯하게 만들어지는 마법도 볼 수 있습니다. 이 책에서는 이후 마크다운에 관해서는 따로 다루지 않을 것입니다. 하지만 여러분들이 연습하는 코드를 정리할 때 마크다운을 한 번 활용해보시기를 권합니다.

마크다운을 사용하기 위해서는 [그림 4.13]에서 보이는 Markdown을 선택합니다. 그러면 [그림 4.14]의 화살표가 가리키는 부분처럼 코드를 입력할 때 나타나는 In [ ]이라는 글자가 사라집니다.

[그림 4.14] 입력 셀을 Markdown으로 선택한 화면

3.2.1 제목 달기

마크다운은 간략히 사용할 때는 기억해야 할 문법이 몇 가지밖에 없습니다. 먼저 샵(#) 한 개, 두 개, 세 개는 각각 큰 제목, 중간 제목, 작은 제목을 의미합니다.

[그림 4.15] 샵(#) 기호를 이용해서 제목을 입력하는 장면

[그림 4.15]처럼 Markdown 영역에 샵을 한 개, 두 개, 세 개씩 붙여서 입력하고 Shift+Enter 를 입력해서 실행합니다. 그러면 [그림 4.16]처럼 제목이 단계별로 나눠서 나타납니다. 나중에 별도의 위젯을 설치하면 PDF로 변환되거나 HTML로 변환할 수 있는데 이때 제목 설정은 자동으로 목차를 생성할 때 유리합니다.

[그림 4.16] 그림 4.15를 실행한 장면

3.2.2 목록 만들기

[그림 4.16]의 실행 결과 새로 만들어진 코드입력 블록도 마크다운으로 [그림 4.17]처럼 설정합니다.

[그림 4.17] 새로운 마크다운 입력 블록 준비

별표(*)를 입력한 뒤 한 칸 띄워서 글을 작성하면 번호 없는 목록이 되고, 숫자로 시작하면 번호 목록이 됩니다. 별표로 시작하거나 번호로 시작하는 [그림 4.18]의 내용을 실행한 결과가 [그림 4.19]입니다.

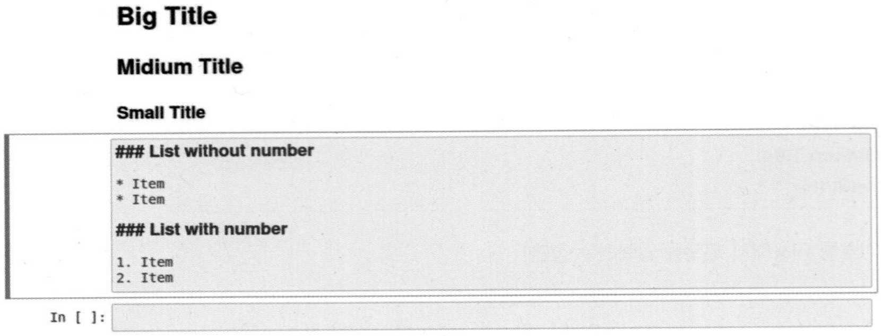

Big Title

Midium Title

Small Title

```
### List without number

* Item
* Item
### List with number

1. Item
2. Item
```
In [ ]:

[그림 4.18] 번호가 없거나 있는 목록을 준비 중인 화면

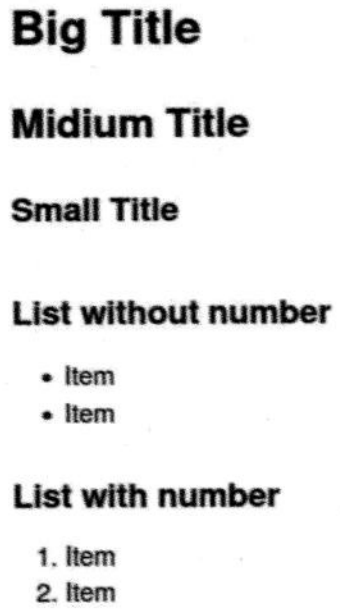

Big Title

Midium Title

Small Title

List without number

- Item
- Item

List with number

1. Item
2. Item

[그림 4.19] 그림 4.18의 실행 결과

3.2.3 강조와 기울임

글을 별표 한 개, 두 개, 세 개로 각각 둘러싸면 기울임(italic), 굵은 글씨, 혹은 둘 다 적용하는 것이 가능합니다. 즉 [그림 4.20]처럼 적용하면 [그림 4.21]처럼 나옵니다. [그림 4.20]을 테스트하기 위해서는 [그림 4.17]처럼 마크다운으로 설정해야 합니다.

- Item
- Item

List with number

1. Item
2. Item

```
Italic : *Italic*
Bold : **Bold**
both : ***both***
```
In [ ]:

[그림 4.20] 이탤릭체와 볼드체, 그리고 둘 다 적용하는 장면

- Item
- Item

List with number

1. Item
2. Item

Italic : *Italic*
Bold : **Bold**
both : ***both***

```
In [ ]:
```

[그림 4.21] 그림 4.20의 실행 결과

3.2.4 코드 블록과 인용문

마크다운으로 인용문을 사용하고 싶을 때는 문장의 맨 앞부분에 닫히는 꺾쇠괄호(〉)를 [그림 4.22]처럼 사용하면 됩니다. [그림 4.22]를 실행한 인용문의 실행 결과가 [그림 4.23]입니다.

Italic : *Italic*
Bold : **Bold**
both : ***both***

```
Normal Text
> quote
Normal Text
```
```
In [ ]:
```

[그림 4.22] 마크다운에서 인용문을 작성하는 장면

Normal Text

> quote

Normal Text

```
In [ ]:
```

[그림 4.23] 그림 4.22의 실행 결과

문서로서(실행할 목적이 아닌) 코드를 문법적 강조까지 하면서 기록하는 것을 코드블록이라고 합니다. 코드블록은 [그림 4.26]의 키보드 자판 1 옆의 키를 shift 키를 누른 상태로 누르는 문자 아포스트로피(Apostrophe)로 작성합니다. 이 글자는 작은따옴표가 아닙니다. [그림 4.26] 를 유의해서 봐주세요.

코드블록은 아포스트로피 기호를 연달아 세 번 사용하고 적용하고 싶은 언어를 [그림 4.24] 처럼 명시하면 됩니다. 코드를 작성하고 나서 다시 아포스트로피 세 개를 연달아 써서 마무리하면 됩니다. 그러면 [그림 4.25]처럼 코드블록이 완성됩니다.

```python
def hello_world():
    print('Hello World')
```

In [ ]:

[그림 4.24] 코드블록을 작성하는 장면

Normal Text

```python
def hello_world():
    print('Hello World')
```

In [ ]:

[그림 4.25] 그림 4.24의 실행 결과

[그림 4.26] 키보드

이 장의 첫 부분에서도 이야기했지만, 새로운 패키지를 만들어서 진행하는 것은 다음으로 미루고 지금은 Python 코드로 ROS에서 토픽을 어떻게 구독하는지를 먼저 이야기하려고 합니다.

4.1 Jupyter로 토픽을 구독하기 위한 준비

불필요한 혼선을 막기 위해 이전에 실행해 둔 터미널은 모두 끄고 다시 실행합니다[1]. 그리고 [그림 4.27]에서처럼 home 경로의 python 폴더로 이동한 후 humble을 실행하고 jupyter notebook을 실행합니다.

```
pw@pinklab:~$ cd python
pw@pinklab:~/python$ humble
jupyROS2 Humble is activated.
pw@pinklab:~/python$ jupyter notebook
[W 2024-01-23 17:17:38.656 ServerApp] A `_jupyter_server_extension_points` funct
ion was not found in notebook_shim. Instead, a `_jupyter_server_extension_paths`
 function was found and will be used for now. This function name will be depreca
ted in future releases of Jupyter Server.
[I 2024-01-23 17:17:38.656 ServerApp] jupyter_lsp | extension was successfully l
inked.
[I 2024-01-23 17:17:38.660 ServerApp] jupyter_server_terminals | extension was s
uccessfully linked.
[I 2024-01-23 17:17:38.663 ServerApp] jupyterlab | extension was successfully li
nked.
[I 2024-01-23 17:17:38.666 ServerApp] notebook | extension was successfully link
ed.
```

[그림 4.27] 홈의 python 폴더에서 humble 실행 후 jupyter notebook을 실행하는 장면

```
pw@pinklab: ~/python 80x5
pw@pinklab:~$ cd python
pw@pinklab:~/python$ humble
jupyROS2 Humble is activated.
pw@pinklab:~/python$ jupyter notebook
[W 2024-01-23 17:17:38.656 ServerApp] A `_jupyter_server_extension_points` funct
ion was not found in notebook shim. Instead, a `_jupyter_server_extension_paths`
pw@pinklab: ~/python 80x16
pw@pinklab:~/python$ humble
ROS2 Humble is activated.
pw@pinklab:~/python$ ros2 run turtlesim turtlesim_node
Warning: Ignoring XDG_SESSION_TYPE=wayland on Gnome. Use QT_QPA_PLATFORM=wayland
 to run on Wayland anyway.
[INFO] [1705997882.258825275] [turtlesim]: Starting turtlesim with node name /tu
rtlesim
[INFO] [1705997882.302533210] [turtlesim]: Spawning turtle [turtle1] at x=[5.544
445], y=[5.544445], theta=[0.000000]
```

[그림 4.28] ros2 run 명령으로 turtlesim_node를 실행한 화면

---

1 앞으로 이렇게 터미널을 끄고 다시 하라고 할 겁니다. 이것은 책의 내용과 따라 하는 여러분들 사이에 어떤 간격 (gap)이 있는지를 모르기 때문에 하는 권고로 받아들여 주세요.

그리고 [그림 4.28]처럼 ros2 run 명령으로 turtlesim 패키지의 turtlesim_node를 실행합니다.

[그림 4.29] 그림 4.27과 4.28을 실행한 결과

[그림 4.27]의 결과로 나타난 웹브라우저와 [그림 4.28]의 결과로 나타난 turtle을 [그림 4.29]처럼 배치합니다. 이 상태에서 [그림 4.7]과 같이 jupyter에서 new를 누르고 Python 을 선택합니다. 그리고 [그림 4.9]를 참고하여 ipynb 파일의 이름은 [그림 4.30]처럼 Subscription Test라고 지정합니다. 그러면 이제 4절을 학습할 준비가 된 것입니다.

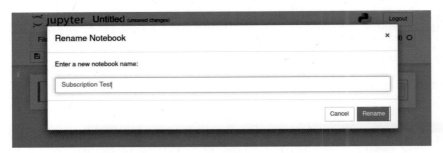

[그림 4.30] 새 문서 제목을 Subscription Test로 저장하는 장면

[그림 4.31] Subscription 실습을 위한 준비 화면

4.2 코딩에 들어가기 전에 당부의 말

드디어 Python으로 코딩을 시작하는군요. 혹시 걱정하는 분들이 있다면 꼭 하고 싶은 이야기가 하나 있습니다. 지금 막 시작하는 분들에게 하는 말이고, 제 말이 항상 맞는다고 할 순 없지만 제가 공부하던 습관을 이야기하려고 합니다. 지금 여러분들은 당분간 코드를 직접 작성하기보다는 다른 사람의 코드를 읽는[1] 경우가 더 많을 겁니다. Python은 누군가의 코드를 읽기에 아주 편한[2] 언어입니다. 그래서 지금은 Python이라는 언어의 문법에 약하다고 생각하더라도 일단 제가 설명하는 부분을 편안한 마음으로 읽고 받아들이려고 노력해 보세요. 생각보다 쉬울 겁니다.

4.3 구독을 위해 필요한 모듈 import

이제 [그림 4.31]의 상황에서 [그림 4.32]의 코드를 입력합니다.

[그림 4.32] rclpy와 turtlesim의 Pose를 import 하는 코드

[그림 4.32]의 첫 줄은 ROS2를 Python에서 사용할 수 있게 해주는 모듈을 import 하는 것입니다. 그 뒤에 as를 사용해서 rp를 한 것은 rclpy 모듈을 불러와서(import) 앞으로는 rp라고 부르겠다는 의미로, as는 alias를 뜻합니다.

```
                    pw@pinklab: ~/python 80x8
pw@pinklab:~/python$ ros2 topic list -t
/parameter_events [rcl_interfaces/msg/ParameterEvent]
/rosout [rcl_interfaces/msg/Log]
/turtle1/cmd_vel [geometry_msgs/msg/Twist]
/turtle1/color_sensor [turtlesim/msg/Color]
/turtle1/pose [turtlesim/msg/Pose]
pw@pinklab:~/python$
```

[그림 4.33] turtle1/pose의 데이터 타입을 알기 위해 topic list를 t 옵션으로 조회한 결과

우리는 지금 [그림 4.28]에서 실행한 turtlesim_node의 토픽 중에서 /turtle1/pose라는 토픽을 구독(subscription)을 해보려고 합니다. 원하는 토픽을 다루기 위해서는 그 토픽의 데이터

---

1 당연히 코드를 읽는다는 것에는 다른 사람의 코드를 공부를 위해 따라 입력하는 것도 포함합니다.
2 물론 작성하는 사람도 읽기 편하게 작성해주어야 합니다. 파이썬은 C++에 비하면 작성자가 배려해주면 읽는 사람이 엄청 편하게 읽을 수 있습니다.

타입을 [그림 4.33]에서처럼 topic list -t로 확인하든지 혹은 topic info 명령으로 확인해야 한다는 것은 3장에서 이야기를 했습니다.

[그림 4.33]에서 보면 /turtle1/pose라는 토픽은 turtlesim/msg/Pose라는 데이터 타입을 사용합니다. 물론 우리는 앞 장에서 해당 데이터 타입이 어떻게 생겼는지 3장 6.5절 [그림 3.33]에서 확인했었습니다. 그때 확인한 것은 turtlesim/msg/Pose는 x, y, theta와 linear, angular velocity로 구성되어 있다는 것이었습니다.

[그림 4.32]의 두 번째 줄은 turtlesim/msg/Pose 데이터 타입을 Python에서 사용하기 위해 어떻게 import 하는지 보여주고 있습니다. [그림 4.32]처럼 import 하면 Pose라는 클래스를 바로 사용할 수 있습니다.

[그림 4.32]의 코드를 입력하고 실행(shift+enter)하면 In [ ]에 숫자가 기록되면서 3.1절에서 이야기한 대로 실행될 것입니다. 어떤 출력을 하라고 코딩하지 않았기 때문에 화면에 나타날 글자는 [그림 4.34]처럼 없습니다.

```
In [1]: import rclpy as rp
        from turtlesim.msg import Pose

In [ ]:
```

[그림 4.34] 그림 4.32를 실행(shift+enter)한 모습

4.4 Python Import 방식

```
import this_is_not_module

this_is_not_module.realization()
```

```
import this_is_not_module as ttt

ttt.realization()
```

```
from this_is_not_module import realization

realization()
```

[그림 4.35] Python에서 import 하는 방법[1]

[그림 4.34]의 내용을 가지고 Python에서 모듈을 import 하는 방법을 이야기하려고 합니다. 먼저 그냥 import만 사용하는 [그림 4.34]의 첫 번째 방식입니다. 이 방식을 사용해서 this_is_not_module이 가지고 있는 realization() 함수를 실행하려면

---

1 이 코드는 실습용 코드가 아닙니다. 따라 입력하면 에러가 납니다.

```
this_is_not_module.realization()
```

라고 사용하면 됩니다.

[그림 4.35]의 두 번째는 alias 설정을 사용해서 ttt라고 this_is_not_module이라는 이름을 바꿔놓은 것입니다. 그 모듈의 하위에 있는 realization() 함수를 실행하려면

```
ttt.realization()
```

라고 사용하면 됩니다.

그리고 [그림 4.32]의 두 번째 줄처럼 사용한 [그림 4.35]의 세 번째 코드의 의미는 모듈 this_is_not_module 하위의 realization만 별도로 import 한 것입니다. 이렇게 하면 첫 번째 나 두 번째처럼 할 필요 없이 바로 realization() 함수를 사용할 수 있습니다.

4.5 rclpy의 초기화 및 노드 생성

ROS Client Library for Python[1]은 파이썬을 위한 ROS 클라이언트 라이브러리, 즉 Python 유저들을 위한 ROS 라이브러리, 아무튼 rclpy는 ROS를 Python 유저들이 사용할 수 있도록 해주는 좋은 도구입니다. 막 공부를 시작하는 분들은 (저도 그랬지만) 훌륭하고 간단하고 알아보기 쉽게 설명한 블로그나 유튜브에 의존하기 쉽습니다. 그렇게 기초를 익히는 틈틈이 공식 홈페이지에서 (영어가 다소 약하더라도) 공식적인 설명을 읽고 익숙해지기를 권합니다. 아무튼 rp라는 이름으로 rclpy를 사용하겠다고 [그림 4.34] 코드에서 선언했고, alias를 rp라고 했지만, 이런 경우 보통은 alias 설정과 관계없이 그냥 rclpy라고 원 모듈 이름을 이야기하는 것이 보통입니다. 앞으로는 rclpy라고 하겠지만 혼동을 줄이기 위해 rclpy(rp)라고 당분간 이야기를 하겠습니다.

Python에서 rclpy를 초기화하기 위해 코드

```
rp.init()
```

를 먼저 실행합니다. 그리고 sub_test라는 이름의 노드를 하나 만들기 위해 rclpy(rp)의 create_node를 이용해서

```
test_node = rp.create_node('sub_test')
```

---

1 https://docs.ros2.org/latest/api/rclpy/index.html

라고 [그림 4.34]에 이어서 [그림 4.36]처럼 코드를 작성합니다. 그리고 실행(shift+enter)하면 [그림 4.37]처럼 코드 옆에 번호가 나타납니다.

```
In [1]: import rclpy as rp
        from turtlesim.msg import Pose

In [ ]: rp.init()
        test_node = rp.create_node('sub_test') |
```

[그림 4.36] rclpy를 이용해서 node를 create_node 하는 코드

```
In [1]: import rclpy as rp
        from turtlesim.msg import Pose

In [2]: rp.init()
        test_node = rp.create_node('sub_test')

In [ ]: |
```

[그림 4.37] 그림 4.36의 코드를 실행한 화면

[그림 4.37]까지 실행했다면, [그림 4.28]에서 실행한 /turtlesim과 [그림 4.36]에서 작성하고 [그림 4.37]에서 실행한 /sub_test라는 노드가 실행된 것입니다. 이 두 노드가 실행되었는지 확인하는 방법을 우리는 알고 있습니다. [그림 4.38]처럼 ros2 node list 명령으로 확인할 수 있습니다. 당연한 이야기지만 /turtlesim과 /sub_test라는 노드가 모두 나타나는 것을 알 수 있습니다.

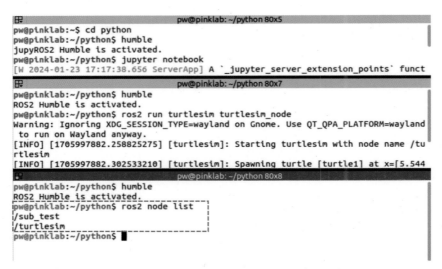

[그림 4.38] 또 다른 터미널에서 node list를 확인한 화면

4.6 Subscription에서 실행할 callback 함수 작성

우리가 배우고 익숙해져야 할 것이 많다 보니 가끔 여러분들은 "내가 지금 지금 무엇을 하고 있었더라"하고 혼동할 수 있습니다. 지금 우리는 간단히 토픽을 구독하는 Python 코드를 학습 중입니다.

만약 어떤 노드가 토픽을 발행합니다. 그러면 우리가 Python으로 노드를 구독하는 subscriber가 동작합니다. 이때 토픽은 일정 주기로 발행되는데, 토픽을 받을 때마다 실행하게 하는 함수를 callback 함수라고 부릅니다. 즉 토픽을 받을 때마다 어떤 일을 수행하게 하는 함수를 callback 함수라고 하며 그 함수를 미리 작성해 두어야 합니다.

```
In [2]:  rp.init()
         test_node = rp.create_node('sub_test')

In [ ]:  def callback(data):
             print("--->")
             print("/turtle1/pose : ", data)
             print("X : ", data.x)
             print("Y : ", data.y)
             print("Theta : ", data.theta) |
```

[그림 4.39] 그림 4.37에 이어서 callback 함수를 작성한 코드

[그림 4.37]까지 작성하고 실행한 코드에 이어서 [그림 4.39]처럼 callback 함수를 작성해 보겠습니다. 함수는 언어에서 재사용이 가능하고 호출할 수 있는 것을 말합니다. Python에서는 def라는 키워드를 적고 그 뒤에 원하는 함수 이름을

def callback(data):

처럼 지정하면 됩니다. 이때 해당 함수가 어떤 입력을 받아야 한다면 괄호 안에 입력받을 데이터명을 적어주면 됩니다. 그 뒤의 콜론(:) 기호는 함수 구문이 시작된다는 것을 의미합니다. 콜론(:) 기호까지 입력하고 엔터 키를 입력하면 그다음 문장의 첫 칸이 아니라 몇 칸 정도 앞에서 깜빡거립니다.

Python은 들여쓰기를 사용합니다. 함수(def), 반복문(for), 조건문(if) 등 모두 첫 줄의 마지막은 콜론(:) 기호로 끝나고 그다음 줄부터 들여쓰기가 된 줄들은 구문(def, for, if 등)에 포함됩니다. [그림 4.39]에서 자세히 보면 def 첫줄 이후에 있는 print 문들은 [그림 4.40]처럼 모두 네 칸의 들여쓰기가 되어 있습니다.

```
def callback(data):
    print("--->")
    print("/turtle1/pose : ", data)
    print("X : ", data.x)
    print("Y : ", data.y)
    print("Theta : ", data.theta)
```

[그림 4.40] Python의 들여쓰기 규칙

[그림 4.39]에서 나타난 함수(def)를 선언하는 문장(콜론으로 끝나는)의 다음 문장들은 모두 print 문으로 되어 있습니다. print라는 단어의 뜻만 봐도 알겠지만, 어떤 글자를 출력하는 명령입니다. 사용법은 제가 따로 언급하지 않아도 되지 않을까 생각할 정도로 아주 단순합니다.

그전에 [그림 4.39]에서 특별히 조심해서 관찰해야 할 것은 data라는 아이입니다. 다음 절에서 언급하겠지만, [그림 4.33]에서 알아본 것처럼 callback이 받는 데이터(data)는 turtlesim/msg/Pose입니다. 그리고 3장 6.5절 [그림 3.33]에서 확인했던 대로 turtlesim/msg/Pose는 x, y, theta와 linear, angular velocity로 구성되어 있습니다.

그래서 [그림 4.39]의 callback 함수가 받은 data는 x, y, theta, linear, angular velocity로 구성되어 있어서 x, y, theta를 확인하고 싶을 땐 data.x, data.y, data.theta 이렇게 조회할 수 있습니다. 그래서 [그림 4.39]에서는 print 문으로 data.x, data.y, data.theta를 출력해서 확인하기 위해 callback 함수를 구성했습니다.

```
In [2]: rp.init()
        test_node = rp.create_node('sub_test')

In [3]: def callback(data):
            print("--->")
            print("/turtle1/pose : ", data)
            print("X : ", data.x)
            print("Y : ", data.y)
            print("Theta : ", data.theta)
```

[그림 4.41] 그림 4.39의 실행 결과

이제 [그림 4.39]의 코드를 이해했으면 실행을 합니다. 그러면 [그림 4.41]처럼 In [3]이라는 숫자가 나타날 것입니다. 이제 jupyter의 사용법은 익숙해졌지 않을까 해서 앞으로는 실행하라는 말이나 단순 실행에 대해서는 따로 이야기하지 않아도 되겠죠[1].

여기서 잠시 print 구문을 사용한 것에 약간 의문을 가질 분들이 있을 수 있어서 이야기해둘 것이 있습니다. ROS 유저들은 log에 기록을 남기는 것을 좋아합니다. 정상적인 정보, 경고, 에러 등등을 수준별로 관리하는 로그(log)에 기록을 남기면 추후 디버그 등에 아주 유리합니다. 그러나 지금은 단지 토픽의 발행 구독 등을 단순히 공부하는 영역이므로 단순한 print 문으로 진행하고 있습니다.

---

1 이해가 어렵다면 책과 함께 유튜브에 공개할 영상 강의도 함께 시청해주세요.
  https://www.youtube.com/user/pinkwink95

4.7 토픽 subscriber 만들기

[그림 4.42]에서 보듯이 한 줄 코드를 추가합니다.

```
In [3]:  def callback(data):
             print("--->")
             print("/turtle1/pose : ", data)
             print("X : ", data.x)
             print("Y : ", data.y)
             print("Theta : ", data.theta)

In [4]:  test_node.create_subscription(Pose, '/turtle1/pose', callback, 10)

Out[4]:  <rclpy.subscription.Subscription at 0xffff624c38e0>
```

[그림 4.42] 그림 4.41 이후에 create_subscription 코드가 추가되는 장면

[그림 4.42]에서 추가한 코드는 [그림 4.36]에서 생성한 test_node에서 create_subscription 을

> **test_node.create_subscription(<data_type>, '<topic_name>', <callback>, <QoS History>)**

의 형식으로 호출하면 됩니다. 데이터 타입은 [그림 4.32]에서 import 한 turtlesim의 Pose입니다. 그리고 토픽의 이름은 /turtle1/pose입니다. 또한, callback 함수는 토픽이 들어오면 실행할 함수를 지정하면 되는데 우리는 4.6절에서 지정해 두었습니다.

QoS History는 조금 혼동될 수 있으니 나중에 다시 다루도록 하겠습니다. 지금은 그저 저장할 샘플의 수라고 언급하고 지나가겠습니다.

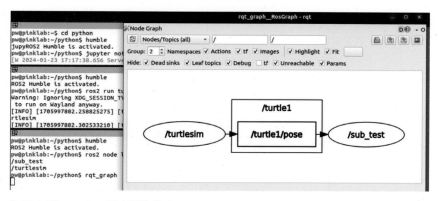

[그림 4.43] rqt_graph를 실행한 화면

이제 [그림 4.42]까지 실행한 후에 터미널에서 rqt_graph[1]를 실행해보죠. 그러면 [그림 4.43]에서 결과를 볼 수 있는데 혹시 멋지지 않나요. [그림 4.42]에서 작성한 create_subscription 명령에 의해 [그림 4.43]에서 보이듯이 /turtlesim 노드에서 /turtle1/pose라는 토픽이, 우리가 만든 /sub_test라는 노드로 지나가고 있음을 확인할 수 있습니다.

이제 rclpy(rp)의 spin_once라는 명령에서 [그림 4.37]에서 선언한 test_node를

```
rp.spin_once(test_node)
```

라고 지정하면 해당 노드를 구독할 수 있습니다. 여기서 사용한 spin_once는 토픽을 한 번만 받아들이는 명령입니다. Jupyter 환경에서는 토픽을 계속 무한히 구독하게 하는 spin이라는 명령을 사용하면 처음에는 조금 당황할 수 있습니다. 그래서 한 번만 토픽을 구독하는 spin_once를 사용했습니다. 그리고 spin_once가 한 번 실행되면 토픽이 들어올 때까지 기다렸다가, 토픽이 들어오면 지정된 callback 함수가 [그림 4.44]처럼 실행되는 것을 알 수 있습니다.

```
In [4]: test_node.create_subscription(Pose, '/turtle1/pose', callback, 10)
Out[4]: <rclpy.subscription.Subscription at 0xffff624c38e0>

In [5]: rp.spin_once(test_node)
        --->
        /turtle1/pose :  turtlesim.msg.Pose(x=5.544444561004639, y=5.54444456100
        4639, theta=0.0, linear_velocity=0.0, angular_velocity=0.0)
        X :   5.544444561004639
        Y :   5.544444561004639
        Theta :  0.0
```

[그림 4.44] spin_once를 실행해서 토픽을 한 번만 구독한 모습

[그림 4.44]를 보면 [그림 4.41]에서 지정한 callback 함수가 실행된 결과를 알 수 있습니다. 그때 설명한 callback 함수의 입력 data의 내용도 함께 확인할 수 있습니다. 이 과정을 잘 살펴보고 다시 학습해 보길 권합니다.

4.8 Jupyter 사용에서 유의할 점

유의할 점이 한두 가지는 아니지만, 지금 시점에서 jupyter 사용시 유의할 사항이 몇 가지 있습니다. 먼저 [그림 4.44]의 spin_once가 아니라 [그림 4.45]처럼 spin을 사용한 경우입니다. 이럴 때는 [그림 4.45]처럼 In [*]으로 계속 실행되고 있음을 알리는 별표가 나타나고 셀이 멈추지 않습니다.

---

1 설마! 아직도 setup.bash를 source로 읽어야 하므로 책에서 설명한 대로 설정하셨다면 humble을 실행하고, 그게 아니면 bashrc에서 setup.bash를 source 하도록 설정해야 한다는 2장의 내용을 다시 이야기해야 하는 것은 아니죠? 화이팅입니다.

이럴 때 멈추는 방법은 [그림 4.46]에서 보이는 인터럽트(interrupt) 버튼을 누르는 것입니다. 그러면 [그림 4.47]처럼 외부입력으로 멈췄다는 에러가 나오긴 하지만 멈춰집니다. 이때는 구독 관련 설정이 지워지는 것은 아니고 그저 spin 함수의 동작만 멈춘 상태입니다.

```
In [*]: rp.spin(test_node)
        --->
        /turtle1/pose :  turtlesim.msg.Pose(x=5.544444561004639, y=5.544444561
        004639, theta=0.0, linear_velocity=0.0, angular_velocity=0.0)
        X :  5.544444561004639
        Y :  5.544444561004639
        Theta :  0.0
        --->
        /turtle1/pose :  turtlesim.msg.Pose(x=5.544444561004639, y=5.544444561
        004639, theta=0.0, linear_velocity=0.0, angular_velocity=0.0)
        X :  5.544444561004639
        Y :  5.544444561004639
        Theta :  0.0
        --->
        /turtle1/pose :  turtlesim.msg.Pose(x=5.544444561004639, y=5.544444561
        004639, theta=0.0, linear_velocity=0.0, angular_velocity=0.0)
        X :  5.544444561004639
        Y :  5.544444561004639
        Theta :  0.0
        --->
```

[그림 4.45] spin 명령으로 구독해서 무한히 실행되고 있는 화면

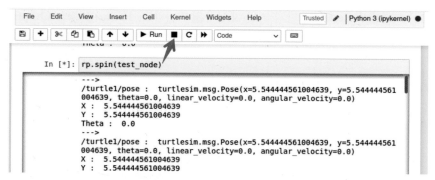

[그림 4.46] jupyter의 interrupt 버튼의 위치

```
[6]: rp.spin(test_node)
        727        try:
    --> 728            handler, entity, node = self.wait_for_ready_callbacks(timeout_sec=timeout_sec)
        729        except ShutdownException:
        730            pass

     File /opt/ros/humble/local/lib/python3.10/dist-packages/rclpy/executors.py:711, in Executor.wait_for
        708        self._cb_iter = self._wait_for_ready_callbacks(*args, **kwargs)
        710    try:
    --> 711        return next(self._cb_iter)
        712    except StopIteration:
        713        # Generator ran out of work
        714        self._cb_iter = None

     File /opt/ros/humble/local/lib/python3.10/dist-packages/rclpy/executors.py:608, in Executor._wait_fo
     s, condition)
        605        waitable.add_to_wait_set(wait_set)
        607    # Wait for something to become ready
    --> 608    wait_set.wait(timeout_nsec)
        609    if self._is_shutdown:
        610        raise ShutdownException()

     KeyboardInterrupt:
```

[그림 4.47] jupyter의 interrupt 버튼을 눌렀을 때 코드가 멈춘 상황

만약 callback 함수의 내용을 바꾸거나 생성된 노드를 중단하고 싶다면 Python으로는 destroy_node 함수를 사용해도 되지만, Jupyter 환경에서는 [그림 4.48]처럼 상단 메뉴의 Kernel에서 restart 관련 명령을 선택하면 됩니다.

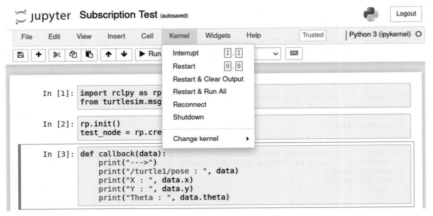

[그림 4.48] jupyter의 Kernel 탭을 누른 결과

일단 [그림 4.48] 화면에서 Restart는 단지 커널 재시작을 의미하고, Restart&Clear Output 은 실행 결과들을 지우는 것을 의미하며, Restart&Run All은 커널과 코드를 다 다시 시작하라는 뜻입니다.

이중 Restart & Clear Output을 선택하면 [그림 4.49]처럼 됩니다. [그림 4.49]에서 Restart and Clear All Outputs를 선택하면 [그림 4.50]처럼 juptyer의 모든 실행 결과가 지워져 코드만 남고 실행 순서를 의미하는 번호도 사라집니다.

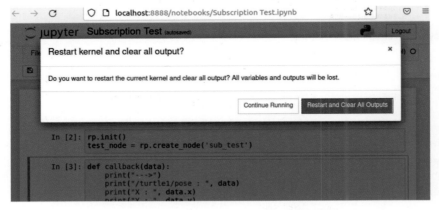

[그림 4.49] 그림 4.48에서 jupyter의 Restart&Clear Output을 선택한 화면

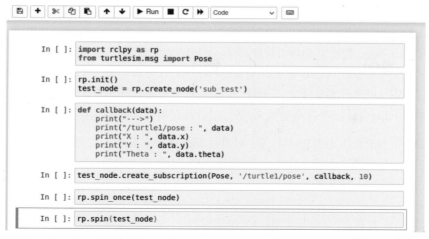

[그림 4.50] 그림 4.49를 실행하고 난 후 jupyter의 상황

[그림 4.51] 그림 4.49를 실행하고 난 후 rqt_graph의 결과

[그림 4.49]까지 실행하고 난 후 [그림 4.43]의 rqt_graph를 다시 실행하거나 화면 좌측 상단의 새로 고침 버튼을 눌러보면 [그림 4.42]에서 실행했던 /sub_test라는 노드가 사라진 것을 확인할 수 있습니다. Juptyer의 커널을 재시작했고 그 코드는 아직 실행하지 않아서 [그림 4.31]과 다르지 않게 되었기 때문입니다. 다시 실행하면 또 동작을 합니다.

또한, 한 번 create_node 명령 후에 create_subcription을 하면 callback 함수를 변경하고 다시 실행해도 반영되지 않을 때가 있습니다. 그럴 때 역시 [그림 4.48]의 메뉴에서 커널을 restart 해야 합니다.

4.9 토픽을 받는 횟수 제한해보기

[그림 4.46]처럼 토픽을 받다가 인터럽트를 해도 됩니다. 이 방법은 나쁘지 않습니다. Jupyter에서 코드를 자유롭고 다양하게 빨리 학습하거나 테스트하고자 하는 취지에서 볼 때 인터럽트를 쓰는 것은 나쁘지 않습니다. 그러나 또 코드 내에서 횟수의 제한을 하고 싶을 수도 있습니다. 현재 rclpy에서는 관련 옵션이 없지만, 간단히 구현할 수 있습니다.

먼저 [그림 4.50]의 상황으로 보겠습니다. 즉, 이전에 테스트하던 jupyter의 코드는 커널을 재시작(restart)한 상황이라고 보겠습니다. 거기에서 callback을 구현하던 코드블록 부분을 [그림 4.52]와 같이 변경하겠습니다.

```
In [ ]: import rclpy as rp
        from turtlesim.msg import Pose

In [ ]: rp.init()
        test_node = rp.create_node('sub_test')

In [ ]: cnt = 0
        def callback(data):
            global cnt
            cnt += 1
            print(">", cnt, " -> X : ", data.x, ", Y : ", data.y)
            if cnt > 3:
                raise Exception("Subscription Stop")
```

[그림 4.52] 그림 4.39에서 작성했던 callback 함수의 내용을 변경하는 장면

[그림 4.52]의 상단 부분 두 개의 코드블록은 이미 설명했으니까 마지막 callback 함수가 위치하는 부분만 다시 보겠습니다. 먼저 구독한 메시지의 구독 횟수를 계산하기 위해 cnt라는 변수를 함수(def) 밖에 위치시켰습니다. 함수 안에서는 함수 외부의 변수를 다루기 위해 cnt를 global로

```
global cnt
```

선언했습니다. callback 함수가 한 번 실행될 때마다 cnt를 1씩 증가시키는

```
cnt += 1
```

코드를 만들었습니다.

이왕 print 하는 문장을 만드는 김에 조금 수정해서 이번에는 cnt 변수의 값과 토픽의 x, y 값만 출력해보기 위해

```
print(">", cnt, " -> X : ", data.x, ", Y : ", data.y)
```

로 작성했습니다.

그리고 cnt가 1부터 시작하며 print 문을 찍고 조건문(if)에서 cnt가 3보다 큰지 확인하므로 cnt가 1, 2, 3, 4가 될 때에 맞춰 총 네 번의 callback 함수가 실행됩니다. Python에서 if 문은 조건문으로 if 문 안의 조건이 참(True)이 되면 들여쓰기가 적용된 if 구문을 실행합니다. [그림 4.52]의 마지막 조건문은 cnt가 3보다 큰, 즉 cnt가 4가 되면 조건문의 조건을 만족하고

```
raise Exception("Subscription Stop")
```

코드를 실행하게 됩니다.

Python에서 raise는 예외를 발생시키는 구문입니다. 특정 메시지를 출력하면서 에러를 발생시키는 것이라고 이해하면 됩니다. [그림 4.52]의 마지막 블록에서 토픽을 구독하는 개수를 제한하고 멈추는 방법은 subscription의 destroy( ) 함수를 불러오거나, node의 destroy_subscription( ) 함수를 이용해도 됩니다. 그러나 이 두 방법 모두 자연스럽고 부드럽게 토픽 구독을 마치는 것이 아니라 에러를 발생시키므로 토픽을 구독하거나 발행하는 중에 종료하는 행동은 모두 본래 ROS의 의도가 아닌 것 같습니다. 사실 jupyter 환경이 아니면 크게 쓸 일도 없습니다. 일반적으로 그냥 그 토픽은 계속 발행되거나 구독하게 두고 필요 없으면 ctrl+c로 터미널을 종료하니까요. 그래서 [그림 4.52]에서도 Python의 raise 구문으로 그냥 처리했습니다.

그래서 [그림 4.52]를 실행하고 한 번 더 [그림 4.53]의 create_subscription을 실행한 후 rp.spin 명령을 실행하면 [그림 4.54]처럼 cnt가 4까지는 실행되고 코드는 멈춥니다. 이때 [그림 4.54]의 마지막까지 스크롤을 해보면, 그림에서는 나타나지 않지만 raise 구문에서 작성한 메시지가 나타나는 것을 알 수 있습니다.

```
In [4]: test_node.create_subscription(Pose, '/turtle1/pose', callback, 10)
Out[4]: <rclpy.subscription.Subscription at 0xffffa4d93b50>
```

[그림 4.53] 그림 4.52를 실행한 후 다시 create_subscription을 실행한 화면

```
In [5]: rp.spin(test_node)
        > 1  -> X :  5.544444561004639 , Y :  5.544444561004639
        > 2  -> X :  5.544444561004639 , Y :  5.544444561004639
        > 3  -> X :  5.544444561004639 , Y :  5.544444561004639
        > 4  -> X :  5.544444561004639 , Y :  5.544444561004639

        ------------------------------------------------------------
        ---
        Exception                                 Traceback (most recent call la
        st)
        Input In [5], in <cell line: 1>()
        ----> 1 rp.spin(test_node)
```

[그림 4.54] 그림 4.53까지 실행한 후 cnt가 4가 될 때까지 잘 실행된 모습

5 Python으로 토픽 발행하기

5.1 Jupyter로 토픽을 발행하기 위한 준비

4.4절에서 토픽을 구독하는 이야기를 했습니다. 이번에는 토픽을 발행하는 이야기를 해보도록 하겠습니다. 먼저 [그림 4.29]의 상황에서 다시 New를 눌러서 새 문서를 Python3로 시작하겠습니다.

[그림 4.30]에서 토픽을 구독하는 파일을 만들 때 이름을 지정했던 것처럼 이번에는 Publisher Test라고 이름을 정하겠습니다. 책 대로만 따라왔다면 아마 [그림 4.55]처럼 앞 절에서 테스트한 Subscription Test 파일과 지금 막 만든 Publisher Test라는 파일이 있을 겁니다. 이제 [그림 4.56]의 빈 문서에서 토픽을 발행하는 연습을 해보도록 하겠습니다.

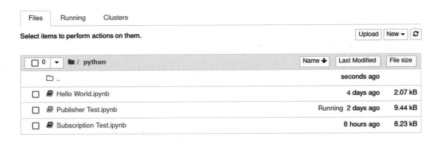

[그림 4.55] 새 문서를 만들어서 Publisher Test로 이름을 정하고 저장한 모습

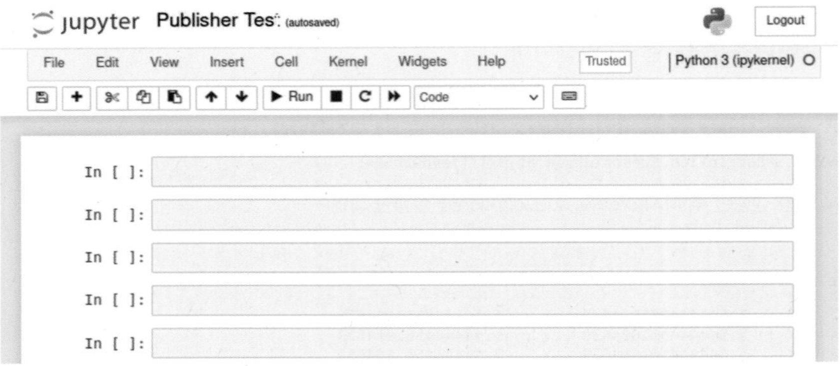

[그림 4.56] 빈 Publisher Test 문서

5.2 토픽 발행을 위한 rclpy와 메시지 초기화

현재 여러분들의 PC 상황은 토픽을 구독하기 위한 준비를 했던 초반 상황인 [그림 4.31]처럼 지금도 [그림 4.57]과 같이 turtlesim이 실행된 상황입니다.

[그림 4.57] Jupyter와 turtlesim을 실행하고 적절히 화면을 배치한 모습[1]

이제 간단히 필요한 모듈을 import 하고 노드를 초기화하는 [그림 4.58]의 코드를 작성하고 실행합니다.

```python
In [1]: import rclpy as rp
        from geometry_msgs.msg import Twist

        rp.init()
        test_node = rp.create_node('pub_test')

In [ ]:
```

[그림 4.58] 토픽을 발행하기 위한 pub_test라는 노드를 만드는 코드

[그림 4.58]의 첫 줄은 이제 의미를 알 것으로 생각합니다. 두 번째 줄

from geometry_msgs.msg import Twist

은 [그림 4.33]에서도 이야기를 했지만 내가 발행하든 구독하든 다루려고 하는 토픽의 데이터 타입에 따라 import 하는 것입니다. 지금 우리는 cmd_vel이라는 토픽을 발행하려고 합니다. 그러면 cmd_vel 토픽의 데이터 타입을 알아야 할 겁니다.

---

1 여러분! 잔소리 같겠지만, 이 책을 읽고 여기까지 따라온 여러분들이 [그림 4.57]의 상황을 만들 수 없다면 큰일입니다. 다시 3장으로 돌아가서 여기까지 천천히 복습해야 할 수도 있습니다. 그러나 처음이라 잘 모를 수도 있으니 조급해하지 말고, 천천히!

[그림 4.33]에 따르면 cmd_vel은 geometry_msgs의 Twist 데이터 타입입니다. Python에서는 이럴 때 [그림 4.58]의 두 번째 줄처럼 import 하면 됩니다.

그리고 rp로 alias를 한 rclpy 모듈을

```
rp.init()
```

이렇게 init()으로 초기화를 합니다. 그리고 create_node 명령으로 pub_test라는 이름의 노드를 생성하는

```
test_node = rp.create_node('pub_test')
```

코드를 배치했습니다. 여기서는 pub_test라는 이름의 노드를 Python 프로그램에서 여러 속성을 수정할 수 있도록 test_node라는 이름으로 지정[1]했습니다.

5.3 cmd_vel 토픽의 데이터 타입인 Twist 선언

구독할 때는 callback 함수에서 data를 다루도록 create_subscription이 우리가 신경 쓰지 않도록 해주었다면, 토픽을 발행하는 것은 메시지의 타입을 알고 그 타입에 맞도록 발행할 내용을 저장하는 것이 먼저입니다.

[그림 4.58]에서 Twist 데이터 타입을 import 했으니 먼저 해당 메시지를 msg라는 변수에

```
msg = Twist()
```

라고 [그림 4.59]와 같이 지정합니다.

```
In [1]: import rclpy as rp
        from geometry_msgs.msg import Twist

        rp.init()
        test_node = rp.create_node('pub_test')

In [ ]: msg = Twist()
        print(msg)
```

[그림 4.59] Twist 데이터 타입을 instantiating 하는 코드

----

1 이 표현은 정말 조심스럽습니다. 인스턴스화시킨다는 의미로 instantiating이라고 합니다. 그런데 이 말을 일일이 사용하는 것은 어려운 것 같고 또 클래스까지 설명하기도 곤란하고, 저장이라는 단어는 개념에 맞지 않은 것 같아 결국 지정한다는 단어를 사용했습니다.

[그림 4.59]와 같이 코드를 작성하고 msg라는 변수에 어떤 내용이 있는지 [그림 4.60]처럼 출력하도록 [그림 4.59]의 코드를 실행합니다.

```
In [1]:  import rclpy as rp
         from geometry_msgs.msg import Twist

         rp.init()
         test_node = rp.create_node('pub_test')

In [2]:  msg = Twist()
         print(msg)

         geometry_msgs.msg.Twist(linear=geometry_msgs.msg.Vector3(x=0.0, y=0.0, z
         =0.0), angular=geometry_msgs.msg.Vector3(x=0.0, y=0.0, z=0.0))
```

[그림 4.60] 그림 4.59를 실행한 결과

[그림 4.60]에 있는 [그림 4.59]를 실행한 결과를 보면 3장에서 터미널 명령으로 다룬 데이터의 모습과 똑같습니다. 3장의 [그림 3.36]에서 확인했던 Twist 데이터형을 [그림 4.60]의 결과에서도 볼 수 있습니다. 3차원 벡터 linear와 angular 두 개로 되어 있고 두 벡터 모두 x, y, z 값을 가지고 있습니다. 조심해야 할 것은 이 코드가 속도 명령이라는 거죠. [그림 4.60]을 잘 보면 msg라는 변수를 만들 때 내부값들은 모두 0으로 초기화된다는 것도 알 수 있습니다.

5.4 Python으로 cmd_vel 토픽 간단히 발행해보기

[그림 4.60]에서 간단히 linear의 x값을 수정하는 코드

msg.linear.x = 2.0

를 작성합니다. 다른 성분들은 어차피 [그림 4.60]에서 0이라는 것을 확인했으니 linear.x만 값을 바꿔주면 되겠습니다.

그 결과가 잘 변경되었는지 확인하고 싶다면 [그림 4.61]에서 보이듯이 print문으로 간단히 확인할 수 있습니다.

```
In [3]:  msg.linear.x = 2.0
         print(msg)

         geometry_msgs.msg.Twist(linear=geometry_msgs.msg.Vector3(x=2.0, y=0.0, z
         =0.0), angular=geometry_msgs.msg.Vector3(x=0.0, y=0.0, z=0.0))
```

[그림 4.61] linear.x의 성분만 값을 변경한 화면

이제 [그림 4.58]에서 선언해 둔 test_node라는 변수에서 지정한 pub_test라는 노드가 create_publisher로 토픽을 발행하게 할 수 있습니다. 이때

pub = test_node.create_publisher(Twist, '/turtle1/cmd_vel', 10)

처럼 데이터 타입(Twist)과 토픽 이름(/turtle1/cmd_vel)을 지정하고 QoS 설정을 해주면 됩니다. QoS는 이후에 다루도록 하겠습니다.

노드에서 토픽을 발행하는 것에 대한 여러 명령과 속성을 다뤄야 한다면 위 코드처럼 또 다른 변수에 지정하면 됩니다. 우리는 [그림 4.62]처럼 pub이라는 이름으로 정하겠습니다.

```
In [ ]:  pub = test_node.create_publisher(Twist, '/turtle1/cmd_vel', 10)
         pub.publish(msg)
```

[그림 4.62] 토픽을 발행하는 기능을 코딩한 화면

그러면 pub이라는 변수는 이제 토픽을 발행하는 것과 관련된 기능, 설정들을 지정할 수 있습니다. 여기서 [그림 4.62]의 두 번째 줄처럼 [그림 4.61]에서 저장해둔 Twist 데이터 타입의 msg를 발행하기 위해

pub.publish(msg)

라는 명령을 [그림 4.62]처럼 작성합니다. 이제 [그림 4.57]의 상황에서 [그림 4.62]를 실행하면 [그림 4.63]처럼 3장에서 많이 본 장면이 연출될 것입니다.

[그림 4.63] 그림 4.62를 실행해서 turtlesim이 직진한 결과

만약 [그림 4.63]까지 실행한 상태에서 추가로 또 움직이게 하고 싶다면 msg를 변경하면 됩니다. 그리고 이미 create_publisher 명령으로 publisher를 생성했으므로 publish 명령만

pub.publish(msg)

라고 [그림 4.64]처럼 인가하면 됩니다. [그림 4.64]에서는 msg의 내용을 변경하고 간단히 publish 명령만 인가한 것입니다.

[그림 4.64] msg 변수의 내용을 변경하고 다시 publish 하는 장면

[그림 4.64]에서는 msg의 angular의 z 성분도 변경했습니다. 그래서 [그림 4.64]의 오른쪽처럼 turtle이 호를 그리면서 움직이는 것을 볼 수 있습니다.

5.5 ROS에서 timer를 이용해서 토픽 발행하기

3장에서 토픽을 한 번만 발행하면서 linear 방향과 angular 방향으로 모두 명령을 ros2 topic pub 하던 [그림 3.39]의 상황이 [그림 4.64]와 유사할 겁니다. 그러면 3장에서 토픽을 주기적으로 발행하던 [그림 3.40]의 상황도 Python으로 가능해야 할 겁니다.

그래서 여기서 하나 더 익혀야 할 것이 있습니다. 바로 ROS의 타이머(timer)입니다. 일정 주기로 토픽을 발행하기 위해서는 일정 시간을 유지할 필요가 있습니다. 예를 들어 1Hz로 토픽을 발행하고 싶다면 1Hz, 즉 초당 한 번 토픽을 발행하는 것으로 '초당 한 번'을 잘 만들어 내는 기능이 필요합니다. 그런 기능은 create_timer라는 아이를 통해

```
test_node.create_timer(timer_period, timer_callback)
```

이렇게 해줍니다. 타이머의 주기(timer_period)와 해당 시간에 뭘 할 건지 콜백 함수(timer_callback)를 지정해 주면 됩니다.

```
In [6]:  cnt = 0

         def timer_callback():
             global cnt

             cnt += 1

             print(cnt)
             pub.publish(msg)

             if cnt > 3:
                 raise Exception("Publisher Stop")
```

[그림 4.65] timer_callback 함수를 작성한 화면

[그림 4.64]에 이어서 그 아래에 작성한 [그림 4.65]에서는 create_timer에서 지정할 timer_callback 함수를 작성해 두었습니다. [그림 4.64]의 내용을 하나씩 보면, 먼저 [그림 4.52]에서 사용한 횟수 제한을 위해 cnt라는 변수에 0을 넣어 두고 timer가 호출될 때마다 cnt를 1씩 증가시키는 코드를 [그림 4.65]에서 def 안에 넣어 두었습니다. 그리고 timer_callback 함수가 호출될 때마다 msg를 publish 하도록 했습니다. [그림 4.65]의 마지막에 있는 조건문(if)은 [그림 4.52]처럼 횟수를 제한하도록 한 것입니다.

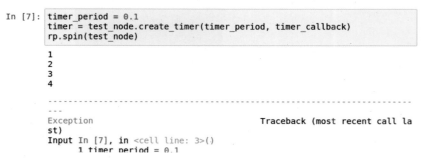

[그림 4.66] create_timer를 이용해서 timer를 생성한 화면

이제 [그림 4.65]에서 작성한 timer_callback과 0.1로 지정한 timer_period를 가지고, test_node가 제공하는 create_timer를 만듭니다. 그러면 0.1초에 한 번씩 timer_callback 함수를 실행하게 되고, [그림 4.65]에서 작성한 대로 cmd_vel 토픽을 0.1초에 한 번씩 발행하게 됩니다. 그리고 타이머가 동작할 때까지 기다리도록 spin 명령을 사용했습니다. [그림 4.67]에서 [그림 4.66]까지 실행했을 때의 결과를 볼 수 있습니다.

[그림 4.67] 그림 4.66까지 실행한 화면

6 노드의 종료

이 장에서 다루는 이야기를 따라 하다가 혹시 node list로 관찰하다 보면 이상한 것을 발견했을 수도 있습니다. 그것은 방금 실행했던 노드를 이제는 사용하지 않는데 node list 명령의 결과에는 보이는 것입니다. 또한, 어떤 경우에는 몇 시간 전에 실행했던 노드나 토픽이 관찰될 때도 있습니다.

이럴 때는 시간이 지나면 없어지기도 하고, 또 2장의 [그림 2.21]에서 언급한 ROS_DOMAIN_ID를 다른 번호로 변경해도 됩니다. 확실한 것은 해당 노드를 종료하는 코드를 [그림 4.68]처럼 실행하는 것입니다.

```
In [ ]: test_node.destroy_node()
```

[그림 4.68] node를 종료하는 destroy_node() 명령

7 마무리

이번 장에서는 jupyter를 이용해서 토픽을 구독하고 발행하는 것에 대해 다뤄보았습니다. 혹시 jupyter에서 Python 코드를 실행할 때 뭔가 오동작이 의심된다면 커널을 재시작(restart)해서 다시 관찰하기 바랍니다.

이번 장에서는 다루는 코드의 레벨을 높지 않게 유지하려고 클래스로 구현하는 코드들을 풀어서 사용했습니다. 이후 ROS2 패키지를 직접 만드는 장에서는 이번에 배운 것을 Python에서 클래스로 구현하는 부분이 있을 겁니다.

Chapter
5

Python으로
서비스 클라이언트 다루기

① 이 장의 목적

4장에서는 단순하면서 코드별 동작 상황을 쉽게 파악할 수 있는 Jupyter라는 도구를 이용해 토픽을 발행하고 구독하는 방법에 관해 이야기했습니다. 이번 장에서는 ROS Service를 Python에서 어떻게 사용하는지 이야기해 보려고 합니다.

3장의 [그림 3.8]에서 설명했듯이 서비스는 서비스 서버(service server)와 서비스 클라이언트(service client)로 구성되어 클라이언트의 요청(request)에 서버가 응답(response)하는 것이었습니다.

이번 장에서는 이미 서버가 만들어져 있는 서비스 클라이언트를 구성하는 Python 코드를 다뤄볼 것입니다. 이후 장에서는 패키지를 직접 만드는 단계에서 서비스 서버를 구성하고 나만의 메시지 타입을 정의하는 이야기를 해볼 것입니다.

여러분들은 '내가 구매한 로봇'이 제공하는 서비스를 사용하는 연습을 하는 것으로 생각해도 됩니다. ROS 패키지를 지원하는 로봇을 구매했다면 해당 로봇이 제공하는 서비스, 액션을 먼저 테스트하면서 사용하게 되니까요.

② Python으로 ROS Service Client 사용하기

2.1 학습을 위한 준비와 Service Client를 위한 노드 생성

[그림 5.1] Jupyter와 turtlesim_node를 실행한 화면

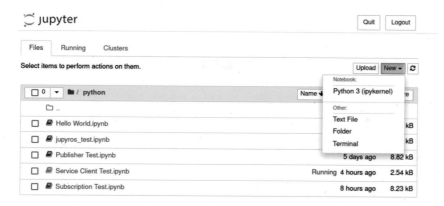

[그림 5.2] Jupyter에서 New에서 Python3를 선택하려는 화면

앞 장에서도 그랬지만, 처음부터 다시 시작한다면 [그림 5.1]에서처럼 jupyter와 turtlesim_node를 실행합니다. 그리고 [그림 5.2]에서처럼 New를 누르고 Python3를 선택합니다.

이제 [그림 5.4]에서부터 입력하는 코드를 실행할 문서의 이름은 Service Client Test라고 하겠습니다.

4장에서도

```
import rclpy as rp
```

이 코드로 시작했었죠. ROS의 기능을 Python으로 사용할 수 있는 rclpy를 rp로 import 합니다.

그리고 이번에는 3장의 [그림 3.21]에서 service call을 연습했었던 /turtle1/teleport_absolute 서비스를 Python으로 접근하는 연습을 할 예정인데, /turtle1/teleport_absolute 서비스는 [그림 5.3]에서 ros2 service list -t 명령으로 확인한 대로 서비스 정의(service definition)는 turtlesim.srv.TeleportAbsolute입니다.

```
                            pw@pinklab: ~ 80x7
pw@pinklab:~$ humble
ROS2 Humble is activated.
pw@pinklab:~$ jupyter notebook
[W 2024-01-23 18:36:44.400 ServerApp] A `_jupyter_server_extension_points` funct
ion was not found in notebook_shim. Instead, a `_jupyter_server_extension_paths`
 function was found and will be used for now. This function name will be depreca
ted in future releases of Jupyter Server.
[I 2024-01-23 18:36:44.403 ServerApp] jupyter lsp | extension was successfully l
```

```
                            pw@pinklab: ~ 80x7
pw@pinklab:~$ humble
ROS2 Humble is activated.
pw@pinklab:~$ ros2 run turtlesim turtlesim_node
Warning: Ignoring XDG_SESSION_TYPE=wayland on Gnome. Use QT_QPA_PLATFORM=wayland
 to run on Wayland anyway.
[INFO] [1706002599.844129918] [turtlesim]: Starting turtlesim with node name /tu
rtlesim
[INFO] [1706002599.865462469] [turtlesim]: Spawning turtle [turtle1] at x=[5.544
```

```
                            pw@pinklab: ~ 80x17
pw@pinklab:~$ humble
ROS2 Humble is activated.
pw@pinklab:~$ ros2 service list -t
/clear [std_srvs/srv/Empty]
/kill [turtlesim/srv/Kill]
/reset [std_srvs/srv/Empty]
/spawn [turtlesim/srv/Spawn]
/turtle1/set_pen [turtlesim/srv/SetPen]
/turtle1/teleport_absolute [turtlesim/srv/TeleportAbsolute]
/turtle1/teleport_relative [turtlesim/srv/TeleportRelative]
/turtlesim/describe_parameters [rcl_interfaces/srv/DescribeParameters]
/turtlesim/get_parameter_types [rcl_interfaces/srv/GetParameterTypes]
/turtlesim/get_parameters [rcl_interfaces/srv/GetParameters]
/turtlesim/list_parameters [rcl_interfaces/srv/ListParameters]
/turtlesim/set_parameters [rcl_interfaces/srv/SetParameters]
/turtlesim/set_parameters_atomically [rcl_interfaces/srv/SetParametersAtomically
]
```

[그림 5.3] ros2 service list -t 명령으로 서비스 이름과 정의(definition)를 확인하는 장면

[그림 5.3]에서 확인한 대로 /turtle1/teleport_absolute 서비스를 사용하기 위해 Python에서는

```
from turtlesim.srv import TeleportAbsolute
```

이 코드로 turtlesim.srv.TeleportAbsolute를 import 합니다.

이제 rclpy를 초기화

```
rp.init()
```

하고, client_test라는 이름의 노드를

```
test_node = rp.create_node('client_test')
```

test_node로 하나 만들어 둡니다. 지금까지의 코드를 작성해서 실행한 화면이 [그림 5.4]입니다. [그림 5.4]의 코드가 실행되면 test_node라는 변수는 rclpy의 create_node가 반환한 node라는 class를 받게 됩니다.

```
In [1]:  import rclpy as rp
         from turtlesim.srv import TeleportAbsolute

         rp.init()
         test_node = rp.create_node('client_test')
```

[그림 5.4] 서비스 클라이언트 테스트를 위해 노드를 생성하는 코드

방금 이야기한 문장이 어려울 수도 있습니다. 일단 모든 것을 알 수는 없고 간단한 몇 가지에 접근해 보려고 하겠습니다. [그림 5.5]는 ros2의 공식 문서로 docs.ros2.org의 내용 중에서 rclpy의 create_node에 대한 설명 부분[1]입니다.

설마 이 페이지를 찾아가려고 책에 있는 긴 웹 주소를 키보드로 다 입력하지는 않겠죠? 구글을 활용합시다. 구글에서 여러 방법이 있겠지만, ros2 rclpy create_node라고 검색하면 아마도 각자 결과는 조금씩 다르겠지만 docs.ros2.org 내용이 [그림 5.5]에서처럼 나타날 것입니다. 물론 이때 ROS2의 버전에 대해서는 문서에서 잘 찾아서 보아야 합니다.

그래서 [그림 5.5]의 결과를 보면 return이라는 항목이 보일 겁니다. Python에서 어떤 함수든 클래스든 실행 후 반환(return)하는 값이 있을 때가 있는데 create_node 클래스는 Node라는 클래스를 return 한다는 것입니다. 그러면 이 Node라는 클래스가 어떤 아이인지 보도록 하죠.

[그림 5.5] ros2 문서의 create_node 항목

---

1 https://docs.ros2.org/latest/api/rclpy/api/init_shutdown.html?highlight=create_node#rclpy.create_node

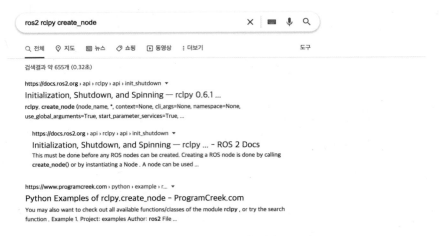

[그림 5.6] 구글에서 ros2 rclpy create_node라고 검색한 결과

[그림 5.5]의 하단 박스에서 볼 수 있듯이 create_node가 return 하는 Node[1]가 어떤 것인지 또 docs.ros2.org에서 확인할 수 있습니다. 그 Node 클래스의 공식 문서를 또한 [그림 5.7]에서 확인할 수 있습니다.

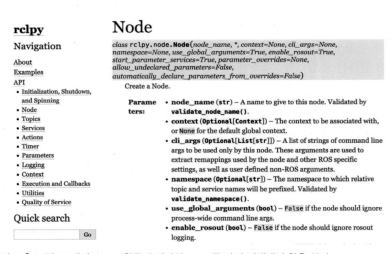

[그림 5.7] 그림 5.5에서 return 항목의 결과인 Node를 다시 검색해서 찾은 화면

[그림 5.7]의 Node 항목을 설명하는 페이지에서 휠을 돌려서 화면을 스크롤 하다 보면 다양한 속성이나 함수들을 만날 수 있습니다. 그중에는 우리가 4장에서 사용했던 것들도 보일 겁니다. [그림 5.5]에서 create_node 클래스가 반환하는 Node 클래스를 [그림 5.4]의 코드에서

---

1 https://docs.ros2.org/latest/api/rclpy/api/node.html#rclpy.node.Node

test_node라는 이름으로 지정해 두었으니 이제 test_node 변수 뒤에 속성이나 함수를 호출할 수 있는 점(.)을 찍고 호출할 수 있습니다. 그렇게 사용할 수 있는 함수 중 하나가 [그림 5.7]의 결과를 스크롤 하다 보면 나오는 [그림 5.8]의 create_client입니다.

[그림 5.7]의 페이지 내용을 가볍게 읽어보면 어떤 기능들이 있는지 확인할 수 있습니다. 얼마나 많은 사람이 토픽을 발행하는지, 혹은 구독하는지 등을 확인하는 명령 같은 것도 확인할 수 있습니다. 아마 눈치가 좀 빠른 분들은 여기까지만 해도 이제 공식 문서를 통해 Python 코드를 어떻게 작성해야 할지 감을 잡지 않을까 기대[1]합니다.

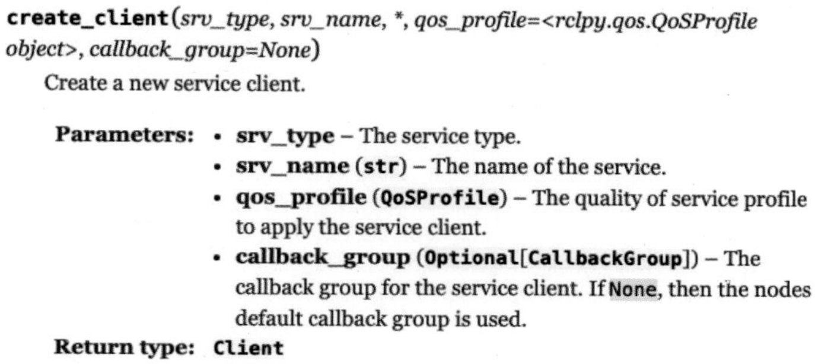

create_client(*srv_type, srv_name, *, qos_profile=<rclpy.qos.QoSProfile object>, callback_group=None*)
    Create a new service client.

    Parameters: • **srv_type** – The service type.
                     • **srv_name** (`str`) – The name of the service.
                     • **qos_profile** (`QoSProfile`) – The quality of service profile to apply the service client.
                     • **callback_group** (`Optional[CallbackGroup]`) – The callback group for the service client. If `None`, then the nodes default callback group is used.
    Return type: `Client`

[그림 5.8] 그림 5.7의 페이지에서 하단으로 스크롤 해서 찾은 create_client

2.2 서비스를 요청하는 service client 생성

[그림 5.4]에서 test_node라는 변수에 create_node 클래스를 지정[2]했습니다. 그러면 [그림 5.7]에 나열된 여러 함수는 [그림 5.9]에서 확인할 수 있습니다.

[그림 5.4]까지 입력하고 실행한 후 test_node라고 타이핑 한 후 키보드 탭(tap) 키를 누르면 [그림 5.9]처럼 선택 가능한 함수 혹은 속성들이 나타납니다. 그것은 create_node라는 클래스가 Node라는 클래스를 반환한다는 것을 [그림 5.5]에서 확인했으니 이해가 될 것입니다. [그림 5.9]의 상황은 그냥 보여드리려고 한 것이고 실제 이어지는 코드는 이제 시작하겠습니다.

---

1 여러분들이 아직 감(^^)을 못 잡았다고 해서 못 한다고 말하는 게 아니라는 건 아시죠? 전 여러분 모두를 사랑합니다.

2 사실 instanciation(인스턴시에이션)은 '인스턴스화'한다는 의미인데 이것의 적절한 표현을 고민하다가 '지정', 혹은 '할당'이라고 했습니다.

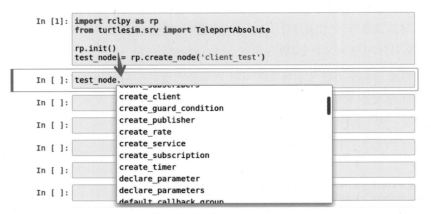

```
In [1]:  import rclpy as rp
         from turtlesim.srv import TeleportAbsolute

         rp.init()
         test_node = rp.create_node('client_test')
In [ ]:  test_node.
                     count_subscribers
                     create_client
                     create_guard_condition
                     create_publisher
                     create_rate
                     create_service
                     create_subscription
                     create_timer
                     declare_parameter
                     declare_parameters
                     default_callback_group
```

[그림 5.9] test_node 변수에서 함수나 속성을 선택하려는 화면

실제 [그림 5.4]에 이어지는 다음 코드는 우리가 지금 다루려는 서비스가 /turtle1/teleport_absolute인데 이름이 길어서 다음 줄에서 줄바꿈이 일어나면 가독성이 떨어질 것 같아 따로 service_name이라는 이름의 변수에

service_name = '/turtle1/teleport_absolute'

저장합니다. 그리고 [그림 5.4]에서 만들어 둔 test_node에서 [그림 5.8]에서 확인한 create_client 함수를 이용합니다. [그림 5.8]의 설명에 따르면 create_client 함수는 서비스 정의와 서비스 이름을 최소한 입력으로 전달해야 합니다.

서비스 이름은 /turtle1/teleport_absolute이고 이를 service_name이라는 변수에 저장했습니다. 그리고 우리는 이미 /turtle1/teleport_absolute의 데이터 타입이 TeleportAbolute라는 것을 알아서 [그림 5.4]에서 import 해 두었습니다. 이를 이용해서

cli = test_node.create_client(TeleportAbsolute, service_name)

라고 create_client 함수를 사용할 수 있습니다. 이 결과를 cli라는 변수에 저장했습니다.

```
In [1]:  import rclpy as rp
         from turtlesim.srv import TeleportAbsolute

         rp.init()
         test_node = rp.create_node('client_test')
In [2]:  service_name = '/turtle1/teleport_absolute'
         cli = test_node.create_client(TeleportAbsolute, service_name)
```

[그림 5.10] 그림 5.4에 이어 create_client 코드를 작성하고 실행한 모습

앞에서 설명한 두 줄의 코드는 [그림 5.4]에 이어서 [그림 5.10]처럼 붙여서 작성하고 실행[1]하면 됩니다. 여기서 cli라는 변수는 [그림 5.8]에서 보이는 Client라는 클래스를 반환(return)받은 겁니다. 그러면 Client의 여러 함수와 속성은 cli라는 변수에 점(.)을 찍고 사용할 수 있습니다. 이제 Python에 조금씩 익숙해지나요?

2.3 서비스 정의(service definition)를 Python에서 사용할 준비하기

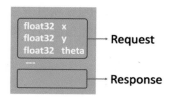

[그림 5.11] 그림 3.15에서 보여준 TeleportAbsolute의 service definition 구조

3장에서 서비스는 요청(request)하면 응답(response)을 받는 것이라고 했습니다. 그리고 요청할 때 사용하는 데이터의 타입과 응답할 때 사용하는 데이터의 타입을 [그림 5.11]처럼 작성해서 srv라는 파일로 저장해 둔다고 했습니다. 그 srv 파일을 서비스 정의(service definition)라고 한다는 이야기도 했었죠. 우리는 지금 /turtle1/teleport_absolute라는 서비스를 다루기 위해 해당 서비스의 정의인 TeleportAbsolute를 import 한 상황입니다. 이 정의는 [그림 5.11]에 나와 있죠. [그림 5.11]을 확인하는 명령은 3장의 [그림 3.16][2]에 있었습니다.

ROS는 서비스 정의를 포함한 패키지를 사용자가 잘 설정해서 만들어 두었다면 빌드할 때 해당 메시지 정의를 Python 유저가 모듈로 사용할 수 있도록 잘 변환해 줍니다. 그래서 [그림 5.4]처럼 TeleportAbsolute를 import 할 수 있는 것이죠.

이제 우리는 import 한 TeleportAbsolute를 사용하려고 합니다. 그런데 TeleportAbsolute는 [그림 5.11]에 있지만, 요청(request)과 응답(response)으로 구분되어 있습니다. 그래서 요청 부분만 사용하려면

```
req = TeleportAbsolute.Request()
```

라고 코드를 작성하면 req라는 변수에 TeleportAbsolute의 요청 부분([그림 5.11]의 구분자 윗부분)만 사용할 수 있게 됩니다.

---

1 여기서 말하는 '실행'은 한 블록씩 실행하는 것으로 키보드 shift+enter나 플레이 버튼을 누르면 된다는 것 알고 계시죠? 혹시 어려우면 강의 동영상을 봐주시는 것도 좋아요.

2 이 기회에 복습 삼아 한 번 다녀오는 것은 어떨까요.

```
In [2]:  service_name = '/turtle1/teleport_absolute'
         cli = test_node.create_client(TeleportAbsolute, service_name)

In [3]:  req = TeleportAbsolute.Request()
         req

Out[3]:  turtlesim.srv.TeleportAbsolute_Request(x=0.0, y=0.0, theta=0.0)
```

[그림 5.12] 그림 5.10에 이어서 TeleportAbsolute의 Request를 불러오는 모습

이제 req에 TeleportAbsolute.Request()를 지정하고 [그림 5.12]에서처럼 req를 In [3]의 코드 블록 마지막에 위치시켜서 실행하면 req라는 변수의 내용이 Out [3]에 나타난 것이 보일겁니다. [그림 5.11]에서 요청 부분의 그 내용, x, y, theta가 0으로 초기화되어 있는 것을 확인할 수 있습니다.

```
In [4]:  req.x = 1.
         req.y = 1.
         req.theta = 3.14

         req

Out[4]:  turtlesim.srv.TeleportAbsolute_Request(x=1.0, y=1.0, theta=3.14)
```

[그림 5.13] 그림 5.12의 req의 내용을 변경해보는 모습

[그림 5.12]의 req는 [그림 5.12]의 결과에 나와 있지만, x, y, theta로 구성되어 있으니 그 내용을 바꾸고 싶은 경우는 [그림 5.13]처럼 x, y, theta 중 원하는 것의 내용을 다시 저장하면 됩니다.

여기서 x, y, theta를 지정할 때 숫자 뒤에 점(.)을 찍은 것이 의아할 수 있습니다. 우리가 볼 때는 1.과 1은 같으니까요. 그것은 [그림 5.11]에서 정의될 때, x, y, theta가 모두 float형으로 정의되었기 때문입니다. Python은 특별한 작업을 안 하고 1만 적으면 float이 아니라 int형으로 변수를 취급할 수 있습니다. 그래서 [그림 5.13]에서는 1.0 혹은 1.이라고 작성해 두었습니다. 혹은

req.x = 1.

이 아니라,

req.x = float(1)

와 같은 방법으로 작성해도 됩니다. float이라고 지정하는 것이 더 명시적이어서 좋다고 생각하시는 분들도 있습니다.

2.4 간단히 service call을 실행해 보기

[그림 5.10]까지 실행한 것으로 서비스를 요청(service call)할 준비가 다 되었습니다. [그림 5.8]을 관찰하던 doc.ros2.org 페이지로 다시 가서 보면 Return type이 Client입니다. 이를 다시 찾아보시면 [그림 5.14]의 자료를 찾을 수 있을 겁니다.

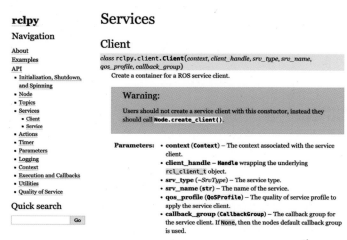

[그림 5.14] doc.ros2.org에서 Services의 Client 클래스를 설명하는 페이지[1]

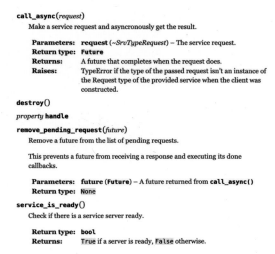

[그림 5.15] 그림 5.14의 페이지에 있는 call_async 항목

---

1 https://docs.ros2.org/latest/api/rclpy/api/services.html?#rclpy.client.Client

[그림 5.14]의 Client 관련 내용 중에 [그림 5.15]에서 보이는 call_async가 있을 겁니다. 이 명령을 사용하려면 이 명령은 Client 클래스에 있고 [그림 5.10]에서 cli라는 변수에 이를 지정했으니

cli.call_async(req)

라고 cli에 점을 찍고 call_async를 호출하면 됩니다. 이때 [그림 5.15]에 의하면 request 할 데이터 정의를 입력하라고 했으니 [그림 5.12]의 req를 넣어 주면 됩니다.

```
In [5]:  req.x = 3.

         cli.call_async(req)
         rp.spin_once(test_node)
```

[그림 5.16] 그림 5.14에 이어서 call_async를 이용해서 서비스를 요청하는 코드를 실행한 화면

이제 req의 x 성분만 3으로 바꾸고, cli(Client 클래스)에서 call_async를 호출할 때 req를 입력으로 주고, 노드가 한 번 응답이 올 때까지 기다려 보는 [그림 5.16]의 코드를 작성하고 실행하면 [그림 5.17]의 결과를 얻을 수 있습니다.

[그림 5.17] 그림 5.16까지 실행한 화면

2.5 wait_for_service 사용해보기

서비스 클라이언트는 해당 서비스 서버를 운영하는 노드가 실행되어야 사용이 가능합니다. 그래서 [그림 5.17]의 코드와 상황은 이 장의 첫 상황인 [그림 5.1]에서처럼 turtlesim_node 라는 노드가 실행되어 있어야 합니다.

그런데 만약 지금은 예상할 수 없지만, 서비스 클라이언트를 포함한 내가 작성 혹은 실행하는 노드가, 어떤 서비스 서버를 실행하는 노드보다 먼저 실행되어 있어야 한다면 [그림 5.17]

처럼 간단히 실행하기는 어렵습니다. 서비스가 실행될 때까지 코드가 아주 오랜 시간 멈춰버리거나 혹은 에러가 날 수 있기 때문입니다. 이런 상황 때문에 조금 괜찮은 방법으로 접근할 수 있는 도구가 wait_for_service입니다.

[그림 5.17]의 결과 다음 wait_for_service 명령을 사용하는 while 문을 이용한 코드를 [그림 5.18]처럼

```
while not cli.wait_for_service(timeout_sec=1.0):
```

로 입력해 보겠습니다. 위 코드의 wait_for_service는 cli에서 설정한 서비스가 timeout_sec 옵션에서 설정한 시간 동안 실행되기를 기다립니다. 만약 해당 서비스가 실행되지 않으면 False를 반환하기 때문에, 위 코드는 그 앞에 not을 붙여서 사용하고 있습니다.

```
In [5]: req.x = 3.

        cli.call_async(req)
        rp.spin_once(test_node)

In [ ]: req.y = float(9)

        while not cli.wait_for_service(timeout_sec=1.0):
            print("Waiting for service")

        cli.call_async(req)
        rp.spin_once(test_node)
```

[그림 5.18] 그림 5.17까지 실행한 후 while 문으로 wait_for_service 명령을 구현하는 화면

[그림 5.18]에서 while 문 안에 print 문을 두었는데요. 이 print 문은 해당 서비스가 아직 실행되지 않았다면 1초에 한 번씩 동작합니다. 그러다가 서비스가 실행되면 while 문을 그냥 지나가서 call_async 명령을 실행합니다. 실행 결과는 [그림 5.19]와 같습니다.

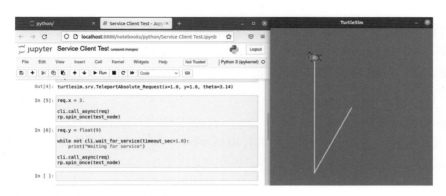

[그림 5.19] 그림 5.18을 실행한 화면

2.6 서비스 클라이언트가 실행되는 상황 확인하기

ROS2 문서에서 service client를 설명하던 [그림 5.14]의 하단에 [그림 5.15]의 call_async를 설명하는 항목에 보면 call_async는 Future라는 것을 반환한다고 설명합니다. Future는 done( )과 result( )라는 함수가 서비스 클라이언트를 호출한 후의 상황을 알려줍니다.

```
In [7]:  req.x = float(9)

         future = cli.call_async(req)

         while not future.done():
             rp.spin_once(test_node)
             print(future.done(), future.result())

         False None
         False None
         True turtlesim.srv.TeleportAbsolute_Response()
```

[그림 5.20] call_async가 반환하는 Future를 사용하는 코드

[그림 5.20]에서는 call_async가 반환하는 Future를 future라고 하고 future.done( )이 제공하는 완료가 나타날 때까지, 즉, future.done( )이 True가 될 때까지 spin_once를 계속 실행합니다. 그리고 future.result( )에는 서비스가 잘 실행되고 나면 해당 서비스의 Response( )가 명시됩니다. [그림 5.20]에서는 while 문이 세 번 실행된 듯 보이지만, 여러분들 PC에서 횟수는 매번 달라질 수도 있습니다.

③ 마무리

이번 장에서는 Jupyter를 이용해서 간단히 Python으로 어떻게 서비스 클라이언트를 다루는지 확인했습니다. 특히 그 과정에서 공식 홈페이지를 어떻게 참조하며 학습하는지를 이야기하려 노력했습니다. 다음 장에서는 Python의 클래스 이야기를 조금 다루고 패키지를 직접 만들면서 진행해 보도록 하겠습니다.

제 경우 Jupyter는 자주 사용하는 도구입니다. Jupyter는 하드웨어와의 연결, 단순한 명령의 확인, 개별 코드의 실행 등에서 아주 유용합니다. ROS2에서는 Jupyter를 사용할 때, Kernel Restart를 ROS1 보다 조금 더 사용해야 하는 불편이 생기긴 했습니다. 혹시 여러분들이 예상한 성능 혹은 결과가 나오게 하기 위해 코드를 수정하는 단계에서 뭔가 변화가 없다면 Kernel Restart를 수행해 보기 바랍니다.

Chapter

6

ROS2 학습을 위한
Python Class 이해하기

❶ 이 장의 목적

1장과 2장에서는 설치와 환경에 관한 이야기를 했고, 3장에서는 ROS2의 기본적인 터미널 명령을 익혔습니다. 4장과 5장에서는 토픽과 서비스 클라이언트를 Python 코드로 작성하기 위해, 쉬운 접근법인 Jupyter를 활용해보았습니다. 저는 개인적으로 Jupyter를 유용하게 사용합니다. 단순하고 빠르게 어떤 기능을 확인하려고 할 때나 Python 코드의 단계를 어떻게 구성해야 하는지 확인하는 용도로 접근합니다.

그러나 새로운 패키지를 만들어서 구현하는 방법도 결국 익혀야 합니다. 여러분의 언어적 레벨을 제가 다 예측할 수는 없지만, 저는 여러분들이 프로그래밍 언어의 레벨을 시작 단계라고 생각했습니다. Python은 다른 언어에 비해 눈으로 읽기 쉽습니다. 저는 그것이 Python의 철학이라고 생각합니다. 물론 모든 코드가 Python으로 쓰여 있기만 하면 쉽게 읽힌다는 것은 아니지만, 코드를 작성하는 사람이 조금만 배려하면 다른 사람이 읽기 쉽습니다. 그래서 내가 이 코드를 직접 작성한다고 생각하지 말고 '읽는다'는 것에 목표를 두면 조금 쉽게 받아들일 수 있습니다.

그래서 본 책에서 대상으로 하는 언어는 Python으로 생각을 했습니다. 그리고 Python의 기초적인 내용을 단편적으로 다루긴 하지만 지금까지의 내용은 책의 설명을 읽고 따라올 수 있는 레벨이라고 생각했습니다. 그런데 이제는 한 가지를 다루고 지나가야 합니다. 클래스입니다. 대부분의 ROS2 튜토리얼도 그러하지만, Python 코드는 대개 클래스로 구현을 해 둡니다.

Python의 기본적인 내용보다는 조금 수준이 있다고 느껴서 여기서 잠시 Python에서 클래스를 어떻게 다루는지, 그리고 여러 예제에서 자주 등장하는 몇 가지 개념을 익히는 시간을 가져 보도록 하겠습니다.

❷ 준비작업 및 그냥 sin 함수 그려보기

2.1 빈 문서 준비하기

먼저 [그림 6.1]과 같이 Class Study라는 이름으로 문서를 새롭게 만들어 두겠습니다. 그리고 [그림 6.2][1]의 삼각함수를 보겠습니다. [그림 6.2]에서 A를 크기(Amplitude), f를 주파수, b를

---

1 사실 수식은 수식 번호를 별도로 매기는 게 제 습관이지만 이 책은 수식이 많지 않아서 그림 번호로 대체합니다.

편향(bias)이라고 부릅니다.

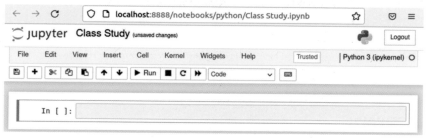

[그림 6.1] Jupyter에서 새롭게 문서를 열어서 제목을 Class Study라고 설정한 화면

$$y = A\sin(2\pi f t) + b$$

[그림 6.2] 삼각함수의 수식

2.2 matplotlib 사용 준비하고 import 하기

보통 Python 유저들이 [그림 6.2]의 삼각함수를 그래프로 확인하는 방법으로 많이 사용하는 모듈이 matplotlib입니다. 이 모듈은 아마 설치되었을 겁니다. 혹시 설치되지 않아서 import 할 때 에러가 난다면 터미널에서

pip3 install matplotlib

라고 하면 됩니다. 이제 [그림 6.1]의 빈 ipynb 문서에서, matplotlib에서 여러 2차원 그래프를 지원해주는 하위모듈인 pyplot을 plt라는 이름으로 alias를 설정하도록

import matplotlib.pyplot as plt

이렇게 import 합니다.

그리고 여러 방법이 있지만, 지금은 [그림 6.2]의 수식에서 t를 촘촘한 간격의 숫자 배열로 만들 겁니다. 예를 들어 0부터 3까지 0.01 간격으로 만들겠다는 등입니다. 이렇게 배열을 만들면 t라는 변수에는 300개 정도의 값(0, 0.01, 0.02, 0.03, …)이 만들어집니다. 때문에 많은 개수를 가진 변수에 수학 함수를 바로 적용하는데 좋은 모듈이 numpy입니다. Python 유저들이 수학적인 혹은 다수의 데이터를 편하게 적용하는 데 많이 사용하는 모듈인 numpy는

import numpy as np

라고 np라는 이름으로 import 하겠습니다. 지금까지 두 줄의 import 문은 [그림 6.3]에서처럼 실행합니다.

```
In [1]: import matplotlib.pyplot as plt
        import numpy as np
```

[그림 6.3] matplotlib와 numpy를 import 한 모습

2.3 domain 준비하기

이제 numpy를 이용해서 0부터 6까지 0.01 간격으로 숫자들을 생성해서 배열(numpy.array)로 만드는

t = np.arange(0, 6, 0.01)

코드를 [그림 6.4]와 같이 실행합니다. [그림 6.4]의 실행 결과를 보면 numpy의 arange 명령이 어떤 역할을 하는지 알 수 있습니다.

여기서 사용할 t는 함수에서 흔히 정의역(domain)이라고 합니다. 정의역은 주로 그래프에서 x축에 표현되며, 요즘은 정의역이라는 말보다 그냥 도메인이라고 말하는 경우도 많고, 또 함수의 입력이라고도 합니다. 하지만, 로봇이나 머신러닝 쪽 엔지니어들은 독립변수(줄여서 그냥 변수)라고도 부릅니다.

```
In [2]: t = np.arange(0, 6, 0.01)
        t
Out[2]: array([0.  , 0.01, 0.02, 0.03, 0.04, 0.05, 0.06, 0.07, 0.08, 0.09, 0.1 ,
               0.11, 0.12, 0.13, 0.14, 0.15, 0.16, 0.17, 0.18, 0.19, 0.2 , 0.21,
               0.22, 0.23, 0.24, 0.25, 0.26, 0.27, 0.28, 0.29, 0.3 , 0.31, 0.32,
               0.33, 0.34, 0.35, 0.36, 0.37, 0.38, 0.39, 0.4 , 0.41, 0.42, 0.43,
               0.44, 0.45, 0.46, 0.47, 0.48, 0.49, 0.5 , 0.51, 0.52, 0.53, 0.54,
               0.55, 0.56, 0.57, 0.58, 0.59, 0.6 , 0.61, 0.62, 0.63, 0.64, 0.65,
               0.66, 0.67, 0.68, 0.69, 0.7 , 0.71, 0.72, 0.73, 0.74, 0.75, 0.76,
               0.77, 0.78, 0.79, 0.8 , 0.81, 0.82, 0.83, 0.84, 0.85, 0.86, 0.87,
               0.88, 0.89, 0.9 , 0.91, 0.92, 0.93, 0.94, 0.95, 0.96, 0.97, 0.98,
               0.99, 1.  , 1.01, 1.02, 1.03, 1.04, 1.05, 1.06, 1.07, 1.08, 1.09,
               1.1 , 1.11, 1.12, 1.13, 1.14, 1.15, 1.16, 1.17, 1.18, 1.19, 1.2 ,
               1.21, 1.22, 1.23, 1.24, 1.25, 1.26, 1.27, 1.28, 1.29, 1.3 , 1.31,
```

[그림 6.4] numpy의 arange를 실행한 결과

```
In [3]: t.shape
Out[3]: (600,)
```

[그림 6.5] t.shape을 실행한 결과

이때 numpy.array인 경우 shape이라는 속성으로 해당 배열의 크기(형태)를 확인할 수 있습니다. [그림 6.5]를 보면 [그림 6.4]에서 만든 개념 그대로 0부터 6까지(실제로는 6은 빼고) 0.01 간격으로 숫자를 만들었기 때문에 600개가 있다는 것을 알 수 있습니다.

2.4 sin 함수 구하기

그림 600개의 숫자를 가진 [그림 6.4]의 t라는 변수를 삼각함수 안에 넣고 싶으면 어떻게 해야 할까요. 반복문을 사용할 수도 있지만, Python의 numpy는 이를 한 줄에 처리해 줍니다. [그림 6.2]의 수식에서 A=1, f=1, b=0이라고 보고 [그림 6.6]처럼 numpy의 sin 함수에 [그림 6.4]의 t를 바로 입력할 수 있습니다. 마치 t가 숫자 하나인 것처럼 잘 동작합니다. 그리고 그 결과를 y에 넣고 shape을 확인하면 역시 t와 같은 600이 나옵니다.

```
In [4]:   y = np.sin(np.pi * t)
          y.shape

Out[4]:   (600,)
```

[그림 6.6] numpy의 sin 함수를 사용한 화면

2.5 그래프 그려보기

이제 Python에서 [그림 6.3]에서 import 한 matplotlib를 이용해서 그래프를 그리는 간단한 방법을 보여드리겠습니다. 먼저 그림의 크기를 정하는 figsize라는 옵션을 사용할 수 있는 figure를

```
plt.figure(figsize=(12,6))
```

위 코드처럼 사용합니다. 그리고 그림을 그리는 plot 명령을 이용해서 x축 값에는 t를, y축 값에는 [그림 6.6]의 y를

```
plt.plot(t, y)
```

처럼 설정합니다. 위 코드를 [그림 6.7]과 같이 작성해서 실행합니다. [그림 6.7]에서는 격자로 선을 그어주는 grid( ) 함수와 설정된 값을 이용해서 그래프를 그리라는 show( ) 함수를 추가로 사용했습니다.

[그림 6.7]이 잘 나온 것 같나요? 코드 몇 줄 작성했는데 멋진 삼각함수 그래프를 그릴 수 있어서 좋긴 좋네요. 그런데, 누군가, [그림 6.2]의 수식에서 f=1이라고 한 것 말고, f=5라고 한

그래프를 다시 그려서 보여달라고 하면 어떻게 하면 될까요? 여기에 추가로, t 는 6이 아니라 3까지만 하고 싶다면 말이죠.

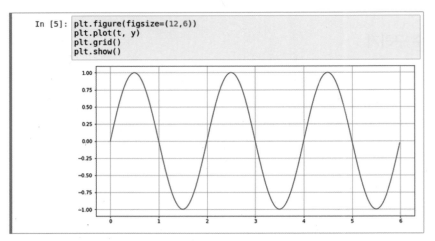

[그림 6.7] sin 함수의 그래프를 그린 결과

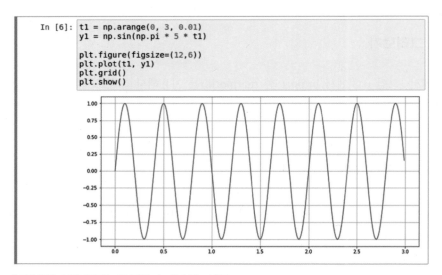

[그림 6.8] 그림 6.7과는 또 다른 sin 함수의 그래프

2.6 함수 def로 구현해보기

[그림 6.8]에서 [그림 6.7]과는 다른 조건의 sin 함수 그래프를 그리는 코드와 결과를 볼 수 있습니다. 코드를 작성하는 사람으로서는 x축 역할의 t 부터 조건을 달리한 y를 모두 변수 이름을 붙여서 다시 만들면 혼동이 일어날 수 있고 오류가 발생할 수 있습니다. 특히 재사용성 면에서는 좋은 방법이 아닐 겁니다.

```
[7]:  def draw_sin(t, A, f ,b):
          y = A * np.sin(np.pi * f * t) + b
          plt.figure(figsize=(12,6))
          plt.plot(t, y)
          plt.grid()
          plt.show()
```

[그림 6.9] sin 함수를 그리는 코드를 함수로 작성한 모습

[그림 6.9]에 코드를 재사용하고 오류를 줄이기 위해 [그림 6.8]까지의 내용을 함수(def)로 다시 만들어 보았습니다. [그림 6.9]의 draw_sin 함수는 입력으로 x축을 담당할 t와 [그림 6.2]의 삼각함수를 구성하는 A, f, b 값을 받아서 그 안에서 삼각함수의 결과 y를 계산하고 그림을 그리는 코드로 되어 있습니다.

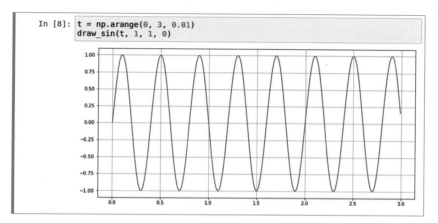

[그림 6.10] 그림 6.9에서 만든 draw_sin 함수를 이용해서 그래프를 그린 결과

③ 클래스로 sin 함수 그려보기

[그림 6.9]의 함수로 만든 코드를 보면, 아쉬움이 좀 있습니다. 그중 예를 들어 내가 이미 지정했지만, 다시 A, f, b 값을 확인하고 싶다든지 혹은 t나 그 결과 y를 출력으로 확인하고 싶다면 역시 일일이 코드를 작성해 주어야 할 겁니다. 그 과정에서 또 나의 코드 레벨에 의한 오류의 위험이 있습니다.

클래스를 사용하는 이유는 많지만, 지금은 그 많은 이유를 이해할 수 없을지도 모릅니다. 아니 여러분이 지금 Python을 처음 공부하고 클래스의 개념을 이해 못하는 상황이면 제가 이야기하고 있는 클래스의 필요성에 큰 감흥이 없을 수도 있습니다. [그림 6.10]까지 학습한 다

음 그냥 이 과정을 클래스로 다시 만들어 보고 그 클래스를 사용한 다음, 클래스 없이 다시 구현하려고 하면 쉽게 이해될 수 있을 겁니다. 이제 [그림 6.10]까지의 상황을 클래스로 만들어 보도록 하겠습니다.

3.1 일단 클래스에 변수라도 등록해보자

먼저, DrawSin이라는 클래스를 만들려고 합니다. [그림 6.11]에 여러분이 처음 클래스로 만드는 코드가 있습니다. 여기서 한 가지 주의해야 할 것은 언더바(_) 하나보다 좀 길어 보이는 언더바는 언더바를 두 개 연달아 적은 것입니다. 언더바를 두 개 연달아 적은 것을 던더(__)라고 부르기도 하고 더블언더스코어라고 하기도 합니다. 아무튼 언더바를 두 개 연달아 쓴 것이라는 것을 꼭 기억해주세요.

```
In [9]: class DrawSin:
            def __init__(self, amp, freq, bias, end_time) :
                self.amp = amp
                self.freq = freq
                self.bias = bias
                self.end_time = end_time
```

[그림 6.11] DrawSin이라는 클래스에서 __init__ 함수를 만들어 둔 장면

[그림 6.11]의 코드를 하나씩 설명해 가도록 하겠습니다.

클래스를 선언할 때는

class DrawSin:

로 시작합니다. Python 유저들은 클래스를 만들 때 DrawSin처럼 클래스의 이름은 대문자로 시작하도록 단어들을 연결합니다.

그 후 함수(def)로 던더[1] init을 작성하기 위해 선언합니다. 언더바 두 개인 던더를 사용하는 init은 클래스를 만든 후 어떤 변수에 지정하는 과정인 인스턴스를 생성할 때 자동으로 실행되는 기능이 있습니다. 이해가 어려우면 클래스를 만들고 실행될 때 꼭 실행하게 해야 하는 코드는 던더 init 함수에 넣어둔다고 생각하면 됩니다. 우리는

def __init__(self, amp, freq, bias, end_time):

이라고 선언해서 amp와 freq, bias, end_time을 입력으로 받도록 합니다. 여기서 amp, freq,

---

1 위에서 언급했습니다. 언더바 두 개, 언더더블스코어!

bias는 [그림 6.2]의 sin 함수 구성입니다. 새로 등장한 end_time은 [그림 6.4]에서 만든 도메인 t에서 어디까지 t를 생성할 것인지를 설정하기 위한 것입니다.

```
In [10]:  tmp = DrawSin(1, 1, 0, 3)
          tmp.__dict__

Out[10]:  {'amp': 1, 'freq': 1, 'bias': 0, 'end_time': 3}
```

[그림 6.12] 그림 6.11에서 만든 DrawSin이라는 클래스를 사용해본 결과

[그림 6.12]에 DrawSin을 사용하는 코드가 있습니다. DrawSin이라는 클래스에 1, 1, 0, 3 이라는 입력을 넣고 tmp라는 변수에 지정했습니다. 이것을 인스턴스화, 인스턴시에이션, instanciation이라고 합니다. [그림 6.11]에서 만든 것은 클래스이고, [그림 6.12]에서 DrawSin이라는 클래스를 지정한 tmp는 인스턴스(객체)가 됩니다.

[그림 6.12]의 두 번째 줄에서 사용한 던더 dict 속성은 [그림 6.11]의 던더 init에서 생성한 변수들을 보여줍니다. 그런데 [그림 6.11]의 던더 init에는 입력이 self 포함 5개인데, [그림 6.12]에서 사용할 때는 입력을 4개만 넣었습니다. 당연히 에러가 발생할 것 같지만 그렇지 않습니다. 그 이유를 [그림 6.13]에서 설명하고 있습니다.

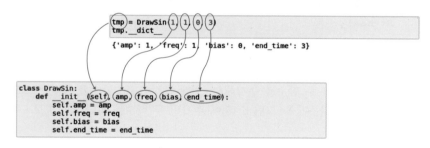

[그림 6.13] 클래스가 객체화되면서 self의 역할

[그림 6.11]에서 DrawSin을 만들고 그 안에 던더 init 함수를 만들 때 입력 인자로 잡았던 self는, [그림 6.12]에서 DrawSin이라는 클래스를 사용하기 위해 잡은 객체의 이름 tmp가 지정됩니다. 결국 tmp라는 이름이 [그림 6.11]의 self로 바뀐다고 생각해도 됩니다.

```
In [11]:  tmp.amp, tmp.freq, tmp.bias, tmp.end_time
Out[11]:  (1, 1, 0, 3)
```

[그림 6.14] 객체의 변수를 확인하는 화면

[그림 6.14]는 [그림 6.12]에서 객체를 만들 때 입력한 각 변수가 잘 지정되었는지 확인하는 부분입니다.

```
In [12]: tmp.end_time = 5.
         tmp.__dict__
Out[12]: {'amp': 1, 'freq': 1, 'bias': 0, 'end_time': 5.0}
```

[그림 6.15] 객체의 변수를 변경하고 다시 확인하는 화면

[그림 6.15]는 tmp의 end_time을 5.0으로 변경하고 이를 던더 dict으로 다시 확인해 보는 장면입니다.

3.2 삼각함수를 그리는 클래스 완성하기

```
In [13]: class DrawSin:
             def __init__(self, amp, freq, bias, end_time):
                 self.amp = amp
                 self.freq = freq
                 self.bias = bias
                 self.end_time = end_time

             def calc_sin(self):
                 self.t = np.arange(0, self.end_time, 0.01)
                 return self.amp * np.sin(2*np.pi*self.freq*self.t) + self.bias

             def draw_sin(self):
                 y = self.calc_sin()
                 plt.figure(figsize=(12,6))
                 plt.plot(self.t, y)
                 plt.grid()
                 plt.show()
```

[그림 6.16] 완성된 DrawSin 클래스 코드

[그림 6.11]에 calc_sin, draw_sin 두 함수를 추가해서, 원래 목적인 sin 함수를 그리는 코드를 완성한 것이 [그림 6.16]입니다. 이제 [그림 6.16]에 추가된 두 함수를 하나씩 살펴보도록 하겠습니다.

먼저 calc_sin 함수입니다. 이 함수의 코드는

```
def calc_sin(self):
        self.t = np.arange(0, self.end_time, 0.01)
        return self.amp * np.sin(2*np.pi*self.freq*self.t) + self.bias
```

인데 입력으로 self만 받습니다. [그림 6.13]에서 보여주었듯이 self만 입력을 받으면 전역 변수처럼 모든 self에서 사용된 변수를 받을 수 있습니다. 그래서 self.t 라는 변수를 만들 수 있고 이를 이용해서 함수의 그래프를 그리는 [그림 6.2]에서 정의된 sin 함수의 결과를 반환 (return)하도록 했습니다. 이 함수는

```
def draw_sin(self):
        y = self.calc_sin()
        plt.figure(figsize=(12,6))
        plt.plot(self.t, y)
        plt.grid()
        plt.show()
```


에서 y를 만들 때 사용합니다. 그러면 plot에서 self.t와 y를 사용해서 그림을 그릴 수 있습니다.

[그림 6.9]와 [그림 6.16]의 차이는 클래스를 객체로 만들 때 사용할 변수나 함수라면 self에서 받아와야 한다는 것입니다.

```
In [14]: ds = DrawSin(1, 1, 0, 3)
         ds.draw_sin()
```

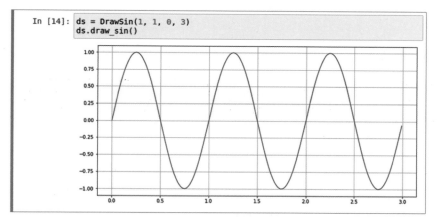

[그림 6.17] DrawSin 클래스를 ds라는 객체로 만들고 사용하는 모습

[그림 6.17]은 [그림 6.16]에서 만든 클래스 DrawSin을 ds라는 이름의 객체로 만들어 사용하는 것을 나타내고 있습니다. [그림 6.16]에서 볼 수 있듯이 DrawSin에서 만들고 ds로 지정하고 ds.draw_sin() 함수를 이용하면 그림을 그릴 수 있습니다.

In [15]:
```
ds.freq = 2
ds.draw_sin()
```

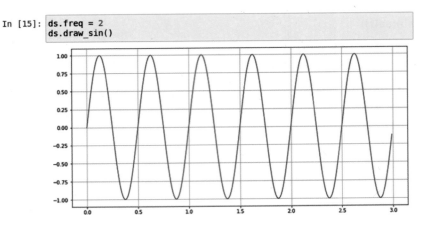

[그림 6.18] ds에서 freq를 변경하고 다시 그린 그림

[그림 6.17]까지 작성한 후 freq만 변경하고 다시 그리는 것이 [그림 6.18]처럼 쉽게 가능합니다.

4 클래스의 상속 Inheritance

[그림 6.16]에서 sin 함수를 그리는 클래스를 만들어 보았습니다. 이번에는 cos 함수를 만드는 클래스를 만들어 보겠습니다. [그림 6.16]처럼 그대로 만들면서 cos을 적용하도록 만드는 거라 어렵지 않을 겁니다. 그런데 [그림 6.16]에서 던더 init(__init__) 부분은 아마 변경되지 않고 그대로 사용될 것입니다.

그러니까 cos을 그리는 함수에서 sin을 그리는 함수의 일부 기능, 변수를 그대로 사용해도 된다면 다시 만들 때 편할 겁니다. [그림 6.16] 정도의 분량은 그냥 만들면 되지만, 실제로 우리가 유용하게 사용하는 코드들은 엄청나게 길고 복잡할 때가 많으므로 누군가의 클래스에서 많은 내용을 그대로 가져와서 단지 일부 내용만 추가하면 편리하겠죠. 이것이 클래스의 상속(Inheritance)입니다.

In [16]:
```
class DrawSinusoidal(DrawSin):
    def calc_cos(self):
        self.t = np.arange(0, self.end_time, 0.01)
        return self.amp * np.cos(2*np.pi*self.freq*self.t) + self.bias

    def draw_cos(self):
        y = self.calc_cos()
        plt.figure(figsize=(12,6))
        plt.plot(self.t, y)
        plt.grid()
        plt.show()
```

[그림 6.19] DrawSin을 상속받으면서 만든 DrawSinusoidal 클래스

현재 우리의 목표는 cos 함수를 그려주는 클래스입니다. 그 클래스의 이름을 [그림 6.19]에서 DrawSinusoidal로 했습니다. 그런데, [그림 6.16]과 달리

class DrawSinusoidal(DrawSin):

라고 클래스 이름 뒤에 괄호를 만들어서 [그림 6.16]에서 만들었던 DrawSin 클래스 이름을 넣었습니다. 이렇게 하는 것을 상속(Inheritance)이라고 합니다. 그러면 DrawSinusoidal이라는 클래스는 일단 DrawSin 클래스의 내용을 가져온다고 생각하면 됩니다.

그러고 나서 [그림 6.19]에서 calc_cos 함수와 draw_cos 함수를 만들었습니다. 이 내용은 cos 함수를 그린다는 목적에 맞춰 numpy의 sin 함수 대신 cos 함수를 사용하는 것만 변경했습니다.

```
In [17]: dc = DrawSinusoidal(1, 1, 0, 3)
         dc.__dict__

Out[17]: {'amp': 1, 'freq': 1, 'bias': 0, 'end_time': 3}
```

[그림 6.20] DrawSinusoidal 클래스를 dc로 객체로 만들고 던더 init의 변수 목록을 조회한 화면

[그림 6.20]에서 [그림 6.19]의 DrawSinusoidal 클래스를 dc라는 이름으로 객체화(instantiation) 했습니다. 그리고 던더 dict을 통해 확인했습니다. [그림 6.19]에 던더 init 함수가 없는데도 [그림 6.20]에서 나타난 이유는 [그림 6.19]에서 클래스를 선언할 때 DrawSin을 상속하도록 했기 때문입니다.

```
In [18]: dc.__dir__()

Out[18]: ['amp',
          'freq',
          'bias',
          'end_time',
          '__module__',
          'calc_cos',
          'draw_cos',
          '__doc__',
          '__init__',
          'calc_sin',
          'draw_sin',
          '__dict__',
          '__weakref__',
```

[그림 6.21] 던더 dir을 이용해서 함수와 변수를 모두 조회한 결과

더 확실히 하기 위해 던더 dir 함수를 이용해서 [그림 6.21]처럼 dc(DrawSinusoidal 클래스의 객체)의 변수와 함수를 모두 조회해 보면, [그림 6.19]에서 만든 calc_cos과 draw_cos도 보이고, [그림 6.16]의 DrawSin에서 만든 calc_sin과 draw_sin도 보입니다. 결국 [그림 6.19]의 DrawSinusoidal가 DrawSin이라는 클래스를 상속했다는 말은 DrawSin 클래스에 몇몇 기능을 추가해 DrawSinusoidal를 만들었다는 말과 같다는 것을 알 수 있습니다.

In [19]: `dc.draw_cos()`

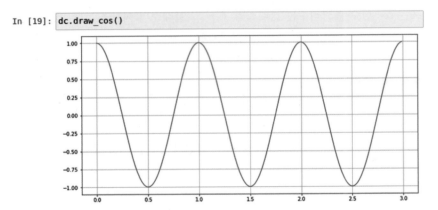

[그림 6.22] cos 함수를 그린 결과

이제 [그림 6.22]에서 draw_cos 함수를 이용해서 cos 함수를 그렸습니다. [그림 6.23]에서는 상속받은 함수인 draw_sin도 잘 동작한다는 것을 확인할 수 있습니다.

In [20]: `dc.draw_sin()`

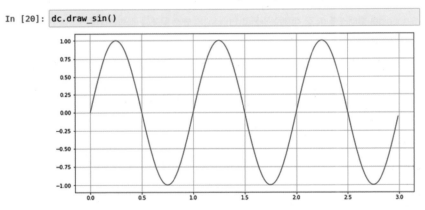

[그림 6.23] DrawSinusoidal에서 상속받은 draw_sin 함수를 확인하는 결과

⑤ 메서드 오버라이딩 Method Overriding

오버라이딩은 덮어쓰기라고 생각하면 됩니다. [그림 6.23]의 그래프는 그림 제목도 없고 x축과 y축의 설명도 없습니다. 그래프로서는 불친절합니다.

```
In [21]: class DrawSinusoidal2(DrawSinusoidal):
             def draw_sin(self):
                 y = self.calc_sin()
                 plt.figure(figsize=(12,6))
                 plt.plot(self.t, y)
                 plt.title('Sin Graph ')
                 plt.ylabel('Sin')
                 plt.xlabel('time (sec)')
                 plt.grid()
                 plt.show()
```

[그림 6.24] draw_sin을 오버라이딩 해서 새로운 클래스를 만드는 장면

[그림 6.24]를 보면 DrawSinusoidal 클래스를 상속받는 DrawSinusoidal2 클래스를 만들고 있습니다. 그런데 이 안에 draw_sin이라는 함수는 DrawSinusoidal 클래스에 원래 있는 함수입니다. 클래스에 있는 함수를 메서드라고 부릅니다. 동일 이름을 사용했기 때문에 덮어쓰기 (overriding)라고 합니다.

[그림 6.24]에서는 draw_sin 함수의 내용을 바꿔주었습니다. 제목(plt.title), x축 라벨(plt. xlabel)과 y축 라벨(plt.ylable)을 추가했습니다. 그 실행 결과가 [그림 6.25]입니다.

```
In [22]: dc2 = DrawSinusoidal2(1, 1, 0, 3)
         dc2.draw_sin()
```

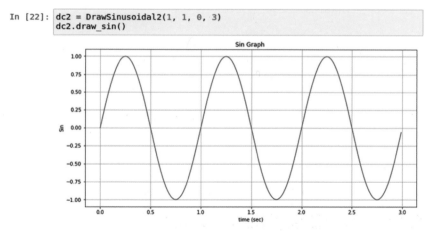

[그림 6.25] 그림 6.24에서 작성한 내용의 실행 결과

6 클래스에서 super()의 사용

[그림 6.24]에서 만든 클래스는 최종적으로 sin 함수를 그리는 코드와 cos 함수를 그리는 코드를 가지게 되었습니다. 그런데 우리가 [그림 6.4]부터 계속 사용하고 있는 도메인(domain) t에서 간격은 변경한 적이 없습니다. 삼각함수의 입력을 담당하는

```
t = np.arange(0, end_time, 0.01)
```

를 numpy의 arange로 만들어서 사용해 왔었는데, 그중 세 번째 인자인 0.01이 간격입니다. 즉, 0부터 end_time까지 0.01 간격이라는 의미였습니다. 이 0.01을 ts라는 입력으로 받도록 하고 싶다고 해보겠습니다.

새로운 클래스 DrawSinusoidal3를 만들고 그 이전에 만들었던 DrawSinusoidal2를 상속받도록 하겠습니다. 그러면 ts는 던더 init(__init__)에 들어가야 할 것 같습니다. 그래서 [그림 6.26]처럼 만들어 보았습니다.

```
In [23]: class DrawSinusoidal3(DrawSinusoidal2):
             def __init__(self, amp, freq, bias, end_time, ts):
                 self.ts = ts

In [24]: ds3 = DrawSinusoidal3(1, 1, 0, 3, 0.01)
         ds3.__dict__

Out[24]: {'ts': 0.01}
```

[그림 6.26] init 부분을 수정하는 DrawSinusoidal3를 만들고 테스트한 결과

[그림 6.26]은 DrawSinusoidal2를 상속받고 던더 init(__init__)이 self, amp, freq, bias, end_time, ts를 입력받도록 하려고 했습니다. 상속을 했으니 ts만 self.ts로 저장하면 문제가 없을 줄 알고, [그림 6.26]의 하단에 보이듯이 객체로 저장해서 던더 dict(__dict__)을 조회했더니, ts만 나타났습니다. 그러고 보니 [그림 6.26]은 앞 절에서 이야기한 오버라이딩이 된 것입니다. 던더 init을 오버라이딩 했기 때문에 DrawSinusoidal2의 던더 init의 내용이 없어진 것입니다. 이럴 때 어떻게 할까요? [그림 6.26]과 같은 상황에서 사용하는 것이 super()입니다.

```
In [25]: class DrawSinusoidal3(DrawSinusoidal2):
             def __init__(self, amp, freq, bias, end_time, ts):
                 super().__init__(amp, freq, bias, end_time)
                 self.ts = ts

In [26]: ds3 = DrawSinusoidal3(1, 1, 0, 3, 0.01)
         ds3.__dict__

Out[26]: {'amp': 1, 'freq': 1, 'bias': 0, 'end_time': 3, 'ts': 0.01}
```

[그림 6.27] 오버라이딩에서 super()를 사용한 결과

[그림 6.26]에서 의도한 대로 되지 않은 상황, 즉 오버라이딩 상황에서 상속받을 속성은 다 받고 싶을 때 사용하는 것이 [그림 6.27]의 super( )입니다. [그림 6.27]에서 보면 던더 init(__init__)을 오버라이드 했지만, 그 안에서 super().__init__()을 이용해서 상속한 DrawSinusoidal2의 던더 init의 내용을 가져오라고 지정한 것입니다. 그러면 [그림 6.27]의 하단처럼 던더 dict으로 확인했을 때 애초의 의도대로 잘 되는 것을 알 수 있습니다.

```
In [27]:  class DrawSinusoidal3(DrawSinusoidal2):
              def __init__(self, amp, freq, bias, end_time, ts):
                  super().__init__(amp, freq, bias, end_time)
                  self.ts = ts

              def calc_sin(self):
                  self.t = np.arange(0, self.end_time, self.ts)
                  return self.amp * np.sin(2*np.pi*self.freq*self.t) + self.bias

              def draw_sin(self):
                  y = self.calc_sin()
                  plt.figure(figsize=(12,6))
                  plt.plot(self.t, y)
                  plt.title('Sin Graph ')
                  plt.ylabel('Sin')
                  plt.xlabel('time (sec)')
                  plt.grid()
                  plt.show()
```

[그림 6.28] 새로운 삼각함수를 그리는 클래스 완성

이제 [그림 6.28]에서 그래프를 그리는 함수의 입력단(도메인)의 간격을 ts로 조정할 수 있도록
새로운 클래스를 만들었습니다. 원래 이 앞까지는 ts를 0.01을 사용했습니다. 이번에는 [그림
6.29]에서 보듯이 0.1로 만들고 그래프를 그려보겠습니다.

```
In [28]:  ds3 = DrawSinusoidal3(1, 1, 0, 3, 0.1)
          ds3.draw_sin()
```

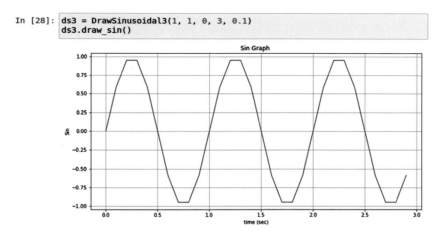

[그림 6.29] 삼각함수를 그릴 때 데이터의 간격을 0.1로 조정한 결과

[그림 6.29]의 결과를 보면 부드럽지 못하고 계단이 지는 듯한 모습이 보입니다. [그림 6.25]
와 비교하면 꼭 해상도가 떨어지는 듯한 느낌이기도 합니다. 그도 그럴 것이 [그림 6.25]는
사인함수를 그리는데 같은 길이를 600개의 데이터로 그린 것이고, [그림 6.29]는 60개로 그
렸기 때문입니다.

다음 장은 ROS2에서 패키지를 만드는 방법을 다룰 겁니다. 그다음에는 패키지에서 토픽과 서비스를 다루는 방법을 이야기할 것입니다. 또한 액션도 다룰 겁니다.

ROS2의 공식 홈페이지에서는 토픽, 서비스, 액션을 학습하는 튜토리얼 과정을 클래스로 설명을 하고 있습니다. 그래서 이 시점에 우리도 Python에서의 클래스를 학습했습니다.

Python의 다른 문법을 대하는 우리 책의 태도와 달리 클래스에 관해서는 몇 가지 기본 개념을 설명해야겠다고 생각해서 별도의 장으로 다루었습니다. 더 재미있는 내용을 위해 즐거운 학습이 되었기를 바랍니다.

패키지 만들고 토픽 다루기

벌써 7장이 되었습니다. 이제 패키지(package)라는 것을 우리 힘으로 직접 만드는 과정을 진행합니다. 지금부터 새로운 패키지를 만들고, 앞서 배웠던 명령을 이용해서 토픽, 서비스 등을 패키지 내에서 만들어 보는 과정을 거칠 예정입니다. 물론 그 과정에서 거북이(turtlesim)도 다룰 겁니다.

2 설치 및 준비

책 초반에서 한 번에 모두 설치하는 것도 좋지만, 저는 필요할 때 필요한 만큼만 설치하는 것을 선호[1]합니다. 그래서 여기 7장에서 패키지를 만들고 빌드할 때 필요한 설치과정을 설명하려고 합니다.

ROS2의 humble 설치 안내페이지 중에 Install development tools and ROS tools[2]라는 항목이 있습니다. 그 페이지에 [그림 7.1]과 같이 설치해야 할 내용이 안내되어 있습니다. [그림 7.1]의 상단 오른쪽 버튼을 누르면 복사가 되지만, 터미널에서는 sudo 권한이 최초 입력되거나 일정 시간이 지나면 다시 암호를 묻기 때문에 처음 리눅스를 접하는 분들에게는 sudo가 포함된 경우 터미널에서 복사한 명령을 바로 붙여넣는 것이 어려울 수 있습니다. 이럴 때는 아무 명령(예를 들면 ls 같은)이나 sudo를 붙여서 한 번 실행한 후 [그림 7.1]의 상단 오른쪽 복사하기를 누르고 [그림 7.2]에서처럼 붙여넣어서 설치를 진행하면 됩니다.

[그림 7.1]의 내용은 줄바꿈 기호가 있지만, 두 줄의 명령입니다. 하나는 sudo apt install이고 또 하나는 python3 -m pip install입니다. 이 두 명령을 각각 복사해서 실행해도 됩니다. 리눅스에 아직 익숙하지 않다면 시행착오가 있겠지만 유심히 보아야 할 것은 [그림 7.2]처럼 설치할 때 뭔가 의심스러운 메시지가 없는지 확인해야 합니다.

---

1 사실 저는 공부도 그렇게 합니다. 필요한 때에 필요한 만큼. 하지만 그보다 우선하는 것은 '재미있는 것은 다 한다' 주의입니다.

2 https://docs.ros.org/en/humble/Installation/Alternatives/Ubuntu-Development-Setup.html#install-development-tools-and-ros-tools

```
sudo apt update && sudo apt install -y \
  python3-flake8-docstrings \
  python3-pip \
  python3-pytest-cov \
  ros-dev-tools
```

Install packages according to your Ubuntu version.

Ubuntu 22.04 LTS and later	Ubuntu 20.04 LTS

```
sudo apt install -y \
  python3-flake8-blind-except \
  python3-flake8-builtins \
  python3-flake8-class-newline \
  python3-flake8-comprehensions \
  python3-flake8-deprecated \
  python3-flake8-import-order \
  python3-flake8-quotes \
  python3-pytest-repeat \
  python3-pytest-rerunfailures
```

[그림 7.1] ROS2 humble의 Install development tools and ROS tools 문서의 일부

```
                          pw@pinklab: ~ 80x24
pw@pinklab:~$ humble
ROS2 Humble is activated.
pw@pinklab:~$ sudo ls
[sudo] password for pw:
Desktop    Downloads  Pictures  python   Templates
Documents  Music      Public    snap     Videos
pw@pinklab:~$ sudo apt install -y \
  python3-flake8-blind-except \
  python3-flake8-builtins \
  python3-flake8-class-newline \
  python3-flake8-comprehensions \
  python3-flake8-deprecated \
  python3-flake8-import-order \
  python3-flake8-quotes \
  python3-pytest-repeat \
  python3-pytest-rerunfailures
Reading package lists... Done
Building dependency tree... Done
Reading state information... Done
```

[그림 7.2] 그림 7.1의 명령을 복사해서 터미널에서 설치하는 장면

```
                    pw@pinklab: ~/ros2_study 80x24
pw@pinklab:~$ mkdir -p ~/ros2_study/src
pw@pinklab:~$ ls
Desktop    Downloads     Music     Public   ros2_study   test_ubuntu
Documents  jupyter-ros2  Pictures  python   Templates    Videos
pw@pinklab:~$ cd ros2_study/
pw@pinklab:~/ros2_study$ ls
src
pw@pinklab:~/ros2_study$ █
```

[그림 7.3] ros2_study라는 워크스페이스를 만들고 이동한 모습

[그림 7.2]의 설치가 완료되면 [그림 7.3]에 있듯이

mkdir -p ~/ros2_study/src

명령으로 홈 경로(~)에 ros2_study라는 폴더 안에 src라는 폴더까지 한 번에 만듭니다. 이 명령에서 p 옵션은 만들려는 폴더의 하위 폴더까지 다 만들어 주는 옵션입니다. 그리고 [그림 7.3]에서는 cd 명령으로 ros2_study까지 이동합니다. 그리고 ls 명령을 해보면 src 폴더만 보일 겁니다.

지금부터 우리 책에서는 ros2_study를 워크스페이스(workspace)라고 부르겠습니다. 워크스페이스는 여러 곳에 있어도 되지만, 지금은 간단히 하나만 만들어서 진행하겠습니다. 현재 경로가 어디든 책에서 워크스페이스로 이동해서 어떤 작업을 한다고 하면 여러분들은 [그림 7.3]에서 만든 ros2_study 폴더로 이동해야 합니다.

그리고 워크스페이스인 ros2_study 안의 src 폴더는 소스코드 폴더입니다. 워크스페이스의 소스코드 폴더라고 하면 ros2_study/src 폴더라고 생각하면 됩니다. [그림 7.3]까지 따라 한 후 워크스페이스 폴더에서

colcon build

명령을 사용합니다. 이 명령은 src 폴더에 있는 코드들을 빌드합니다.

```
pw@pinklab:~/ros2_study$ ls
src
pw@pinklab:~/ros2_study$ colcon build

Summary: 0 packages finished [0.15s]
pw@pinklab:~/ros2_study$ ls
build  install  log  src
pw@pinklab:~/ros2_study$ ▉
```

[그림 7.4] colcon build를 실행한 화면

[그림 7.3]에서 만든 소스코드 폴더가 비어 있어서 colcon build 명령이 뭔가 할 일은 없습니다. 그러나 [그림 7.4]에서처럼 ls 명령으로 목록을 확인해 보면 [그림 7.3]에서 만든 src 폴더 외에 build, install, log 폴더가 새로 생성된 것을 확인할 수 있습니다. [그림 7.4]의 폴더들의 역할은 빌드 설정 파일이 저장되는 build, 패키지 내에서 생성한 msg, srv, action 관련 헤더 파일(혹은 모듈)과 패키지 라이브러리, 실행 파일이 저장되는 install 폴더, 빌드할 때 생성된 log가 저장되는 log 폴더입니다.

우리 책에서는 src 폴더에 우리가 공부하면서 만드는 패키지들이 저장될 것입니다. 그리고 우리에게는 install이라는 폴더가 중요합니다. install 폴더에 관해서는 차차 이야기하겠습니다.

3.1 일단 패키지를 무작정 만들어 보자

먼저 아무 생각 없이 패키지를 한번 만들어 보겠습니다.

```
pw@pinklab:~$
pw@pinklab:~$ humble
ROS2 Humble is activated.
pw@pinklab:~$ cd ros2_study/src/
pw@pinklab:~/ros2_study/src$
```

[그림 7.5] 워크스페이스의 src 폴더로 이동한 화면

이 책에서는 워크스페이스를 [그림 7.3]에서 만든 홈 경로의 ros2_study라고 한다고 했습니다. 그 안에 src 폴더를 함께 만들었기 때문에 [그림 7.5]에서는 이 경로로 이동했습니다. 여러분들이 이미 워크스페이스의 src 폴더로 이동한 상태라면 [그림 7.5]를 수행할 필요가 없습니다. 다른 경로에 있다면

cd ~/ros2_study/src/

와 같이 홈 경로를 의미하는 물결을 붙이면 바로 이동할 수 있습니다.

```
pw@pinklab:~/ros2_study/src$
pw@pinklab:~/ros2_study/src$ ros2 pkg create --build-type ament_python --node-na
me my_first_node my_first_package
going to create a new package
package name: my_first_package
destination directory: /home/pw/ros2_study/src
package format: 3
version: 0.0.0
description: TODO: Package description
maintainer: ['pw <pw@todo.todo>']
licenses: ['TODO: License declaration']
```

[그림 7.6] 새로운 노드와 새로운 패키지를 만드는 장면

[그림 7.6]에서는 ros2 pkg create 명령을 이용해서

ros2 pkg create --build-type ament_python --node-name my_first_node
my_first_package

라고 my_first_package라는 패키지를 만들고 있습니다. 이때 처음이니까 조금 쉽게 가기 위해서 패키지를 새로 만들 때 node도 my_first_node라는 이름으로 새로 하나 만들어 두라고 했습니다.

[그림 7.6]의 짧지 않은 명령에는 꽤 많은 옵션이 지나갑니다. 먼저 중간에 보이는

--node-name my_first_node

라는 옵션은 패키지를 만들 때 my_first_node라는 이름의 노드를 함께 만들라는 옵션입니다. 이렇게 하면 패키지의 설정 파일에 노드를 등록할 필요가 없습니다. 그러나 노드를 등록하는 것이 어렵지 않아서 node-name 옵션을 많이 쓰지는 않지만, 지금은 적용을 했습니다.

빌드 타입을 설정하는 옵션인 build-type

--build-type ament_python

에서는 ROS2에서 사용하는 빌드 툴인 ament를 사용하는데 Python이 대상인 경우는 ament_python이라고 지정하면 됩니다.

결국 노드 이름을 지정하지 않는다면 가장 간단한 패키지 생성 명령은

ros2 pkg create --build-type ament_python <package_name>

입니다.

```
pw@pinklab:~/ros2_study/src$ sudo apt install tree
[sudo] password for pw:
Reading package lists... Done
Building dependency tree
Reading state information... Done
The following packages were automatically installed and are no longer required:
  gyp libc-ares2 libfwupdplugin1 libjs-inherits libjs-is-typedarray libjs-psl
  libjs-typedarray-to-buffer libuv1-dev node-abbrev node-ajv node-ansi
  node-ansi-align node-ansi-regex node-ansi-styles node-ansistyles node-aproba
  node-archy node-are-we-there-yet node-asap node-asn1 node-assert-plus
  node-asynckit node-aws-sign2 node-aws4 node-balanced-match node-bcrypt-pbkdf
  node-bl node-bluebird node-boxen node-brace-expansion node-builtin-modules
  node-builtins node-cacache node-call-limit node-camelcase node-caseless
```

[그림 7.7] sudo apt install tree 명령을 실행하는 장면

제가 자주 사용하는 명령인 tree를 사용하기 위해 먼저 [그림 7.7]에서처럼 tree를 설치합니다.

```
pw@pinklab:~/ros2_study/src$ tree
.
└── my_first_package
    ├── my_first_package
    │   ├── __init__.py
    │   └── my_first_node.py
    ├── package.xml
    ├── resource
    │   └── my_first_package
    ├── setup.cfg
    ├── setup.py
    └── test
        ├── test_copyright.py
        ├── test_flake8.py
        └── test_pep257.py

4 directories, 9 files
pw@pinklab:~/ros2_study/src$ ▊
```

[그림 7.8] 워크스페이스의 src 폴더에서 tree 명령을 실행한 결과

[그림 7.6]에서 패키지를 만든 결과를 [그림 7.8]에서 tree 명령으로 확인하고 있습니다. 이때 tree 명령을 사용하는 장소가 워크스페이스(ros2_study)의 src 폴더라는 것을 유념하세요. [그림 7.8]에서 눈치챘겠지만, tree 명령은 기본으로 사용하면 그 명령이 실행된 위치에서 폴더와 파일 구조를 보여줍니다.

[그림 7.8]의 결과를 보면 ~/ros2_study/src 폴더에는 [그림 7.6]에서 만든 my_first_package 라는 패키지 때문에 만들어진 같은 이름의 폴더가 있습니다. 그리고 그 폴더 안에는 my_first_package 폴더와 함께, resource, test 폴더가 있습니다. 그리고 package.xml, setup.cfg, setup.py라는 파일도 보입니다. 또한 my_first_package 폴더 안에는 __init__.py와 [그림 7.6]에서 함께 만들라고 시킨 노드 이름을 사용하는 my_first_node.py가 보입니다.

```
                    pw@pinklab: ~/ros2_study/src 80x24
pw@pinklab:~/ros2_study/src$ subl .
pw@pinklab:~/ros2_study/src$ ▊
```

[그림 7.9] ros2_study/src 폴더에서 subl 명령을 통해 폴더를 한 번에 읽는 명령을 실행하는 장면

[그림 7.9]에서는 1장에서 설치한 sublime text를 실행하기 위해 subl 명령을 사용하고 있습니다. subl 뒤에는 파일 이름이나 폴더 이름을 지정할 수 있습니다. [그림 7.9]에서는 점(.)을 하나 찍었습니다. 점 하나는 현재 폴더를 의미합니다. 그래서 [그림 7.9]의 명령은 sublime text로 현재 폴더를 열라는 뜻입니다.

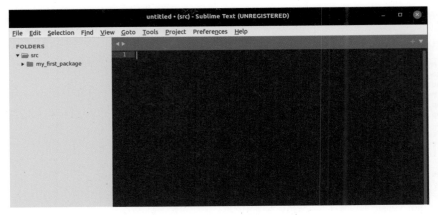

[그림 7.10] 그림 7.9의 실행 결과로 나타난 sublime text

[그림 7.11] sublime text에서 관찰한 폴더와 파일의 구조

Sublime text에서 [그림 7.8]에서 관찰한 구조를 다시 확인할 수 있습니다. 이 파일들의 구조는 잠시 후에 이야기를 해보기로 하겠습니다. 지금은 my_first_node.py만 보겠습니다. 지금 하고자 하는 이야기가 빌드에 관한 이야기이기 때문입니다.

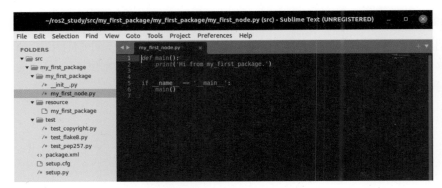

[그림 7.12] my_first_node.py의 내용을 확인하는 화면

[그림 7.11]에서 my_first_node.py를 클릭해서 확인한 내용이 [그림 7.12]입니다. Python 코드는 간결하게 4줄이고 내용은 간단합니다.

```python
my_first_node.py                    x
1   def main():
2       print('Hi from my_first_package.')
3
4
5   if __name__ == '__main__':
6       main()
7
```

[그림 7.13] my_first_node.py의 내용

[그림 7.12]의 5번 줄의 조건문은 던더 name이라는 변수의 내용이 문자열로 던더 main인지 확인하는 것입니다. Python에서 던더 name 변수는 특수한 기능을 하는 변수로 해당 코드가 확장명이 py인 상태로 직접 실행되면 '__main__'이 저장됩니다. 그래서 5번 줄은 이 Python 코드가 직접 실행된 것인지를 물은 것입니다. 그리고 나면 6번 줄의 main() 함수를 호출합니다. 1번 줄에 main 함수가 정의되어 있습니다. 내용은 그저 간단한 문장을 2번 줄에서 출력하라는 것입니다.

일반적인 책이나 교재에서 다루는 log를 남기는 get_logger를 사용하지 않는 것에 대해 의문을 가지는 분들도 있을 겁니다. 일단 지금은 그저 테스트하는 용도일 뿐이기도 하고 로그(log)를 체계적으로 남길 이유가 없으면 그냥 print 문을 사용하는 것도 문제가 없습니다. 추후 우리는 log에 대해 많은 이야기를 다룰 예정입니다.

3.2 패키지 빌드 해보기, 그리고 워크스페이스 설정

```
pw@pinklab:~/ros2_study$ colcon build
Starting >>> my_first_package
--- stderr: my_first_package
/usr/lib/python3/dist-packages/setuptools/command/install.py:34: Se
tuptoolsDeprecationWarning: setup.py install is deprecated. Use bui
ld and pip and other standards-based tools.
  warnings.warn(
---
Finished <<< my_first_package [1.51s]

Summary: 1 package finished [2.45s]
  1 package had stderr output: my_first_package
```

[그림 7.14] colcon build 수행하는 화면

이제 빌드를 수행할 겁니다. 빌드 툴은 [그림 7.2]에서 설치한 colcon입니다. 이때 워크스페이스에서 colcon 명령을 실행해야 합니다. 워크스페이스는 여러 개를 가질 수 있으므로 빌드

하려는 워크스페이스로 이동해서 colcon으로 빌드해야 한다는 것을 기억해야 합니다. [그림 7.14]에서는 현재 우리가 대상으로 하는 ros2_study라는 워크스페이스를 빌드하라는 명령을 실행한 화면입니다. [그림 7.14]에서는 워크스페이스를 모두 빌드하라고 했지만, 워크스페이스에 있는 특정 패키지만 빌드를 할 수도 있습니다.

[그림 7.14]의 화면에는 SetuptoolsDeprecationWarning이라는 구절이 보입니다. Python 모듈 중에 setuptools의 버전 호환문제로 보이는데 실행에는 문제가 없습니다. 이 메시지를 보고 싶지 않으면 setuptools를 특정 버전 하위로 강제로 바꿔야 하는데 리눅스와 Python이 처음이라고 가정한 우리에게는 좀 어려울 것 같아서 그대로 진행하겠습니다. 이 책을 읽고 있는 시점에는 저절로 해결[1]되었을 수도 있고요.

이제 빌드도 했으니 내가 만든 첫 패키지의 첫 노드를 실행해 보겠습니다. [그림 7.15]와 같이 ros2 run 명령으로 실행을 시도합니다. [그림 7.15]는 화면을 여러분이 볼 수 있도록 다 작성했지만, 사실은 ros2 run my_ 정도까지만 입력한 상태에서 탭 키를 눌렀는데 그 뒤가 자동 완성되지 않으면 뭔가 이상하다고 느껴야 합니다.

```
pw@pinklab:~/ros2_study$
pw@pinklab:~/ros2_study$ ros2 run my_first_package my_first_node
Package 'my_first_package' not found
pw@pinklab:~/ros2_study$
```

[그림 7.15] 그림 7.14에서 빌드한 패키지의 노드를 실행하려 했으나 실패한 화면

[그림 7.15]에서는 빌드까지 완료했으나 실행되지 않는 문제를 알게 되었습니다. 그런데 에러 메시지가 my_first_package를 찾지 못하겠다는 것입니다. 이 문제는 빌드한 환경을 읽어오지 못했기 때문입니다. [그림 7.14]와 같이 빌드를 마치고 [그림 7.16]처럼 install 폴더의 내용을 확인하면 bash 파일들이 보일 겁니다. 이 중 local_setup.bash를 source 명령으로 불러오면 됩니다. 근데 이 과정 익숙하죠? 바로 2장에서 이야기했던 내용입니다.

```
pw@pinklab:~/ros2_study$
pw@pinklab:~/ros2_study$ ls install/
COLCON_IGNORE         local_setup.sh          local_setup.zsh      setup.ps1
local_setup.bash      _local_setup_util_ps1.py  my_first_package    setup.sh
local_setup.ps1       _local_setup_util_sh.py   setup.bash          setup.zsh
pw@pinklab:~/ros2_study$
pw@pinklab:~/ros2_study$
pw@pinklab:~/ros2_study$
```

[그림 7.16] 빌드 후 워크스페이스의 install 폴더의 목록을 확인한 화면

그러면 source 명령으로 install 폴더에 있는 local_setup.bash를 읽겠습니다. [그림 7.17]은 source 명령을 실행한 화면입니다. 이때 이 명령은 ros2_study 폴더에서 수행했습니다.

----

1 실제로 많은 종류의 워닝은 각 모듈의 버전 업그레이드에 따라 해결될 때가 많습니다.

```
pw@pinklab:~/ros2_study$ source ./install/local_setup.bash
pw@pinklab:~/ros2_study$
pw@pinklab:~/ros2_study$ ros2 run my_first_package my_first_node
Hi from my_first_package.
pw@pinklab:~/ros2_study$
```

[그림 7.17] source 명령으로 local_setup.bash를 읽은 다음 그림 7.15를 다시 실행한 화면

이제 [그림 7.15]에서 에러가 났던 것을 다시 확인해 보겠습니다. 어떤가요. 이번에는 [그림 7.13]에 있던 코드가 실행된 결과가 보입니다.

어떤 워크스페이스를 빌드하고 나면 해당 워크스페이스의 install 폴더의 local_setup.bash를 source로 읽어야 한다는 것을 알게 되었습니다. 그럼 매번 터미널에서 [그림 7.17]처럼 source 명령을 실행해야 할까요? 아니라는 것을 아시죠. 우리가 마지막으로 홈 경로의 .bashrc 파일을 수정했던 것은 2장의 [그림 2.21]이었습니다.

```
119    export PATH="~/.local/bin:$PATH"
120
121    alias killgazebo="killall gzserver gzclient"
122
123    alias sb="source ~/.bashrc; echo \"bashrc is reloaed.\""
124    alias humble="source /opt/ros/humble/setup.bash; ros_domain; echo \"ROS
125    alias ros_domain="export ROS_DOMAIN_ID=13"
126
```

[그림 7.18] 2장의 그림 2.21에서 설정했던 .bashrc 파일의 마지막 부분

[그림 2.21]은 너무 멀리 있으니, [그림 7.18]에서 다시 보겠습니다. [그림 7.18]에서 humble 이라고 alias를 잡은 것의 내용은

- 바이너리 설치된 humble 버전의 setup.bash 파일을 읽고
- 공유기에서 다른 사람과의 혼선을 막기 위한 ROS_DOMAIN_ID 설정

입니다. 여기에 지금 공부하는 ros2_study의 install 폴더에 local_setup.bash를 추가하는 것보다는 ros2study라는 이름으로 alias를 하나 더 만들겠습니다. 언더바를 제거한 건 매번 터미널에서 입력할 때 귀찮기 때문입니다.

```
alias ros2study=" humble; source ~/ros2_study/install/local_setup.bash;
echo \"ros2_study workspace is activated.\""
```

위 코드를 [그림 7.18]의 하단에 추가해서 [그림 7.19]처럼 만듭니다. 이 코드는 ros2study라는 alias를 만들고, humble을 실행하고, 지금 우리의 워크스페이스에 있는 install 폴더의 local_setup.bash를 읽도록 합니다. 그리고 이 alias가 실행되었다는 것을 알아야 하니까 echo로 메시지를 출력하도록 했고요. 지금의 .bashrc 파일을 저장하면 터미널을 다시 시작하든지, source ~/.bashrc 명령을 실행하든지, 혹은 [그림 7.18]에 만든 sb라는 alias를 실행하면 됩니다.

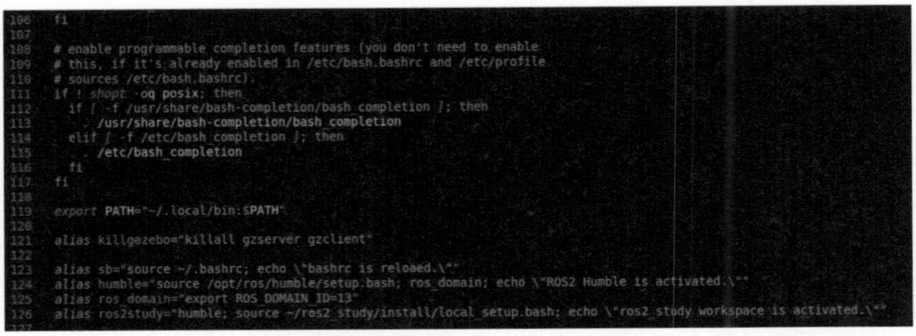

[그림 7.19] 워크스페이스의 local_setup.bash를 .bashrc에 추가한 화면

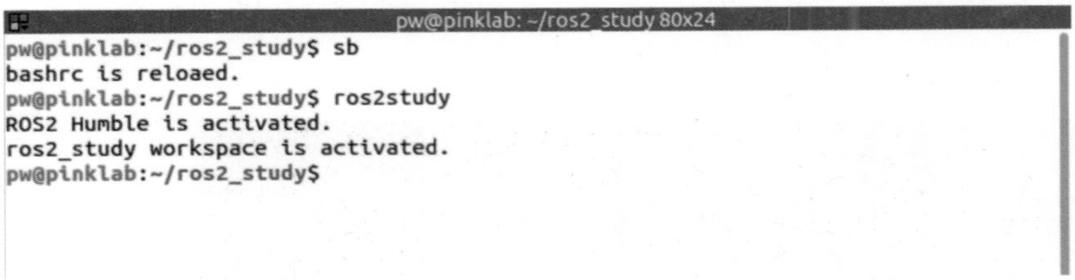

[그림 7.20] .bashrc를 다시 읽고 그림 7.19에서 만든 ros2study를 실행한 모습

[그림 7.20]은 [그림 7.19]에서 보이는 *sb*라는 명령을 이용해서 .bashrc를 다시 읽고, [그림 7.19]에서 만든 ros2study를 실행한 화면입니다. 그러면 [그림 7.21]처럼 my_first_node가 정상적으로 실행되는 것을 확인할 수 있습니다.

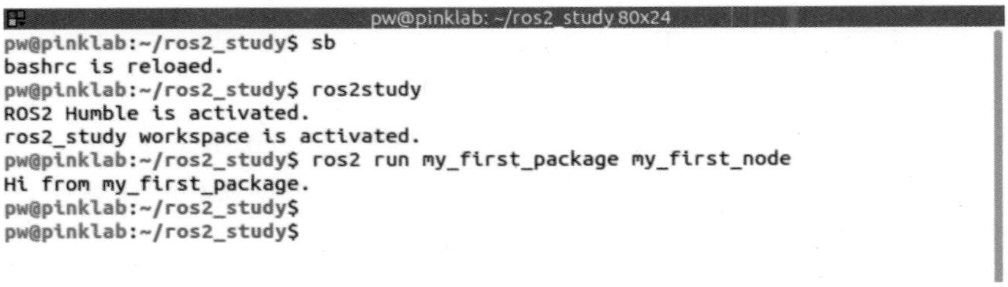

[그림 7.21] my_first_package의 my_first_node를 실행한 화면

제가 일일이 언급하지 않더라도 여러분들은 이런 과정이 일반적으로 확대 적용될 수 있다는 것을 염두에 두고 있어야 합니다. 꼭 ros2study라는 alias가 아니라, 다른 이름이 더 편하진 않는지, 또 alias 없이 그냥 터미널이 실행될 때 적용되도록 하는 등의 여러 시도를 스스로 수행하기를 바랍니다.

4 Topic Subscriber 노드 추가

4.1 새로운 subscriber 파일 추가하기

5장에서 Jupyter로 다루었던 토픽을 구독하는 코드를 패키지에 포함해 보겠습니다. 일단 [그림 7.21]까지 따라 한 상태에서 [그림 7.12]에서의 sublime text 상태를 유지하고 있다면 여전히 [그림 7.22]의 상황일 겁니다.

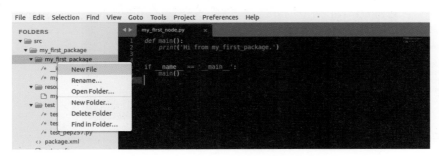

[그림 7.22] 그림 7.21까지 학습한 패키지의 sublime text 화면

이 상태에서 보면 my_first_package/my_first_package 폴더에 __init__.py와 my_first_node.py가 있습니다. 여기에 my_subscriber.py라는 파일을 하나 더 만들려고 합니다. 파일을 만드는 방법은 여러 가지지만, 여기서는 sublime text에서 만들어 보겠습니다.

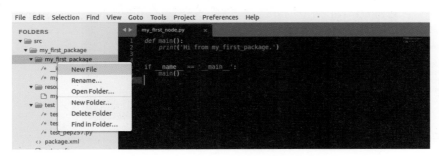

[그림 7.23] 그림 7.22 화면에서 my_first_package 폴더에 새로운 파일을 만드는 장면

[그림 7.23]에서처럼 파일을 새로 위치시키고자 하는 폴더인 my_first_package의 my_first_package 폴더 이름에 마우스를 대고 오른쪽 버튼을 눌러 나타나는 팝업창에서 New File을 선택합니다.

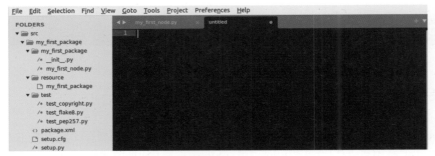

[그림 7.24] 그림 7.23에서 New File을 선택한 후 화면

그러면 [그림 7.24]에서처럼 untitled라는 이름으로 새 탭이 나타납니다.

[그림 7.25] 그림 7.24에 이어서 my_subscriber.py라는 이름으로 빈 파일 이름을 지정하는 모습

이제 [그림 7.25]와 같이 새 창이 나오면 파일 이름을 my_subscriber.py라고 지정하면 됩니다. 그리고 Save 버튼을 누르면 [그림 7.26]처럼 탭의 이름이 지정한 대로 나타납니다.

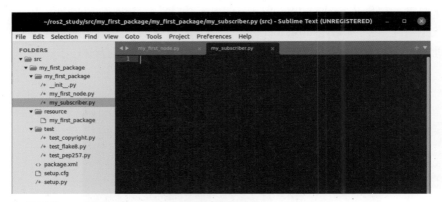

[그림 7.26] my_subscriber.py라는 빈 파일이 생성된 모습

```
pw@pinklab:~$ cd ros2_study/src/
pw@pinklab:~/ros2_study/src$ tree
.
└── my_first_package
    ├── my_first_package
    │   ├── __init__.py
    │   ├── my_first_node.py
    │   └── my_subscriber.py
    ├── package.xml
    ├── resource
    │   └── my_first_package
    ├── setup.cfg
    ├── setup.py
    └── test
        ├── test_copyright.py
        ├── test_flake8.py
        └── test_pep257.py

4 directories, 10 files
pw@pinklab:~/ros2_study/src$ 
```

[그림 7.27] 그림 7.26까지의 상황에서 워크스페이스의 src 폴더에서 tree로 본 폴더 구조

[그림 7.26]에서의 과정이 잘 되었다면 워크스페이스의 src 폴더에서 tree 명령으로 관찰한 폴더와 파일들의 구조는 [그림 7.27]과 같아야 합니다.

4.2 my_subscriber.py 파일 설명

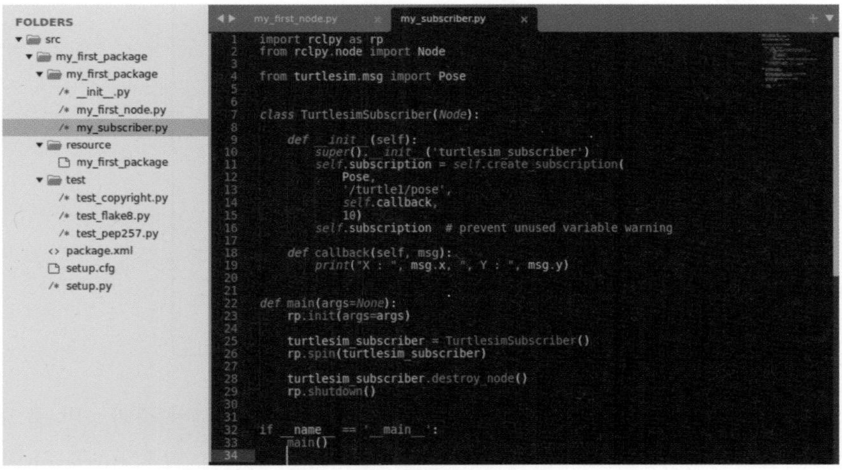
FOLDERS
src
my_first_package
my_first_package
__init__.py
my_first_node.py
my_subscriber.py
resource
my_first_package
test
test_copyright.py
test_flake8.py
test_pep257.py
package.xml
setup.cfg
setup.py
my_first_node.py
my_subscriber.py
import rclpy as rp
from rclpy.node import Node
from turtlesim.msg import Pose
class TurtlesimSubscriber(Node):
def __init__(self):
super().__init__('turtlesim_subscriber')
self.subscription = self.create_subscription(
Pose,
'/turtle1/pose',
self.callback,
10)
self.subscription # prevent unused variable warning
def callback(self, msg):
print("X : ", msg.x, ", Y : ", msg.y)
def main(args=None):
rp.init(args=args)
turtlesim_subscriber = TurtlesimSubscriber()
rp.spin(turtlesim_subscriber)
turtlesim_subscriber.destroy_node()
rp.shutdown()
if __name__ == '__main__':
main()

[그림 7.28] my_subscriber.py코드를 입력한 화면

이제 [그림 7.26]의 빈 파일에 코드를 작성합니다. 이 코드는 여러분들에게는 익숙할지도 익숙하지 않을지도 모르겠습니다. 이유는 이미 본 코드인데 구조가 클래스로 만들어졌기 때문일 겁니다. 일단 [그림 7.28]처럼 코드를 작성합니다.

```
Code: my_first_package/my_first_package/my_subscriber.py
1  import rclpy as rp
2  from rclpy.node import Node
3
4  from turtlesim.msg import Pose
5
6
7  class TurtlesimSubscriber(Node):
8
9      def __init__(self):
10         super().__init__('turtlesim_subscriber')
11         self.subscription = self.create_subscription(
12             Pose,
13             '/turtle1/pose',
14             self.callback,
15             10)
16         self.subscription  # prevent unused variable warning
17
18     def callback(self, msg):
19         print("X : ", msg.x, ", Y : ", msg.y)
20
21
22 def main(args=None):
23     rp.init(args=args)
24
25     turtlesim_subscriber = TurtlesimSubscriber()
26     rp.spin(turtlesim_subscriber)
27
28     turtlesim_subscriber.destroy_node()
29     rp.shutdown()
30
31
32 if __name__ == '__main__':
33     main()
```

[그림 7.28]의 코드를 유심히 들여다보면 전혀 새롭지 않습니다. 먼저 1번 줄과 4번 줄의 import는 4장의 [그림 4.36]에서 다루었습니다. 지금 우리가 구독할 토픽은 turtlesim의 pose 토픽이어서 turtlesim 노드가 발행하는 pose 토픽이 사용하는 메시지 타입인 Pose를 import 했습니다. 그리고 2번 줄은 그 아래에서 클래스를 만들 때 rclpy 모듈의 Node 클래스를 상속받게 하려고 별도로 import 했습니다.

7번 줄은 클래스로 TurtlesimSubscriber를 선언하고 있습니다. 이때 6장의 [그림 6.19]에서 사용한 대로 rclpy의 Node 클래스를 상속하도록

class TurtlesimSubscriber(Node):

이렇게 지정하고 있습니다. 그리고 10번 줄에서 super()는 6장 마지막 부분의 [그림 6.27]에서 다루었습니다. 한 가지 유의할 점은

```
super().__init__('turtlesim_subscriber')
```

이렇게 던더 init을 사용할 때 rclpy의 노드 클래스는 초기화하기 위해 노드의 이름을 요구합니다. 그래서 노드 이름을 turtlesim_subscriber라고 지정해 두었습니다. 즉 10번 줄은 [그림 4.37]에서 사용했던 create_node 명령을 포함한다고 생각하면 됩니다.

그리고 11번 줄부터 15번 줄까지는 토픽을 받았을 때 실행할 내용을 callback이라는 함수를 지정하고, 받을 토픽의 이름(/turtle1/pose)을 지정하고, 그 토픽의 데이터 타입이 4번 줄에서 import 한 Pose라는 것을 지정하는 create_subscription 함수를 작성했습니다. 그리고 18번 줄과 19번 줄에서는 callback 함수를 작성했고요. 19번 줄에도 있지만, callback 함수는 단순히 turtlesim의 위치 x, y 값을 print[1] 하라고 했습니다.

7번 줄부터 19번 줄까지는 TurtlesimSubscriber라는 클래스를 만들었습니다. 그리고 22번 줄에서는 main이라는 이름의 함수를 하나 만들었습니다. 이름이 main일 필요는 없습니다. 33번 줄에서 지정하는 함수 이름은 달라도 됩니다. 22번 줄의 main 함수가 하는 일은 rclpy(rp)를 init하고 TurtlesimSubscriber를 객체화했습니다.

그 순간 구독할 토픽이 들어오면 그때마다 18번 줄의 callback이 실행될 겁니다. 그리고 26번 줄의 spin 명령으로 기다리는 것입니다. 혹시 spin에서 빠져나오게 되면 28번 줄과 29번 줄에 의해 노드를 중단하고 rclpy도 종료하게 됩니다.

32번 줄과 33번 줄이 사실 [그림 7.28]의 코드가 실행되면 가장 먼저 실행되는 코드입니다. 이 코드가 하는 일은 main 함수를 호출하는 일입니다.

4.3 새로 추가한 노드 실행해 보기

이제 [그림 7.28]에서 my_subscriber.py 파일을 완성했습니다. 여기서 만든 노드가 실행되게 하기 위해서는 [그림 7.29]에 보이는 setup.py를 약간 수정해야 합니다. 이왕 열었으니 일부 내용을 조금 보겠습니다.

---

1 이 단계에서는 로그를 남기는 형태로 많이 작성합니다. 그러나 저는 지금 공부하는 시점에서는 그냥 print가 유리하다고 생각했습니다. 로그에 대해서는 나중에 다시 다루겠습니다.

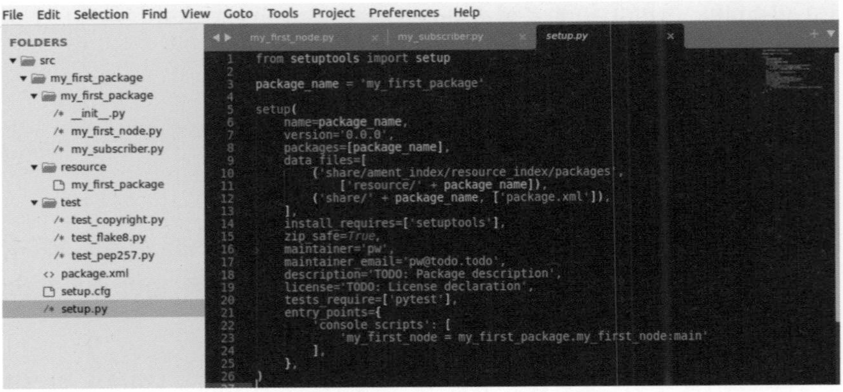

[그림 7.29] setup.py를 열어본 화면

[그림 7.29]의 3번 줄에서 지정된 package_name은 6번, 8번, 11번, 12번 줄에 각각 적용됩니다. 이 파일은 패키지의 버전을 7번 줄에서 명시하거나, 설치에 필요한 의존성 모듈을 지정할 수도 있고, 패키지 제작자 혹은 유지보수 관리자의 정보를 지정할 수도 있습니다. 간략한 설명을 넣고, 라이센스도 지정할 수 있습니다.

그중에 지금 중요한 건 21번 줄부터 시작하는 entry_points입니다. [그림 7.29]의 23번째 줄을 보면 노드 이름과 해당 노드의 파일에서 시작하는 함수(현재 우리가 작성한 것은 main)를 지정하면 됩니다.

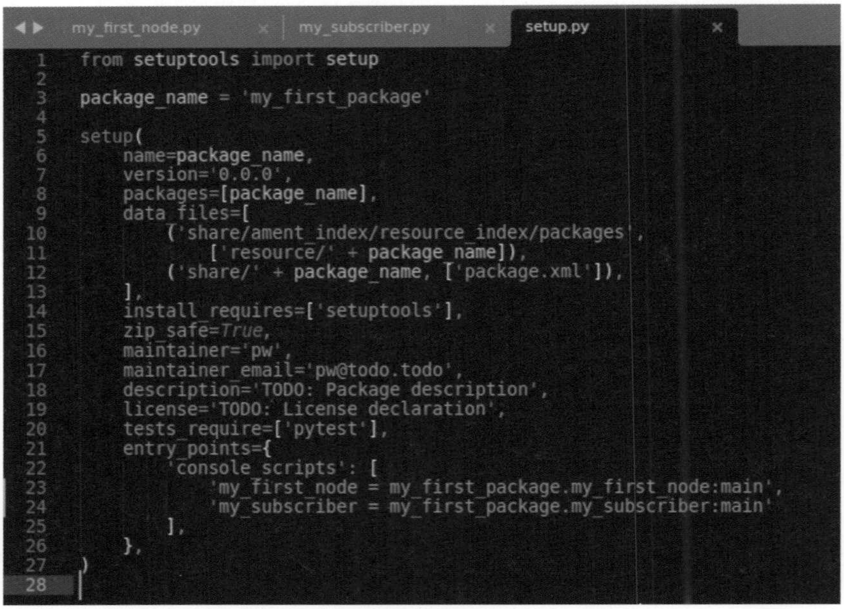

[그림 7.30] setup.py에 my_subscriber를 추가한 화면

이제 [그림 7.29]에서 23번째 줄 제일 마지막에 콤마(,)를 찍고 그 밑에 한 줄

'my_subscriber = my_first_package.my_subscriber:main'

를 추가합니다. 이 줄에 의해 my_subscriber라는 노드가 setup.py에 등록됩니다. Sublime Text를 사용할 때 주의해야 할 것은 저장(ctrl+s)을 신경 써야 합니다. 탭에서 파일 이름 옆에 동그라미가 있으면 아직 저장되지 않은 게 있다는 것입니다. 저장하면 [그림 7.30]처럼 × 표시가 있습니다.

```
pw@pinklab:~$
pw@pinklab:~$ cd ros2_study/
pw@pinklab:~/ros2_study$ humble
ROS2 Humble is activated.
pw@pinklab:~/ros2_study$ colcon build
Starting >>> my_first_package
--- stderr: my_first_package
/usr/lib/python3/dist-packages/setuptools/command/install.py:34: SetuptoolsDepre
cationWarning: setup.py install is deprecated. Use build and pip and other stand
ards-based tools.
  warnings.warn(
---
Finished <<< my_first_package [1.34s]

Summary: 1 package finished [2.41s]
  1 package had stderr output: my_first_package
pw@pinklab:~/ros2_study$
```

[그림 7.31] 변경된 내용이 있어서 다시 빌드하는 모습

지금까지 setup.py를 변경했고, 또 새로운 노드도 추가했으므로 빌드를 다시 해야 합니다. [그림 7.31]에 표시된 부분을 따라서, 워크스페이스로 이동하고 colcon build 명령을 수행합니다.

```
pw@pinklab:~/ros2_study$
pw@pinklab:~/ros2_study$ ros2study
ROS2 Humble is activated.
ros2_study workspace is activated.
pw@pinklab:~/ros2_study$
```

[그림 7.32] 다시 setup.bash를 읽는 모습

그리고 alias를 설정한 대로 [그림 7.32]에서처럼 ros2study를 읽습니다.

[그림 7.33] turtlesim을 실행한 모습

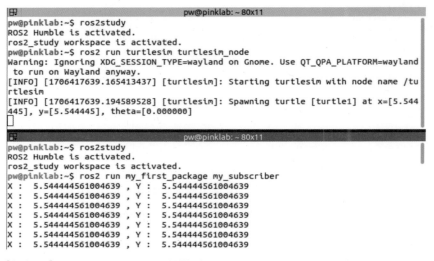

[그림 7.34] my_subscriber 노드를 실행한 화면

우리가 만든 노드는 turtlesim이 발행하는 토픽을 구독해야 하니 [그림 7.33]처럼 화면을 분할하고 ros2study를 실행한 후 ros2 run 명령으로 turtlesim을 실행합니다. 그리고 [그림 7.34]처럼 ros2study를 실행한 후 방금 만든 my_subscriber를 실행합니다. 이때 적절한 위치에서 탭 키를 이용한 자동완성이 지원되지 않으면 일단 의심하세요.

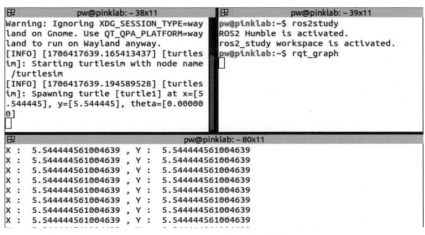

[그림 7.35] 또 다른 터미널에서 rqt_graph를 실행하고 있는 화면

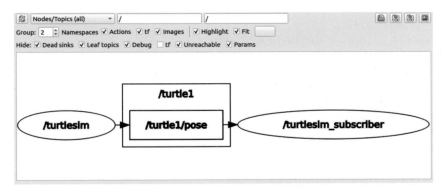

[그림 7.36] rqt_graph를 통해서 현재 노드와 토픽의 흐름을 관찰하는 장면

이제 rqt_graph(그림 7.35)를 실행해서 그 결과를 보면 의도한 대로 turtlesim 노드가 발행한 /turtle1/pose 토픽이 turtlesim_subscriber에게 잘 전달되고 있다는 것을 알 수 있습니다.

⑤ Topic Publisher 노드 추가

4장에서 Jupyter를 이용해서 cmd_vel 토픽을 발행해서 turtlesim을 움직였던 적이 있습니다. 그때 사용했던 명령들과 6장에서 학습한 클래스를 이용해서 앞 절에서 subscriber를 만든 것처럼 이번에는 cmd_vel 토픽을 발행해 보겠습니다.

5.1 my_publisher.py 파일 설명

5장에서 Jupyter로 다루었던 토픽을 구독하는 코드를 패키지에 포함해 보겠습니다. 일단 [그림 7.21]까지 따라 한 상태에서 [그림 7.12]에서의 sublime text 상태를 유지하고 있다면 여전히 [그림 7.22]의 상황일 겁니다.

```
Code: my_first_package/my_first_package/my_publisher.py
1  import rclpy as rp
2  from rclpy.node import Node
3
4  from geometry_msgs.msg import Twist
5
6
7  class TurtlesimPublisher(Node):
8
9      def __init__(self):
10         super().__init__('turtlesim_publisher')
11         self.publisher = self.create_publisher(Twist, '/turtle1/cmd_vel', 10)
12         timer_period = 0.5
13         self.timer = self.create_timer(timer_period, self.timer_callback)
14
15     def timer_callback(self):
16         msg = Twist()
17         msg.linear.x = 2.0
18         msg.angular.z = 2.0
19         self.publisher.publish(msg)
20
21
22 def main(args=None):
23     rp.init(args=args)
24
25     turtlesim_publisher = TurtlesimPublisher()
26     rp.spin(turtlesim_publisher)
27
28     turtlesim_publisher.destroy_node()
29     rp.shutdown()
30
31
32 if __name__ == '__main__':
33     main()
```

위 코드는 앞 절에서 [그림 7.23]부터 [그림 7.25]까지 진행했던 방법으로 새로운 my_publisher.py라는 파일을 만들고 입력한 코드입니다. 코드 입력이 끝나면 [그림 7.37]과 같은 모습이 될 것입니다.

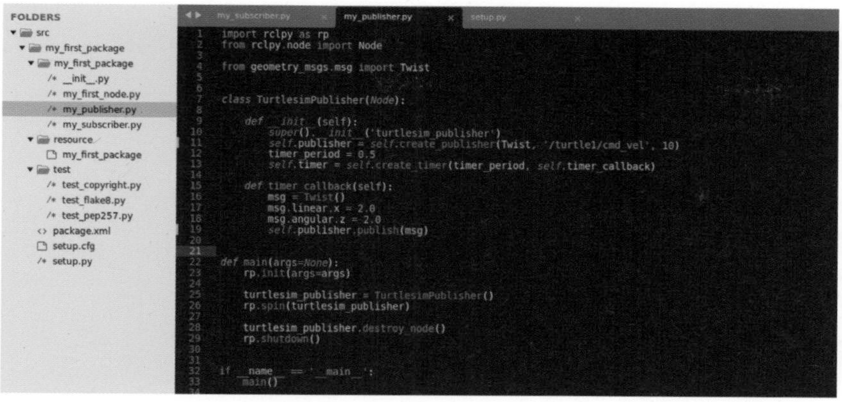

[그림 7.37] my_publisher.py 코드 내용

[그림 7.37]에 있는 코드는 [그림 7.28]의 my_subscriber.py처럼 설명하지 않아도 알 수 있을 것 같습니다.

먼저 이번에 발행할 토픽은 turtlesim을 구동하는 cmd_vel이고, cmd_vel 토픽은 geometry_msgs의 Twist 데이터 타입입니다. 4번 줄에서 Twist를 import 했습니다. 7번 줄에서 TurtlesimPublisher 클래스를 만들고 있습니다. 4장에서도 다루었지만, 토픽을 일정 시간 간격으로 발행하기 위해 13번 줄에서 타이머를 create_timer로 만들고 있습니다. 15번 줄에서 타이머에서 호출하는 콜백 함수인 timer_callback을 만들었습니다. 콜백 함수에서는 직진 x 방향으로 2만큼, 회전 z축 중심으로 2만큼의 속도로 움직이라고 설정해 두었습니다. 토픽을 발행하는 코드여서 11번 줄에서 선언한 publisher를 19번 줄에서 publish 명령으로 Twist 메시지를 발행하는 것을 확인할 수 있습니다.

5.2 워크스페이스의 빌드 정보를 지우고 싶다면

여기까지 진행했는데 조금 더 적극적인 독자라면 책에서 제시한 방법 외에도 많은 시도를 하고 있을 겁니다. 또 처음 접근하는 분들은 여러 이유로 빌드 후의 상황이 책과 동일하지 않을 수도 있습니다. 이때 빌드 정보를 초기화하고 다시 시작하고 싶을 수 있습니다. 공부하는 단계에서는 간단히 초기화하는 것이 심리적으로 편할 때가 많으니 간단한 방법을 하나 소개하겠습니다.

```
pw@pinklab:~/ros2_study$ ls
build  install  log  src
pw@pinklab:~/ros2_study$
pw@pinklab:~/ros2_study$
```

[그림 7.38] 워크스페이스에서 파일 목록을 조회한 결과

```
pw@pinklab:~/ros2_study$
pw@pinklab:~/ros2_study$ sudo rm -r build install log
[sudo] password for pw:
pw@pinklab:~/ros2_study$
pw@pinklab:~/ros2_study$
```

[그림 7.39] 워크스페이스의 build install log 폴더를 지우는 명령을 실행하는 화면

```
pw@pinklab:~/ros2_study$ ls
src
pw@pinklab:~/ros2_study$
pw@pinklab:~/ros2_study$
```

[그림 7.40] 워크스페이스의 목록을 다시 조회한 결과

```
pw@pinklab:~/ros2_study$ colcon build
Starting >>> my_first_package
--- stderr: my_first_package
/usr/lib/python3/dist-packages/setuptools/command/install.py:34: SetuptoolsDepre
cationWarning: setup.py install is deprecated. Use build and pip and other stand
ards-based tools.
  warnings.warn(
---
Finished <<< my_first_package [1.23s]
```

[그림 7.41] 워크스페이스에서 다시 빌드를 하는 모습

[그림 7.38]에서는 ls 명령으로 워크스페이스의 파일 목록을 보고 있습니다. 빌드를 하면 src 폴더 외에 build install log 폴더가 생성됩니다. 이를 [그림 7.39]에서 sudo 권한으로 하위 폴더까지 지우는 r 옵션을 줘서 rm 명령으로 [그림 7.39]처럼 모두 지웁니다. 다시 [그림 7.40]에 있듯이 ls를 해서 보면 잘 지워진 걸 확인할 수 있습니다. 이제 [그림 7.41]에서처럼 다시 colcon build를 수행하면 됩니다.

5.3 my_publisher 실행해 보기

[그림 7.29]의 setup.py의 내용에 이어서 [그림 7.42]에서 보인 것처럼 25번째 줄 마지막에 콤마(,)를 붙이고 그 아래에

> 'my_publisher = my_first_package.my_publisher:main'

를 적용해서 [그림 7.42]를 완성하고 저장합니다. 그리고 워크스페이스에서 [그림 7.41]처럼 꼭 다시 빌드를 해야 합니다.

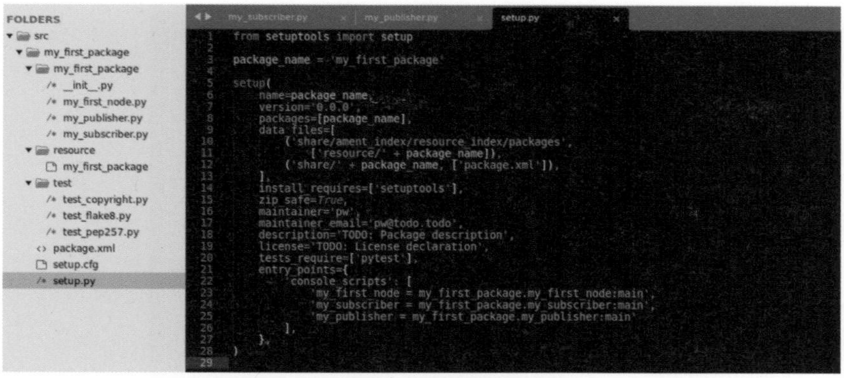

[그림 7.42] setup.py에 my_publisher 노드를 추가하는 장면

[그림 7.43] 터미널 세 개에 turtlesim과 my_publisher, my_subscriber를 실행하려고 준비한 장면

[그림 7.43]처럼 turtlesim과 my_first_package에서 만든 my_subscriber와 my_publisher 를 실행할 준비를 하고 실행합니다. 그러면 [그림 7.44]처럼 turtlesim은 뱅글뱅글 돌고, subscriber를 실행한 터미널 창에서는 turtlesim의 위치가 출력되고 있을 겁니다.

[그림 7.44] 그림 7.43을 실행한 결과

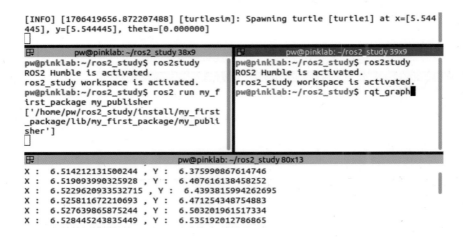

[그림 7.45] rqt_graph 명령을 실행한 화면

[그림 7.45]처럼 터미널을 하나 더 만들어서 **rqt_graph**를 실행하면 [그림 7.46]처럼 나타날 겁니다. 여기서 우리는 이번 절에서 만든 노드들이 어떻게 실행되고 있는지 확인할 수 있습니다.

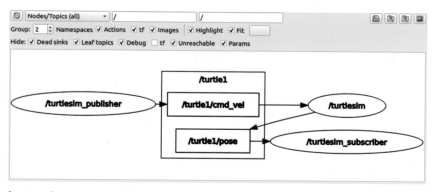

[그림 7.46] rqt_graph 실행 결과

6 마무리

패키지를 만들 때는 이번 장에서 다룬 내용보다 아주 많은 내용을 학습해야 합니다. 그 중 여전히 기초 영역에 있는 내용은 이후 장에서 하나씩 다루겠습니다. 저는 여러분들이 편안하게 따라오면서 ROS 좀 하는 동네 형이 이것저것 알려주는 느낌으로 글을 쓰고 있습니다. 지금 많은 것을 한 번에 받아들이는 것보다 이야기와 흐름을 알고 나면 나머지는 스스로 찾아서 할 수 있다고 믿기 때문입니다.

7장에서는 이전에 배웠던 패키지를 만들고 토픽을 구독하고 발행하는 코드를 다시 Python 파일로 만드는 것을 수행했습니다. 이 장의 내용은 다음 장, 또 그다음 장으로 연결되면서 계속 확대될 것입니다.

Chapter 8

메시지 정의 만들고
토픽과 서비스에서 다루기

1 이 장의 목적

지금까지는 누군가 만들어준 메시지 정의를 이용해서 토픽을 구독하고 발행도 해보았고 서비스도 사용해 보았습니다. 그 과정을 통해 Jupyter에서 명령의 역할을 간단히 익혔습니다. 또한 새로운 패키지를 만들어 보면서 토픽을 발행하고 구독하는 과정을 다시 이야기했습니다.

이번에는 메시지 정의를 직접 다시 만드는 것을 이야기할 겁니다. 나에게 필요한 메시지를 정의할 줄 아는 것은 프로그램 언어에서 변수 이름을 정하고 그 데이터 타입을 정하는 것처럼 자연스러워야 합니다. 그래서 메시지를 정의하는 방법과 우리가 직접 정의한 메시지를 토픽에서 사용해 보는 것에 관한 이야기를 해보겠습니다. 그리고 한 걸음 더 나아가 서비스 정의도 다시 해보고 서비스 서버와 서비스 클라이언트도 다뤄보겠습니다.

2 메시지 정의

2.1 메시지 정의를 위한 별도의 패키지 만들기

7장의 [그림 7.6]에서 패키지를 처음 만들 때 사용했던 명령은

```
ros2 pkg create --build-type ament_python --node-name my_first_node
my_first_package
```

이었습니다. 이 명령은 빌드 도구를 ament_python으로 하겠다고 했는데요. 이 경우 colcon은 새로운 메시지 정의를 만들어주지 못합니다. 이유는 ament_python은 CMakeLists.txt라는 파일을 만들지 않는데, 메시지 정의를 만들려면 CMakeLists.txt가 필요하기 때문입니다.

우리는 Python을 대상으로 ROS2 이야기를 하고 있습니다. 그래서 7장에서 패키지를 만드는 방법으로는 새로운 메시지를 정의할 수 없어서 다른 방법을 고려해야 합니다. 그중 하나는 빌드 타입을 ament_python으로 하고 직접 CMakeLists.txt와 일부 파일의 내용을 수정해서 추가하는 것입니다. 이 방법은 처음 ROS를 배우는 분들에게는 조금 어려울 것 같습니다.

그래서 다른 방법을 이야기하려고 합니다. 메시지만 정의하는 또 다른 패키지를 만드는 것으로 이 방법을 많이 사용합니다. Python이 아니라 C++로 패키지를 만들 때도 메시지 정의는

따로 빼서 패키지로 만들어 두기도 합니다.

예를 들어 원격 주행 로봇은 높은 확률로 그 패키지에 로봇 HW를 구동하는 기능과 SLAM 을 하는 기능 등이 포함되어 있습니다. 그런데 원격의 또 다른 PC에서는 이 로봇이 보내는 영상과 데이터들을 이용해서 다른 일을 하는 패키지를 작성 중이라면 HW 구동 부분은 필요 없을 겁니다. 그럴 때는 메시지 정의만 있으면 원격 PC에서의 패키지는 만들 수 있습니다. 이럴 때 로봇의 패키지 개발자가 메시지 타입만 패키지로 따로 구성해 두면 사용자들이 편하 게 작업할 수 있습니다.

그래서 7장에서 만든 패키지의 이름이 my_first_package이었는데 지금 만들 패키지 이름은 my_first_package_msgs라고 하겠습니다.

```
pw@pinklab:~$ humble
ROS2 Humble is activated.
pw@pinklab:~$ cd ros2_study/src/
pw@pinklab:~/ros2_study/src$ ros2 pkg create --build-type ament_cmake my_first_package_msgs
going to create a new package
package name: my_first_package_msgs
destination directory: /home/pw/ros2_study/src
package format: 3
version: 0.0.0
description: TODO: Package description
maintainer: ['pw <pw@todo.todo>']
licenses: ['TODO: License declaration']
build type: ament_cmake
dependencies: []
creating folder ./my_first_package_msgs
creating ./my_first_package_msgs/package.xml
creating source and include folder
creating folder ./my_first_package_msgs/src
creating folder ./my_first_package_msgs/include/my_first_package_msgs
creating ./my_first_package_msgs/CMakeLists.txt
```

[그림 8.1] my_first_package_msgs 패키지를 만드는 장면

먼저 여러분이 처음부터 시작한다고 보면, 우리가 만든 humble 환경을 부르고 워크스페이스 (ros2_study)의 src 폴더로 이동해서 [그림 8.1]과 같이 ros2 pkg create 명령

ros2 pkg create --build-type ament_cmake my_first_package_msgs

를 실행합니다. 반드시 워크스페이스 안의 src 폴더에서 실행해야 합니다.

[그림 8.1]까지 실행하고, 워크스페이스의 src 폴더, 즉 ~/ros2_study/src 폴더에서 tree 명령 을 실행했을 때 결과가 [그림 8.2]와 같아야 합니다. 7장에서 ament_python 빌드타입으로 만든 my_first_package에는 setup.py가 있고 CMakeLists.txt가 없습니다. 지금 [그림 8.1]에 서 ament_cmake 빌드타입으로 만든 my_first_package_msgs는 반대로 CMakeLists.txt가 있고 setup.py가 없습니다.

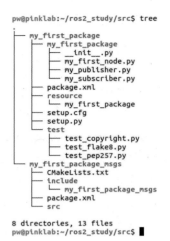

```
pw@pinklab:~/ros2_study/src$ tree
.
├── my_first_package
│   ├── my_first_package
│   │   ├── __init__.py
│   │   ├── my_first_node.py
│   │   ├── my_publisher.py
│   │   └── my_subscriber.py
│   ├── package.xml
│   ├── resource
│   │   └── my_first_package
│   ├── setup.cfg
│   ├── setup.py
│   └── test
│       ├── test_copyright.py
│       ├── test_flake8.py
│       └── test_pep257.py
└── my_first_package_msgs
    ├── CMakeLists.txt
    ├── include
    │   └── my_first_package_msgs
    ├── package.xml
    └── src

8 directories, 13 files
pw@pinklab:~/ros2_study/src$ ▉
```

[그림 8.2] ros2_study/src 폴더에서 tree 명령을 실행한 결과

2.2 메시지 정의 msg definition 만들기

이제 my_first_package_msgs 폴더에 msg라는 폴더를 만들어야 합니다. 폴더는 sublime
text에서 만들어도 되고, [그림 8.3]처럼 my_first_package_msgs 폴더로 이동해서 폴더 만드
는 명령인 mkdir 명령으로 만들어도 됩니다.

```
pw@pinklab:~/ros2_study/src$ ls
my_first_package  my_first_package_msgs
pw@pinklab:~/ros2_study/src$ cd my_first_package_msgs/
pw@pinklab:~/ros2_study/src/my_first_package_msgs$ ls
CMakeLists.txt  include  package.xml  src
pw@pinklab:~/ros2_study/src/my_first_package_msgs$ mkdir msg
pw@pinklab:~/ros2_study/src/my_first_package_msgs$ ls
CMakeLists.txt  include  msg  package.xml  src
pw@pinklab:~/ros2_study/src/my_first_package_msgs$ ▉
```

[그림 8.3] msg 폴더를 my_first_package_msgs 폴더 내에 만드는 장면

```
                    pw@pinklab: ~/ros2_study/src/my_first_package_msgs 80x24
pw@pinklab:~/ros2_study/src/my_first_package_msgs$ subl .
pw@pinklab:~/ros2_study/src/my_first_package_msgs$ ▉
```

[그림 8.4] msg 폴더를 my_first_package_msgs 폴더 내에 만드는 장면

그리고 [그림 8.4]의 my_first_package_msgs 폴더에서 sublime text로 폴더 전체를 열어
봅니다. 이 명령은 단지 폴더 전체를 sublime text로 여는 것이므로 각자의 스타일에 따라
ros2_study/src 폴더에서 열어도 상관없습니다. 8장까지 학습하면서 책에서 딱 하라는 대로
따라만 한 경우가 아니라면 지금쯤 여러분들은 sublime text와 같은 에디터의 장점을 이해하
고 있을 겁니다. Sublime text를 처음 설치할 때 이야기했지만, 여러분이 VSCode를 사용하

든 sublime text를 사용하든 중요한 것은 여러분의 도구에 빠르게 익숙해지는 것입니다.

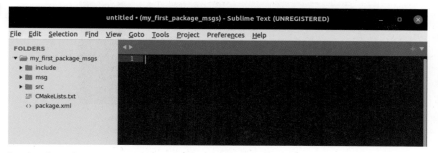

[그림 8.5] 그림 8.4에 의해 실행된 sublime text 화면

[그림 8.4]에서 실행한 sublime text가 [그림 8.5]처럼 나타나면 msg 폴더에서 [그림 8.6]처럼 새 파일을 만듭니다. 빈 파일에서 저장(ctrl+s)을 하고 [그림 8.7]처럼 이름을 묻는 화면에서 CmdAndPoseVel.msg라고 입력해 둡니다. 이름의 대소문자에 유의해 주세요. 그러면 [그림 8.8]처럼 sublime text의 왼쪽 내비게이션 창에 [그림 8.7]에서 만든 CmdAndPoseVel.msg가 보입니다.

[그림 8.6] my_first_package_msgs의 msg 폴더에서 New File을 선택하는 화면

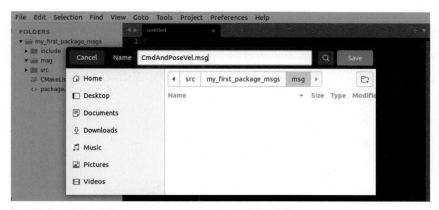

[그림 8.7] 그림 8.6에서 CmdAndPoseVel.msg로 저장하는 화면

[그림 8.8] 그림 8.7까지의 실행 결과가 sublime text에서 나타난 화면

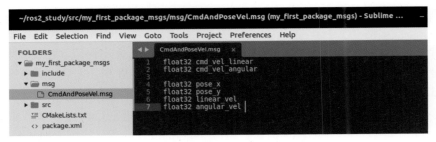

[그림 8.9] CmdAndPoseVel.msg에 작성한 내용

이제 [그림 8.8]에서 CmdAndPoseVel.msg에 [그림 8.9]에 나온 내용을 입력합니다. [그림 8.9]에서는 CmdAndPoseVel.msg가 어떤 데이터를 담고 있는지를 기술했습니다. 현재 의도는 cmd_vel 토픽에서 발행된 linear의 x 성분과 angular의 z 성분을 각각 cmd_vel_linear와 cmd_vel_angular로 받을 의도입니다. 그리고 turtlesim이 발행하는 pose 토픽에서 x, y 위치 성분과 linear_velocity와 angular_velocity 값을 각각 pose_x, pose_y, linear_vel, angular_vel로 받을 예정입니다.

2.3 새로 정의된 msg를 포함한 패키지 빌드하기

새롭게 정의된 msg를 사용하기 위해서는 두 개의 파일에 손을 대야 합니다. [그림 8.9]에 보이는 CMakeLists.txt 파일과 package.xml 파일입니다. 먼저 [그림 8.10]처럼 CMakeLists.txt를 선택한 후, [그림 8.10]의 박스로 표시된 부분의 코드

```
rosidl_generate_interfaces(${PROJECT_NAME}
        "msg/CmdAndPoseVel.msg"
)
```

를 추가합니다. 이 코드는 프로젝트에서 msg 폴더 안의 CmdAndPoseVel.msg 파일을 찾아 메시지로 등록해서 빌드하라는 설정을 CMakeLists.txt에 추가하는 내용입니다.

[그림 8.10] CMakeLists.txt 파일에서 CmdAndPoseVel.msg를 등록하는 화면

[그림 8.11] package.xml에 msg 추가를 위한 코드를 작성하는 장면

그리고 [그림 8.11]에 표시된 대로 package.xml 파일에 다음의 코드

```
<build_depend>rosidl_default_generators</build_depend>
<exec_depend>rosidl_default_runtime</exec_depend>
<member_of_group>rosidl_interface_packages</member_of_group>
```

를 추가합니다. 혹시나 하는 의구심에 다시 이야기하는데 지금 여러분들이 수정하고 있는 CMakeLists.txt와 package.xml은 my_first_package_msgs 폴더 안에 있는 파일입니다. 실

수로 my_first_package 폴더를 열고는 왜 CMakeLists.txt가 없는지 의아하게 생각하면 안 됩니다.

```
pw@pinklab:~/ros2_study$ colcon build ←
Starting >>> my_first_package
Starting >>> my_first_package_msgs
--- stderr: my_first_package
/usr/lib/python3/dist-packages/setuptools/command/install.py:34: SetuptoolsDeprecationWarnin
g: setup.py install is deprecated. Use build and pip and other standards-based tools.
  warnings.warn(
---
Finished <<< my_first_package [1.40s]
Finished <<< my_first_package_msgs [11.9s]

Summary: 2 packages finished [12.9s]
  1 package had stderr output: my_first_package
pw@pinklab:~/ros2_study$ ros2study ←
ROS2 Humble is activated.
ros2_study workspace is activated.
```

[그림 8.12] 빌드하는 장면

이제 워크스페이스로 돌아갑니다. 방법은 다들 알고 있죠? 우리의 워크스페이스는 ros2_study입니다. 워크스페이스로 돌아간 후, [그림 8.12]처럼 colcon build라는 빌드 명령을 수행합니다. 빌드를 수행하고 나면 워크스페이스의 install 폴더의 local_setup.bash를 읽어야 합니다. 우리는 이전에 그 내용을 ros2study라는 명령을 alias로 만들어 .bashrc 파일에 저장 했습니다. 그러니까 [그림 8.12]처럼 colcon build 후에 ros2study라고 입력을 한 것입니다.

이제 빌드가 되고, 우리가 등록한 msg 파일, 즉 새로운 메시지 정의가 잘 인식되는지 확인하기 위해

ros2 interface show my_first_package_msgs/msg/CmdAndPoseVel

라고 [그림 8.13]처럼 입력합니다. 그 결과가 [그림 8.13]과 동일하게 나오면 됩니다.

```
pw@pinklab:~/ros2_study$ ros2 interface show my_first_package_msgs/msg/CmdAndPos
eVel
float32 cmd_vel_linear
float32 cmd_vel_angular

float32 pose_x
float32 pose_y
float32 linear_vel
float32 angular_vel
pw@pinklab:~/ros2_study$ ▮
```

[그림 8.13] 새로 등록한 CmdAndPoseVel.msg가 잘 인식되는 것을 확인하는 장면

이번에는 작은 프로젝트 느낌으로 진행해 보려고 합니다. 목표는 아래와 같습니다.

- turtlesim이 발행하는 pose 토픽을 구독
- 7장에서 만든 my_publiser 노드가 발행하는 cmd_vel 토픽을 구독
- [그림 8.13]에서 만든 데이터 타입을 사용하는 토픽으로 방금 구독한 두 토픽을 저장해서 발행

이 과정을 그냥 한 번에 다 보여 드릴 수도 있습니다. 그러나 이번에는 그렇게 하지 않고, 이 책을 통해 처음 ROS를 경험하는 분들을 위해 하나하나 만드는 과정을 이야기해 보려고 합니다. 마치 제가 처음 ROS를 공부할 때 하나씩 완성하고 즐거워했던 그 경험을 살려 보려고 합니다. 이 과정이 어쩌면 ROS에 대해 사전 지식이 있는 분에게는 조금 지루할 수 있습니다.

3.1 turtlesim이 발행하는 pose 토픽 구동 부분부터 시작하자

먼저 책과의 동기화를 위해 여러분의 터미널은 모두 끄고 다시 시작하겠습니다. 그리고 [그림 8.14]처럼 ros2study를 실행하고, 홈의 ros2_study 폴더의 src 폴더에서 subl . 명령으로 폴더 전체를 열겠습니다.

[그림 8.14] sublime text를 실행한 화면

[그림 8.15] 새 파일을 만드는 화면

[그림 8.15]처럼 New File을 my_first_package의 my_first_package 폴더에서 만듭니다. 그리고 [그림 8.16]처럼 파일 이름을 turtle_cmd_and_pose.py라고 합니다.

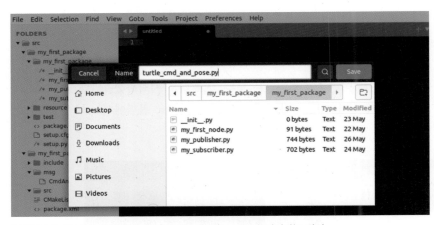

[그림 8.16] 새 파일의 이름을 turtle_cmd_and_pose.py로 지정하는 장면

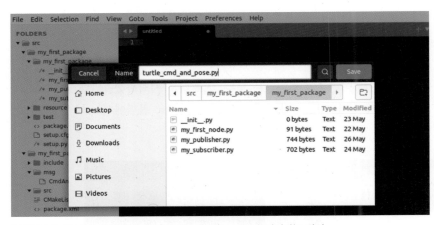

[그림 8.17] 7장까지의 setup.py의 모습

[그림 8.17]은 7장에서 my_first_package의 setup.py에서 entry_points 항목의 모습입니다. 이 항목에서 [그림 8.16]에서 만들어서 진행할 노드도 [그림 8.18]처럼 등록합니다. 이때 저장하는 것을 잊지 말아야 합니다.

[그림 8.18] 그림 8.17에서 turtle_cmd_and_pose를 entry_points에 추가한 화면

```
Code: my_first_package/my_first_package/turtle_cmd_and_pose.py [version 1]

1   import rclpy as rp
2   from rclpy.node import Node
3   from turtlesim.msg import Pose
4
5   class   CmdAndPose(Node):
6
7       def__init__(self):
8           super().__init__('turtle_cmd_pose')
9           self.sub_pose = self.create_subscription(Pose, '/turtle1/pose', self.callback_pose, 10)
10
11      defcallback_pose(self, msg):
12          print(msg)
13
14  def main(args=None):
15      rp.init(args=args)
16
17      turtle_cmd_pose_node = CmdAndPose()
18      rp.spin(turtle_cmd_pose_node)
19
20      turtle_cmd_pose_node.destroy_node()
21      rp.shutdown()
22
23
24  if __name__ == '__main__':
25      main()
```

[그림 8.19]의 위 코드는 7장에서 이미 다룬 turtlesim의 pose 토픽을 구독하는 코드에서 지금의 상황에 맞게 변수명 정도만 수정했습니다. 여기서 11번 줄의 callback_pose 함수를 12번 줄에서 어떤 데이터가 들어왔는지 print 하도록만 만들어 봤습니다. 어떤 메시지가 들어오는지 관찰해보고자 한 겁니다.

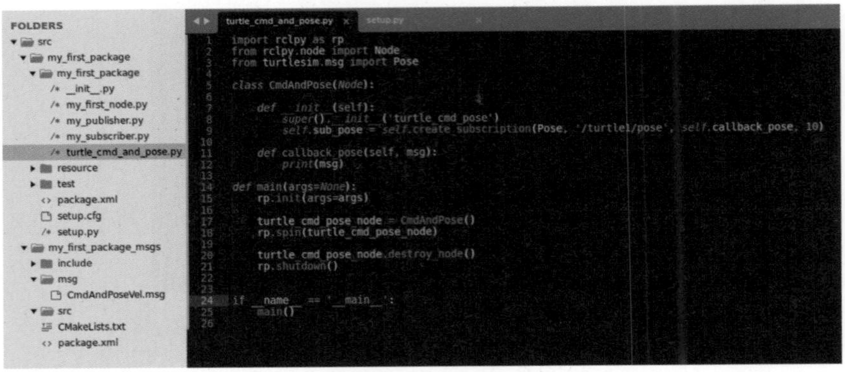

[그림 8.19] turtlesim의 pose 토픽을 구독하는 부분을 완성한 모습

이 상태에서 저장하고, 현재 터미널에 [그림 8.14]의 상황이라면, [그림 8.20]처럼

```
cd ..
```

명령이나

```
cd ~/ros2_study
```

명령으로 ros2_study 폴더, 즉 워크스페이스로 이동합니다. 그리고

```
colcon build
```

명령으로 [그림 8.21]처럼 빌드를 수행합니다.

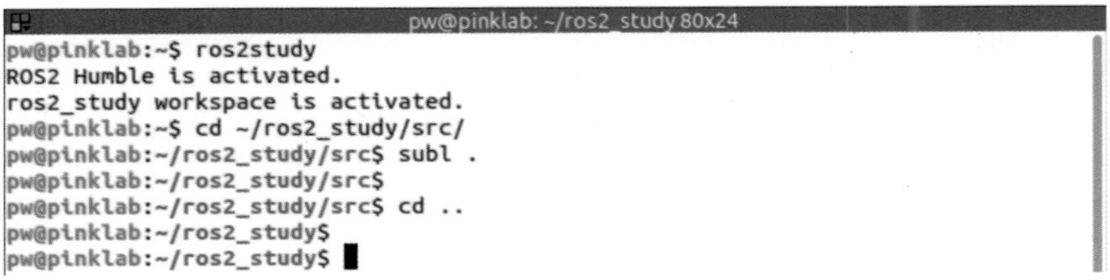

```
pw@pinklab:~/ros2_study 80x24
pw@pinklab:~$ ros2study
ROS2 Humble is activated.
ros2_study workspace is activated.
pw@pinklab:~$ cd ~/ros2_study/src/
pw@pinklab:~/ros2_study/src$ subl .
pw@pinklab:~/ros2_study/src$
pw@pinklab:~/ros2_study/src$ cd ..
pw@pinklab:~/ros2_study$
pw@pinklab:~/ros2_study$
```

[그림 8.20] 워크스페이스로 이동한 모습

```
pw@pinklab:~$ ros2study
ROS2 Humble is activated.
ros2_study workspace is activated.
pw@pinklab:~$ cd ~/ros2_study/src/
pw@pinklab:~/ros2_study/src$ subl .
pw@pinklab:~/ros2_study/src$
pw@pinklab:~/ros2_study/src$ cd ..
pw@pinklab:~/ros2_study$
pw@pinklab:~/ros2_study$ colcon build
Starting >>> my_first_package
Starting >>> my_first_package_msgs
--- stderr: my_first_package
/usr/lib/python3/dist-packages/setuptools/command/install.py:34: SetuptoolsDepre
cationWarning: setup.py install is deprecated. Use build and pip and other stand
ards-based tools.
  warnings.warn(
---
Finished <<< my_first_package [1.85s]
Finished <<< my_first_package_msgs [2.65s]

Summary: 2 packages finished [3.79s]
  1 package had stderr output: my_first_package
```

[그림 8.21] 워크스페이스에서 빌드를 수행하는 모습

빌드가 끝나면 워크스페이스의 install 폴더의 local_setup.bash를 source로 읽어야 하는데 우리는 이미 ros2study라는 이름으로 alias를 설정해 두었으니 [그림 8.22]처럼 ros2study를 읽으면 됩니다.

```
pw@pinklab:~/ros2_study$ ros2study
ROS2 Humble is activated.
ros2_study workspace is activated.
pw@pinklab:~/ros2_study$
pw@pinklab:~/ros2_study$
```

[그림 8.22] ros2study 명령을 실행하는 장면

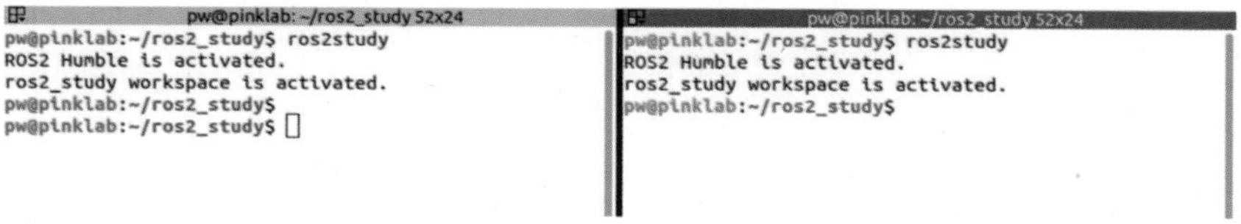

[그림 8.23] 터미널을 하나 더 만들고 ros2study 명령을 실행하는 장면

이제 [그림 8.22]의 상황에서 터미널을 하나 더 만들고 역시 ros2study를 불렀습니다. 그리고 [그림 8.23]의 좌측 터미널에서 [그림 8.24]처럼

ros2 run turtlesim turtlesim_node

를 실행합니다.

[그림 8.24] turtlesim_node를 실행한 화면

[그림 8.21]에서 빌드한 [그림 8.19]의 turtle_cmd_and_pose 노드를 실행한 상황이 [그림 8.25]입니다. 그리고 [그림 8.26]처럼 [그림 8.19]의 코드에서 12번 줄의 print의 결과가 잘 보입니다. 확인이 되면 [그림 8.27]처럼 ctrl+c 키를 이용해서 터미널을 종료하면 됩니다.

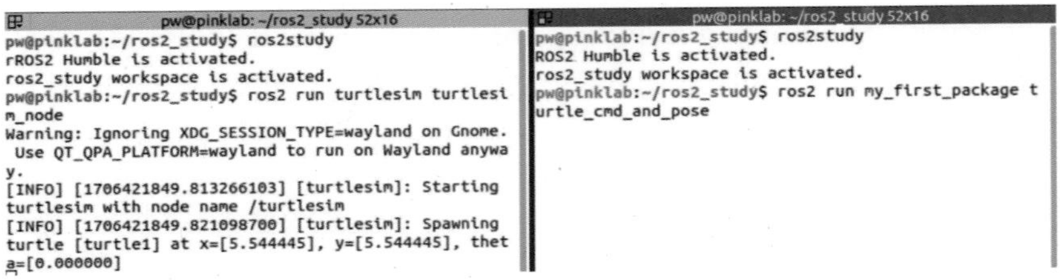

[그림 8.25] 그림 8.21에서 빌드한 그림 8.19의 turtle_cmd_and_pose 노드를 실행

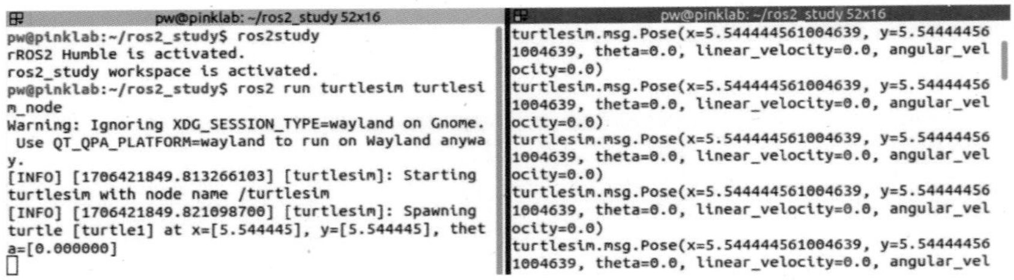

[그림 8.26] 터미널에서 pose 토픽을 print 한 결과가 잘 나온다는 사실을 확인

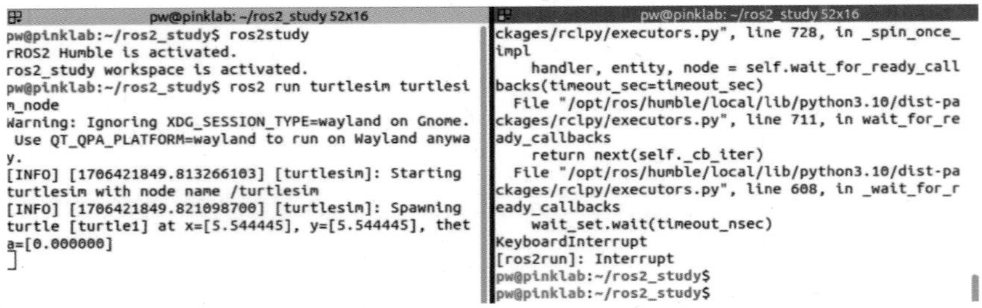

[그림 8.27] 그림 8.26에서 오른쪽 터미널에서 ctrl+c로 터미널을 중단한 상황

3.2 새로 정의한 CmdAndPoseVel을 사용해 보자

이제 pose 토픽이 잘 구독된다는 것은 알았습니다. 다시 코드로 돌아가겠습니다. 현재 우리 목적은 [그림 8.9]에서 만든 my_first_package_msgs 패키지의 CmdAndPoseVel이라는 데이 터 정의를 사용하는 것입니다. [그림 8.9]에서 만든 정의 중 turtlesim이 보내는 pose 토픽에 서 x, y와 linear_velocity, angular_velocity를 CmdAndPoseVel 데이터 정의에 각각 pose_x, pose_y, linear_vel, angular_vel에 저장하는 것입니다. 그러기 위해서는 토픽 데이터 정의를 import 해야 합니다. 코드는

```
from my_first_package_msgs.msg import CmdAndPoseVel
```

입니다. 그리고 던더 init에 CmdAndPoseVel을 객체화하는 코드

```
self.cmd_pose = CmdAndPoseVel()
```

를 포함시킵니다. 그리고 callback_pose 함수의 내용을 turtlesim의 pose를 받아서 CmdAndPoseVel에서 해당이 되는 속성만 바꾸어 저장하도록

```
def     callback_pose(self, msg):
        self.cmd_pose.pose_x = msg.x
        self.cmd_pose.pose_y = msg.y
        self.cmd_pose.linear_vel = msg.linear_velocity
        self.cmd_pose.angular_vel = msg.angular_velocity
        print(self.cmd_pose)
```

로 변경합니다. 마지막 print(self.cmd_pose)는 현재 잘 작동하는지 관찰할 용도입니다. 현재 까지의 코드는 아래 [그림 8.28]에 있습니다.

[그림 8.28] CmdAndPoseVel을 사용할 수 있도록 변경한 코드

```
Code: my_first_package/my_first_package/turtle_cmd_and_pose.py [version 2]

 1  import rclpy as rp
 2  from rclpy.node import Node
 3  from turtlesim.msg import Pose
 4  from my_first_package_msgs.msg import CmdAndPoseVel
 5
 6  class CmdAndPose(Node):
 7
 8      def __init__(self):
 9          super().__init__('turtle_cmd_pose')
10          self.sub_pose = self.create_subscription(Pose, '/turtle1/pose', self.callback_pose, 10)
11          self.cmd_pose = CmdAndPoseVel()
12
13      def callback_pose(self, msg):
14          self.cmd_pose.pose_x = msg.x
15          self.cmd_pose.pose_y = msg.y
16          self.cmd_pose.linear_vel = msg.linear_velocity
17          self.cmd_pose.angular_vel = msg.angular_velocity
18          print(self.cmd_pose)
19
20  def main(args=None):
21      rp.init(args=args)
22
23      turtle_cmd_pose_node = CmdAndPose()
24      rp.spin(turtle_cmd_pose_node)
25
26      turtle_cmd_pose_node.destroy_node()
27      rp.shutdown()
28
29
30  if __name__ == '__main__':
31      main()
```

현재 우리의 터미널 상황은 [그림 8.27]입니다. 이 상황에서 코드를 [그림 8.28]로 변경하면
다시 빌드를 해야 합니다. 이번에는 [그림 8.29]처럼 워크스페이스를 통으로 빌드하지 말고
특정 패키지 하나를 지정해서 빌드하는

colcon build --packages-select my_first_package

명령을 사용해 보겠습니다.

```
pw@pinklab:~/ros2_study$ colcon build --packages-sel
ect my_first_package
Starting >>> my_first_package
--- stderr: my_first_package
/usr/lib/python3/dist-packages/setuptools/command/in
stall.py:34: SetuptoolsDeprecationWarning: setup.py
install is deprecated. Use build and pip and other s
tandards-based tools.
  warnings.warn(
---
Finished <<< my_first_package [1.27s]

Summary: 1 package finished [2.17s]
  1 package had stderr output: my_first_package
```

[그림 8.29] my_first_package만 빌드를 수행하는 모습

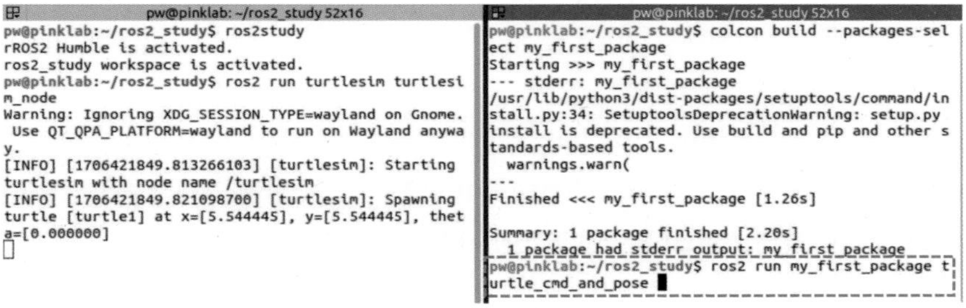

[그림 8.30] 다시 turtle_cmd_and_pose 노드를 실행하는 장면

[그림 8.30]처럼 다시 turtle_cmd_and_pose 노드를 실행합니다.

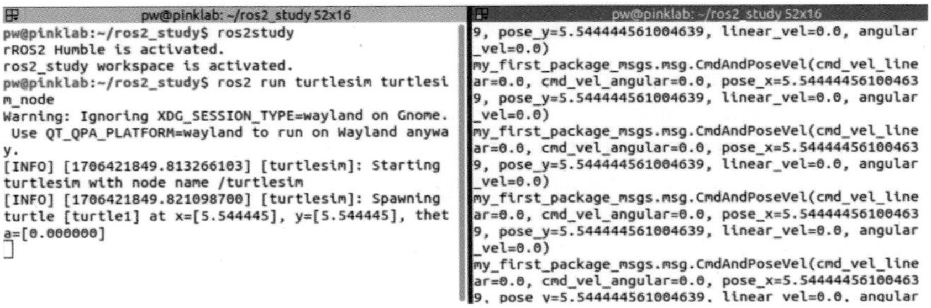

[그림 8.31] 그림 8.30의 실행 결과

그러면 [그림 8.31]처럼 [그림 8.28]의 코드가 잘 동작해서 cmd_pose라는 메시지에 turtlesim의 pose 토픽에서 특정 데이터들이 잘 저장되는 것을 확인할 수 있습니다.

3.3 cmd_vel 토픽도 구독해 보기

[그림 8.28]의 코드 상황에서 또 하나의 토픽을 구독하기 위해서 create_subscription을 한 번 더

```
self.sub_cmdvel = self.create_subscription(Twist, '/turtle1/cmd_vel', self.
callback_cmd, 10)
```

사용하고 콜백함수는 callback_cmd라고 해 두었습니다. 여기서 사용하는 메시지 정의는 Twist였고

```
from geometry_msgs.msg import Twist
```

로 지정을 합니다. 콜백함수 callback_cmd는

```
def  callback_cmd(self, msg):
    self.cmd_pose.cmd_vel_linear = msg.linear.x
    self.cmd_pose.cmd_vel_angular = msg.angular.z
```

로 만들어 둡니다. 역시 cmd_pose에 vel_linear와 vel_angular를 각각 cmd_vel의 linear의 x, angular의 z를 저장하도록 합니다.

```
Code: my_first_package/my_first_package/turtle_cmd_and_pose.py [version 3]
1  import rclpy as rp
2  from rclpy.node import Node
3  from turtlesim.msg import Pose
4  from geometry_msgs.msg import Twist
5  from my_first_package_msgs.msg import CmdAndPoseVel
6
7  class CmdAndPose(Node):
8
9    def __init__(self):
10       super().__init__('turtle_cmd_pose')
11       self.sub_pose = self.create_subscription(Pose, '/turtle1/pose', self.callback_pose, 10)
12       self.sub_cmdvel = self.create_subscription(Twist, '/turtle1/cmd_vel', self.callback_cmd, 10)
13       self.cmd_pose = CmdAndPoseVel()
14
```

```
15    def callback_pose(self, msg):
16        self.cmd_pose.pose_x = msg.x
17        self.cmd_pose.pose_y = msg.y
18        self.cmd_pose.linear_vel = msg.linear_velocity
19        self.cmd_pose.angular_vel = msg.angular_velocity
20
21    def callback_cmd(self, msg):
22        self.cmd_pose.cmd_vel_linear = msg.linear.x
23        self.cmd_pose.cmd_vel_angular = msg.angular.z
24
25        print(self.cmd_pose)
26
27
28 def main(args=None):
29    rp.init(args=args)
30
31    turtle_cmd_pose_node = CmdAndPose()
32    rp.spin(turtle_cmd_pose_node)
33
34    turtle_cmd_pose_node.destroy_node()
35    rp.shutdown()
36
37
38 if __name__ == '__main__':
39    main()
```

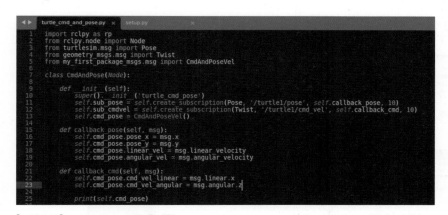

[그림 8.32] callback_cmd를 추가한 turtle_cmd_and_pose.py의 CmdAndPose 클래스 부분

방금까지 추가한 내용이 [그림 8.32]에 나타나 있습니다. 25번 줄에 print를 추가하고, 원래 callback_pose에 있던 print는 제거했습니다. 지금까지 한 내용은 두 개의 토픽을 구독하는 것입니다. 25번 줄의 print는 코드를 작성하는 중간에 잘 되고 있는지를 확인하는 절차일 뿐입니다.

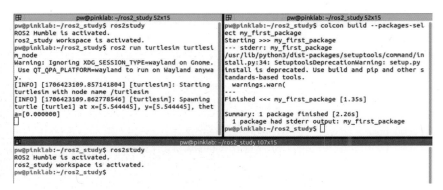

[그림 8.33] 다시 빌드를 수행하고 새 터미널을 하나 더 열어서 ros2study를 실행한 모습

이제 [그림 8.33]의 상단 오른쪽 터미널에서처럼 다시 빌드를 수행합니다. 그리고 [그림 8.33]처럼 하단에 터미널을 하나 더 만들어서 ros2study도 실행해 둡니다. 하나의 노드를 더 실행해야 하기 때문입니다. 그것은 cmd_vel 토픽을 구독만 하기 때문에 발행하는 노드도 하나 실행해야 하는데, 우리는 앞에서 my_publisher를 만들어 두었기 때문에 그것을 실행하면 됩니다.

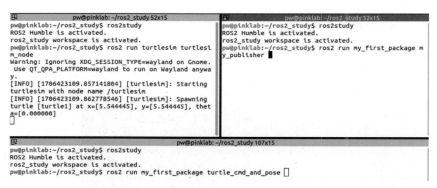

[그림 8.34] my_publisher와 turtle_cmd_and_pose 노드를 실행할 준비 중인 화면

[그림 8.35] 그림 8.34를 실행한 결과

[그림 8.34]의 상단 오른쪽 my_publisher 노드를 실행하면 [그림 8.35]의 오른쪽 turtle이 뱅글뱅글 돌게 됩니다. 그리고 [그림 8.35]의 하단에 있듯이 turtle_cmd_and_pose 노드를 실행하면 pose와 cmd_vel을 구독해서 CmdAndPoseVel로 정의된 데이터에 저장되는 것까지는 print 문으로 확인하고 있습니다. 이제 다시 터미널을 멈추고 코드를 조금 더 수선해 보겠습니다.

3.4 두 개의 토픽을 구독한 결과를 발행해 보자

우리가 7장에서 만들어 두었던 my_publish 노드는 0.5초마다 한 번씩 cmd_vel을 발행하도록 timer를 설정했습니다. 그래서 이번에 발행할 토픽은 그것보다는 느리게 1초에 한 번씩 발행하도록 timer를 설정하겠습니다. 발행할 토픽 이름은 cmd_and_pose로 해서 아래와 같이 지정합니다.

```
self.publisher = self.create_publisher(CmdAndPoseVel, '/cmd_and_pose',
10)
```

그리고 일정 시간 간격을 유지하게끔 타이머를

```
self.timer = self.create_timer(self.timer_period, self.timer_callback)
```

timer_callback이 실행되도록 설정했습니다. 그 timer_callback 함수에서 토픽을 발행하도록

```
def  timer_callback(self):
    self.publisher.publish(self.cmd_pose)
```

로 설정하면 됩니다.

```
Code: my_first_package/my_first_package/turtle_cmd_and_pose.py [final]
1  import rclpy as rp
2  from rclpy.node import Node
3
4  from turtlesim.msg import Pose
5  from geometry_msgs.msg import Twist
6  from my_first_package_msgs.msg import CmdAndPoseVel
7
8
```

```
 9  class CmdAndPose(Node):
10
11      def __init__(self):
12          super().__init__('turtle_cmd_pose')
13          self.sub_pose = self.create_subscription(Pose, '/turtle1/pose', self.callback_pose, 10)
14          self.sub_cmdvel = self.create_subscription(Twist, '/turtle1/cmd_vel', self.callback_cmd, 10)
15          self.timer_period = 1.0
16          self.publisher = self.create_publisher(CmdAndPoseVel, '/cmd_and_pose', 10)
17          self.timer = self.create_timer(self.timer_period, self.timer_callback)
18          self.cmd_pose = CmdAndPoseVel()
19
20      def callback_pose(self, msg):
21          self.cmd_pose.pose_x = msg.x
22          self.cmd_pose.pose_y = msg.y
23          self.cmd_pose.linear_vel = msg.linear_velocity
24          self.cmd_pose.angular_vel = msg.angular_velocity
25
26      def callback_cmd(self, msg):
27          self.cmd_pose.cmd_vel_linear = msg.linear.x
28          self.cmd_pose.cmd_vel_angular = msg.angular.z
29
30      def timer_callback(self):
31          self.publisher.publish(self.cmd_pose)
32
33
34  def main(args=None):
35      rp.init(args=args)
36
37      turtle_cmd_pose_node = CmdAndPose()
38      rp.spin(turtle_cmd_pose_node)
39
40      turtle_cmd_pose_node.destroy_node()
41      rp.shutdown()
42
43
44  if __name__ == '__main__':
45      main()
```

위 코드를 모두 변경했다면 다시 빌드해야 합니다. 이제 빌드 정도는 할 수 있다고 보고, [그림 8.36]처럼 터미널을 4개로 만들고 모두 ros2study 환경을 부르고, 각각 turtlesim_node, my_publisher, turtle_cmd_and_pose를 실행할 준비를 합니다. 그리고 마지막에는 rqt_graph를 실행할 준비를 합니다.

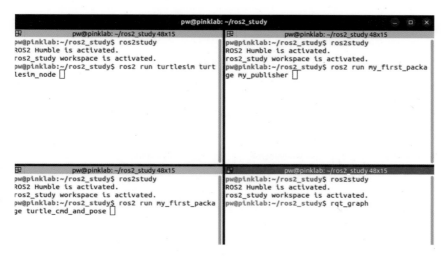

[그림 8.36] turtle_cmd_and_pose 노드를 실행하고 그 결과를 확인하기 위한 준비

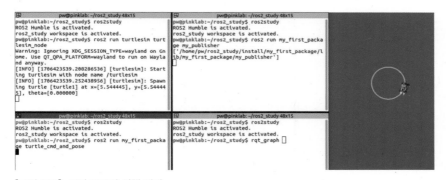

[그림 8.37] 그림 8.36의 실행 결과

[그림 8.37]에서 볼 수 있듯이 turtlesim_node에 의해서 turtlesim이 나타날 것이고, my_publisher에 의해서 turtlesim은 뱅글뱅글 돌 겁니다. 그리고 turtle_cmd_and_pose에 의해서 통합된 토픽이 발행되고 있을 겁니다.

Node Graph
Nodes/Topics (all)
Group: 2 Namespaces Actions tf Images Highlight Fit
Hide: Dead sinks Leaf topics Debug tf Unreachable Params
/turtle1
/turtle1/pose
/turtle_cmd_pose
/turtlesim_publisher
/turtle1/cmd_vel
/turtlesim

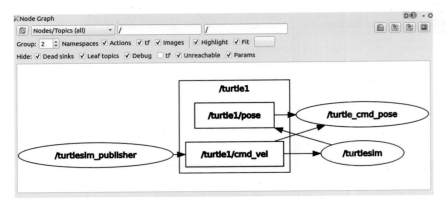

[그림 8.38] 그림 8.37에서 rqt_graph를 통해 관찰하는 토픽의 흐름

이런 토픽의 관계가 노드 사이에서 잘 연결되었는지 확인하는 명령이 rqt_graph이고 그 결과가 [그림 8.38]입니다.

pw@pinklab: ~/ros2_study 59x23
pw@pinklab:~/ros2_study$ ros2study
ROS2 Humble is activated.
pw@pinklab:~/ros2_study$ ros2 run turtlesim turtlesim_node
pw@pinklab: ~/ros2_study 59x10
pw@pinklab:~/ros2_study$ ros2study
ROS2 Humble is activated.
ros2_study workspace is activated.
pw@pinklab:~/ros2_study$ rqt_graph
pw@pinklab: ~/ros2_study 59x10
pw@pinklab:~/ros2_study$ ros2study
pw@pinklab:~/ros2_study$ ros2 topic echo /cmd_and_pose

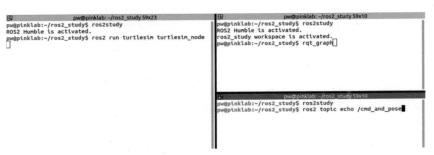

[그림 8.39] 터미널을 하나 더 만들어서 cmd_and_pose를 관찰하기 위한 명령을 입력

그리고 토픽이 잘 발행되는지 보려면 [그림 8.39]에서처럼 topic echo 명령으로 /cmd_and_pose를 열어보면 됩니다.

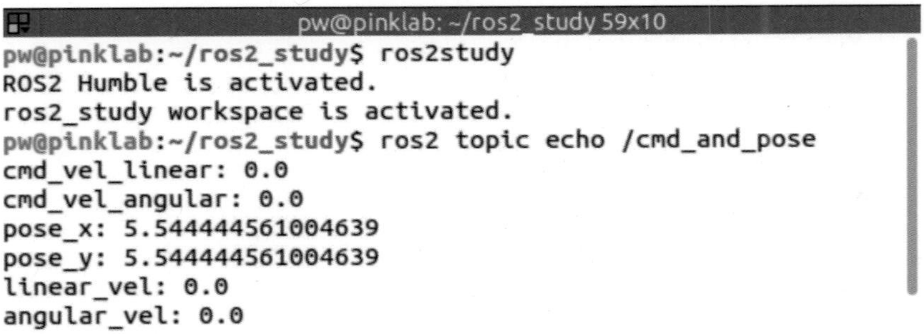

pw@pinklab: ~/ros2_study 59x10
pw@pinklab:~/ros2_study$ ros2study
ROS2 Humble is activated.
ros2_study workspace is activated.
pw@pinklab:~/ros2_study$ ros2 topic echo /cmd_and_pose
cmd_vel_linear: 0.0
cmd_vel_angular: 0.0
pose_x: 5.544444561004639
pose_y: 5.544444561004639
linear_vel: 0.0
angular_vel: 0.0

[그림 8.40] 그림 8.39의 실행 결과

그러면 [그림 8.40]처럼 토픽이 발행되고 있음을 알 수 있습니다.

이번 절에서는 사용자에게 입력받은 수 만큼 turtle을 원형으로 배치하는 서비스를 만들어 보려고 합니다. 먼저

- 사용자가 서비스 정의 만들기
- 서비스 정의를 사용하는 서비스 서버 만들기
- 서비스 서버에서 클라이언트 만들어 보기
- 사용자가 요청한 수 만큼의 turtle을 생성해서 원형으로 배치하기

위의 4가지를 수행해 보려고 합니다.

4.1 서비스 정의 만들고 빌드하기

앞 절에서는 메시지 정의를 다루었습니다. 이번에는 서비스 정의를 다루어 보려고 합니다.

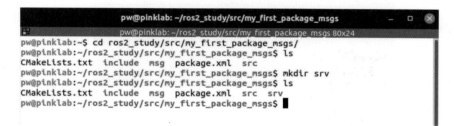

[그림 8.41] my_first_package_msgs 폴더에서 서비스 정의를 위한 srv 폴더 생성

먼저 [그림 8.41]처럼 메시지를 생성할 목적으로 만든 my_first_package_msgs 패키지의 폴더에서 mkdir 명령으로 srv라는 폴더를 만듭니다.

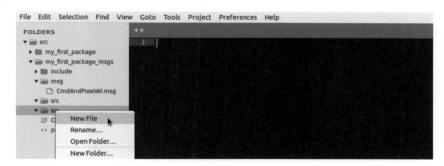

[그림 8.42] sublime text에서 그림 8.41에서 만든 srv 폴더에서 New File을 선택하는 화면

[그림 8.43] 그림 8.42에서 만든 빈 파일에서 저장 버튼을 눌러 이름을 MultiSpawn.srv로 저장

그리고 [그림 8.43]처럼 이름을 MultiSpawn.srv로 저장합니다.

[그림 8.44] MultiSpawn.srv 내용 작성

[그림 8.44]에서 볼 수 있듯이 대시 기호 세 개를 연달아 사용한 2번 행을 기준으로 위에 있는 int64 num은 서비스를 요청할 때 받을 데이터이고, 그 아래 세 줄 x, y, theta는 서비스 요청에 따른 응답 결과로 출력할 내용입니다.

[그림 8.45] CMakeLists.txt 수정

그리고 my_first_package_msgs의 CMakeLists.txt 파일에서 [그림 8.45]에 표시된 부분의 srv/MultiSpawn.srv라는 내용을 추가합니다.

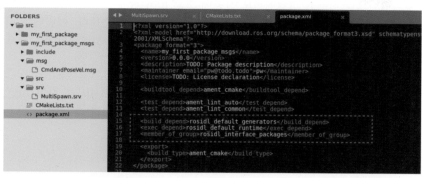

[그림 8.46] package.xml 확인

그리고 앞에서 메시지 정의를 추가할 때 수정했지만, [그림 8.46]과 같이 되어 있는지 다시 확인합니다.

```
pw@pinklab: ~/ros2_study 80x24
pw@pinklab:~/ros2_study$ ros2study
ROS2 Humble is activated.
ros2_study workspace is activated.
pw@pinklab:~/ros2_study$ colcon build --packages-select my_first_package_msgs
Starting >>> my_first_package_msgs
Finished <<< my_first_package_msgs [1.77s]

Summary: 1 package finished [2.67s]
pw@pinklab:~/ros2_study$
```

[그림 8.47] 빌드하는 장면

그리고 워크스페이스에서 [그림 8.47]처럼 my_first_package_msgs 패키지만 빌드를 수행합니다. [그림 8.48]에서의 결과가 잘 되었음을 확인하고 싶다면 [그림 8.48]처럼 ros2 interface show 명령으로 해당 서비스 정의를 조회해보면 됩니다.

```
pw@pinklab:~/ros2_study$ ros2study
ROS2 Humble is activated.
ros2_study workspace is activated.
pw@pinklab:~/ros2_study$ ros2 interface show my_first_package_msgs/srv/MultiSpaw
n
int64 num
---
float64[] x
float64[] y
float64[] theta
pw@pinklab:~/ros2_study$ █
```

[그림 8.48] ros2 interface show 명령을 사용하는 장면

4.2 서비스 서버 만들어 보자

우리는 서비스 클라이언트를 터미널 명령에서도 사용해 보고 Jupyter에서도 사용해 보고, 또 패키지를 만들면서도 사용했습니다. 그동안 서비스 서버를 만든 적은 없습니다. 이번에는 서비스 서버를 한번 만들어 보겠습니다. 일단 지금은 간단히 서비스 서버를 어떻게 만드는지부터 시작해 보겠습니다.

7장에서부터 계속 만들고 있는 my_first_package 패키지에서 [그림 8.49]와 같이 my_service_server.py라는 파일을 만듭니다. 이제 새로운 파일 정도는 쉽게 만들 수 있을 거라고 믿습니다.

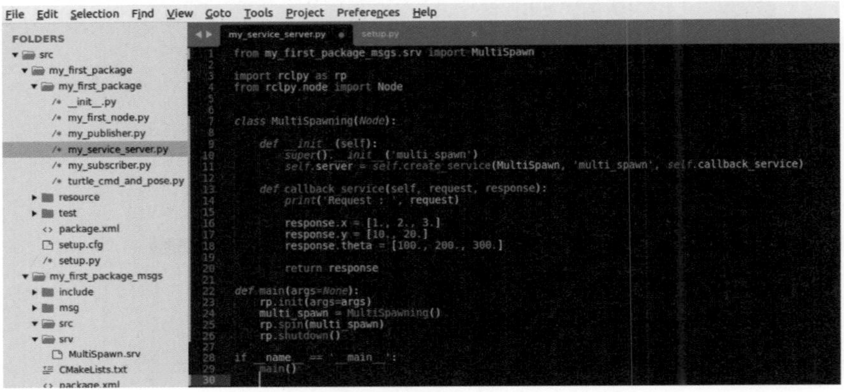

[그림 8.49] my_service_server.py 코드를 작성한 화면

```
    Code: my_first_package/my_first_package/my_service_server.py [version 1]

1   from my_first_package_msgs.srv import MultiSpawn
2
3   import rclpy as rp
4   from rclpy.node import Node
5
6
7   class MultiSpawning(Node):
8
9       def __init__(self):
10          super().__init__('multi_spawn')
11          self.server = self.create_service(MultiSpawn, 'multi_spawn', self.callback_service)
12
13      def callback_service(self, request, response):
14          print('Request : ', request)
15
16          response.x = [1., 2., 3.]
17          response.y = [10., 20.]
```

```
18          response.theta = [100., 200., 300.]
19
20          return response
21
22  def main(args=None):
23      rp.init(args=args)
24      multi_spawn = MultiSpawning()
25      rp.spin(multi_spawn)
26      rp.shutdown()
27
28  if __name__ == '__main__':
29      main()
```

지금까지의 우리의 학습 진도라면 이 코드 정도는 쉽게 읽을 수 있지 않을까 생각합니다. [그림 8.44]에서 만들어 둔 서비스 정의를 1번 행에서 import하고, create_service라는 명령으로 multi_spawn이라는 서비스 서버를 준비합니다. 서비스 요청이 오면 실행할 함수인 callback_service를 지정하고, 그 함수에는 앞으로 많은 코드를 넣을 거지만, 지금은 단순히 request를 print 해보고 response는 아무 값이나 출력하도록 해보았습니다. [그림 8.44]에서 만든 정의가 응답 부분에 배열로 x, y, theta를 지정했기 때문에 16번, 17번, 18번 행에서 Python 리스트 데이터형으로 저장해보았습니다. 그리고 다시 my_first_package 폴더에 있는 setup.py에 [그림 8.50]에서처럼 한 줄 추가합니다.

[그림 8.50] entry_points에 my_service_server를 추가하는 장면

'my_service_server = my_first_package.my_service_server:main'

[그림 8.50]에서 추가된 코드에서 my_first_package는 setup.py 기준에서 본 폴더 이름이고, my_service_server도 python 파일의 이름입니다.

이제 [그림 8.51]처럼 워크스페이스에서 빌드를 수행합니다.

```
                          pw@pinklab: ~/ros2_study 80x24
pw@pinklab:~/ros2_study$ ros2study
ROS2 Humble is activated.
ros2_study workspace is activated.
pw@pinklab:~/ros2_study$ colcon build
Starting >>> my_first_package
Starting >>> my_first_package_msgs
--- stderr: my_first_package
/usr/lib/python3/dist-packages/setuptools/command/install.py:34: SetuptoolsDepre
```

[그림 8.51] colcon build를 수행하는 장면

```
pw@pinklab:~/ros2_study$
pw@pinklab:~/ros2_study$
pw@pinklab:~/ros2_study$ ros2study
ROS2 Humble is activated.
ros2_study workspace is activated.
pw@pinklab:~/ros2_study$ ros2 run my_first_package my_service_server
```

[그림 8.52] my_service_server를 실행한 화면

그리고 [그림 8.52]처럼 my_service_server를 실행합니다. 또 다른 터미널을 열어서 [그림 8.53]처럼 서비스 목록을 조회해보면 [그림 8.49]에서 만든 서비스가 나타나는 것을 알 수 있습니다.

```
                          pw@pinklab: ~/ros2_study 80x11
pw@pinklab:~/ros2_study$
pw@pinklab:~/ros2_study$
pw@pinklab:~/ros2_study$ ros2study
ROS2 Humble is activated.
ros2_study workspace is activated.
pw@pinklab:~/ros2_study$ ros2 run my_first_package my_service_server
```

```
                          pw@pinklab: ~/ros2_study 80x11
pw@pinklab:~/ros2_study$ ros2study
ROS2 Humble is activated.
rros2_study workspace is activated.
pw@pinklab:~/ros2_study$ ros2 service list -t
/multi_spawn [my_first_package_msgs/srv/MultiSpawn]
/multi_spawn/describe_parameters [rcl_interfaces/srv/DescribeParameters]
/multi_spawn/get_parameter_types [rcl_interfaces/srv/GetParameterTypes]
/multi_spawn/get_parameters [rcl_interfaces/srv/GetParameters]
/multi_spawn/list_parameters [rcl_interfaces/srv/ListParameters]
/multi_spawn/set_parameters [rcl_interfaces/srv/SetParameters]
/multi_spawn/set_parameters_atomically [rcl_interfaces/srv/SetParametersAtomical
```

[그림 8.53] service list를 조회한 화면

서비스 리스트를 조회할 때 t 옵션을 주어서 관찰한 [그림 8.53]의 결과를 보면 multi_spawn이 나타나는 것을 확인할 수 있으며 그 서비스 정의는 my_first_package_msgs의 MultiSpawn이라는 것도 알 수 있습니다.

```
pw@pinklab:~/ros2_study$
pw@pinklab:~/ros2_study$
pw@pinklab:~/ros2_study$ ros2study
ROS2 Humble is activated.
ros2_study workspace is activated.
pw@pinklab:~/ros2_study$ ros2 run my_first_package my_service_server
Request :  my_first_package_msgs.srv.MultiSpawn_Request(num=1) ←
]
```

```
                        pw@pinklab: ~/ros2_study 80x11
pw@pinklab:~/ros2_study$ ros2study
ROS2 Humble is activated.
ros2_study workspace is activated.
pw@pinklab:~/ros2_study$ ros2 service call /multi_spawn my_first_package_msgs/sn
/MultiSpawn  "{num: 1}"
waiting for service to become available...
requester: making request: my_first_package_msgs.srv.MultiSpawn_Request(num=1)

response:
my_first_package_msgs.srv.MultiSpawn_Response(x=[3.0], y=[0.0], theta=[0.0])
```

[그림 8.54] service call 명령으로 multi_spawn을 요청한 장면

[그림 8.54]에서는 먼저 하단 터미널에서

```
ros2 service call /multi_spawn my_first_package_msgs/srv/MultiSpawn
"{num: 1}"
```

명령을 통해 my_first_package_msgs의 MultiSpawn으로 정의된 multi_spawn 서비스를 요청하고 있습니다. 이때 요청에서는 int 형으로 num이라는 변수에 값을 지정했습니다. 이 결과는 [그림 8.49]의 14번 줄 print 문에 의해 [그림 8.54]의 상단 터미널에서 화살표로 표시된 부분이 프린트되었습니다. 그리고 [그림 8.54]의 하단에서는 response가 임의로 작성한 Python 리스트형으로 잘 나타남을 알 수 있습니다. 이제 다음 절에서 원하는 코드를 만들어 보도록 하겠습니다.

4.3 서비스 서버 코드 안에 클라이언트 코드를 만들어 보자

먼저 TeleportAbsolute라는 서비스 정의가 기억나나요? 네, turtlesim의 위치를 한 번에 이동시키는 서비스였습니다. 이 서비스 클라이언트를 [그림 8.49]의 코드 내에 추가하겠습니다. 먼저 해당 서비스를 사용하기 위해 서비스 정의를 아래와 같이 import 합니다.

```
from turtlesim.srv import TeleportAbsolute
```

그리고 MultiSpawning 클래스의 던더 init 부분에 TeleportAbsolute 정의를 사용하는 turtle1/teleport_absolute 서비스 클라이언트를 만드는

```
self.teleport = self.create_client(TeleportAbsolute, '/turtle1/teleport_ab-
solute')
```

코드를 추가합니다. 그리고 서비스 클라이언트에서는 서비스 정의를 객체화하는 것이 필요합니다. 그 코드도 던더 init 안에 아래와 같이 추가합니다.

```
self.req_teleport = TeleportAbsolute.Request()
```

이제 multi_spawn 서비스 서버의 callback_service 함수에 teleport_absolute 서비스의 클라이언트를 호출하는

```
def callback_service(self, request, response):
    self.req_teleport.x = 1.
    self.teleport.call_async(self.req_teleport)


    return response
```

코드로 바꿔주면 됩니다. 역시 현재까지도 간단한 테스트를 해보고 있는 것이기 때문에 response는 그냥 놔두고 call_async가 잘 동작하는지만 확인하겠습니다. 지금까지의 내용을 모두 다 반영한 코드가 [그림 8.55]입니다.

```
Code: my_first_package/my_first_package/my_service_server.py [version 2]
1   from my_first_package_msgs.srv import MultiSpawn
2   from turtlesim.srv import TeleportAbsolute
3
4   import rclpy as rp
5   from rclpy.node import Node
6
7
8   class MultiSpawning(Node):
9
10      def __init__(self):
11          super().__init__('multi_spawn')
12          self.server = self.create_service(MultiSpawn, 'multi_spawn', self.callback_service)
13          self.teleport = self.create_client(TeleportAbsolute, '/turtle1/teleport_absolute')
14          self.req_teleport = TeleportAbsolute.Request()
15
16      def callback_service(self, request, response):
```

```
17        self.req_teleport.x = 1.
18        self.teleport.call_async(self.req_teleport)
19
20        return response
21
22  def main(args=None):
23      rp.init(args=args)
24      multi_spawn = MultiSpawning()
25      rp.spin(multi_spawn)
26      rp.shutdown()
27
28  if __name__ == '__main__':
29      main()
```

[그림 8.55] 서비스 서버에 서비스 클라이언트 코드를 추가한 화면

그리고 [그림 8.56]처럼 빌드를 합니다. 이 책에서는 터미널에서 내가 필요한 환경을 항상 직접 읽도록 유도하고 있습니다. [그림 8.56]에서는 ros2study입니다. 그리고 [그림 8.56]처럼 colcon build를 수행하고 다시 ros2study를 실행해야 합니다.

```
                        pw@pinklab: ~/ros2_study 80x11
pw@pinklab:~$ ros2study
ROS2 Humble is activated.
ros2_study workspace is activated.
pw@pinklab:~$ cd ros2_study/
pw@pinklab:~/ros2_study$ colcon build
Starting >>> my_first_package
Starting >>> my_first_package_msgs
--- stderr: my_first_package
/usr/lib/python3/dist-packages/setuptools/command/install.py:34: SetuptoolsDepre
cationWarning: setup.py install is deprecated. Use build and pip and other stand
ards-based tools.
```

[그림 8.56] 빌드하는 장면

그리고 [그림 8.57]처럼 두 개의 터미널을 준비하고 각각 ros2study도 실행해 둡니다.

pw@pinklab: ~/ros2_study 80x11
pw@pinklab:~/ros2_study$ ros2study
ROS2 Humble is activated.
rros2_study workspace is activated.
pw@pinklab:~/ros2_study$
pw@pinklab: ~ 80x11
pw@pinklab:~$ ros2study
ROS2 Humble is activated.
ros2_study workspace is activated.
pw@pinklab:~$

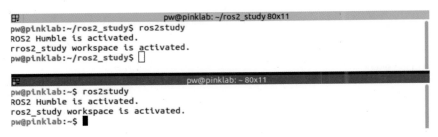

[그림 8.57] 빌드 후 터미널 두 개를 준비한 모습

그리고 [그림 8.58]처럼 하나는 turtlesim_node를, 또 하나는 my_service_server를 실행합니다.

pw@pinklab: ~/ros2_study 80x11
pw@pinklab:~/ros2_study$ ros2study
ROS2 Humble is activated.
rros2_study workspace is activated.
pw@pinklab:~/ros2_study$ ros2 run turtlesim turtlesim_node
Warning: Ignoring XDG_SESSION_TYPE=wayland on Gnome. Use QT_QPA_PLATFORM=wayland
to run on Wayland anyway.
[INFO] [1706426385.996633464] [turtlesim]: Starting turtlesim with node name /tu
rtlesim
[INFO] [1706426386.001771295] [turtlesim]: Spawning turtle [turtle1] at x=[5.544
445], y=[5.544445], theta=[0.000000]
pw@pinklab: ~ 80x11
pw@pinklab:~$ ros2study
ROS2 Humble is activated.
ros2_study workspace is activated.
pw@pinklab:~$ ros2 run my_first_package my_service_server

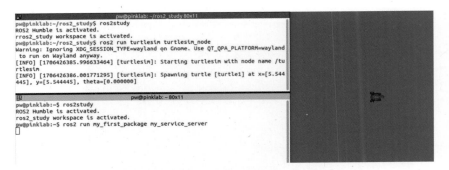

[그림 8.58] turtlesim_node와 my_service_server를 각각 실행한 모습

그리고 또 하나의 터미널을 [그림 8.59]와 같이 만들어 역시 ros2study를 실행합니다.

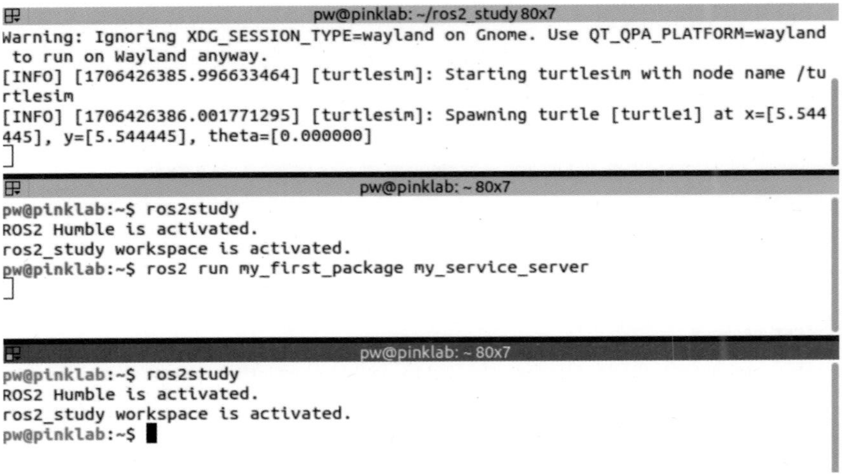

pw@pinklab: ~/ros2_study 80x7
Warning: Ignoring XDG_SESSION_TYPE=wayland on Gnome. Use QT_QPA_PLATFORM=wayland
to run on Wayland anyway.
[INFO] [1706426385.996633464] [turtlesim]: Starting turtlesim with node name /tu
rtlesim
[INFO] [1706426386.001771295] [turtlesim]: Spawning turtle [turtle1] at x=[5.544
445], y=[5.544445], theta=[0.000000]
pw@pinklab: ~ 80x7
pw@pinklab:~$ ros2study
ROS2 Humble is activated.
ros2_study workspace is activated.
pw@pinklab:~$ ros2 run my_first_package my_service_server
pw@pinklab: ~ 80x7
pw@pinklab:~$ ros2study
ROS2 Humble is activated.
ros2_study workspace is activated.
pw@pinklab:~$

[그림 8.59] 세 번째 터미널을 만든 모습

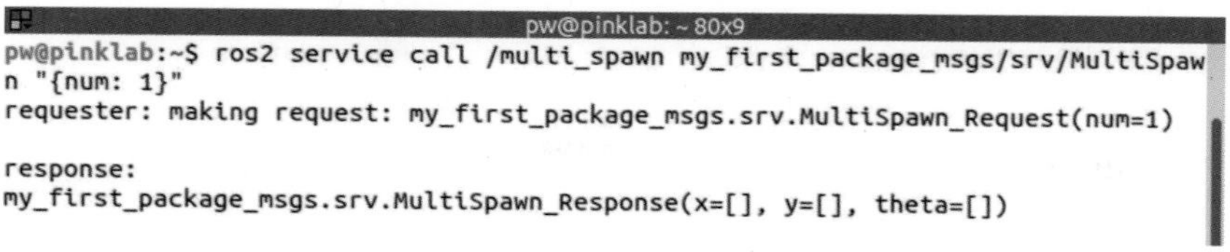

```
                              pw@pinklab: ~ 80x9
pw@pinklab:~$ ros2 service call /multi_spawn my_first_package_msgs/srv/MultiSpaw
n "{num: 1}"
requester: making request: my_first_package_msgs.srv.MultiSpawn_Request(num=1)

response:
my_first_package_msgs.srv.MultiSpawn_Response(x=[], y=[], theta=[])
```

[그림 8.60] multi_spawn 서비스를 call 한 모습

[그림 8.60]처럼 서비스를 요청하면

> **ros2 service call /multi_spawn my_first_package_msgs/srv/MultiSpawn "{num: 1}"**

됩니다. 아마 거북이는 화면 밖으로 나가겠지만, 지금은 그게 중요한 게 아니고 서비스 서버 코드 안에 클라이언트 코드를 넣을 수 있다는 것을 알게 된 것이 더 중요합니다.

4.4 여러 거북이를 원 모양으로 배치하기 위한 고민

이제 이번 절의 목표인 주어진 숫자만큼 거북이를 배치하는 핵심이 되는 부분을 작성해 보려고 합니다. 만약 사용자가 8개의 거북이를 배치하고 싶다면 [그림 8.61]처럼 동일 각도의 간격으로 원 모양으로 배치하면 됩니다.

그러려면 먼저 거북이들이 배치될 좌표를 계산해야 합니다. [그림 8.55]처럼 ROS에서 Python 코드를 테스트하면 일일이 빌드하면서 진행해야 합니다. 이럴 때는 그냥 ROS와는 무관하게 Python으로 알고리즘 부분만 먼저 개발하고 그 코드를 ROS에 맞게 변환해서 적용하는 것이 효율적일 때가 있습니다.

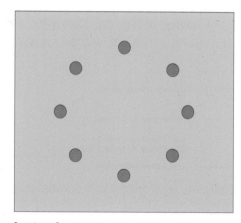

[그림 8.61] 8개의 거북이를 배치하는 개념

이럴 때 선택할 방법은 많겠지만 저는 Jupyter를 선호합니다. [그림 8.55]까지 실습한 상황을 그대로 두고 새로운 터미널을 열고 jupyter notebook을 실행해서 홈 폴더의 python 폴더에서 [그림 8.62]처럼 빈 파일의 이름을 Calc Position으로 해서 저장하고 시작하겠습니다.

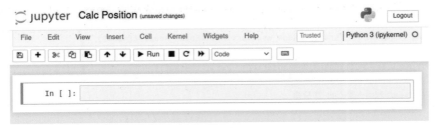

[그림 8.62] Calc Position이라는 이름으로 Jupyter Notebook을 시작하는 화면

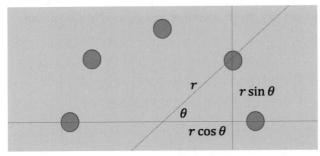

[그림 8.63] 좌표를 계산하기 위해 삼각함수를 적용한 화면

[그림 8.63]을 보겠습니다. 내가 만약 그림에서 반지름 r과 수평선에서 한 점까지의 각도를 알고 있다면 삼각함수를 적용해서 좌표를 알 수 있습니다.

```
In [1]: import numpy as np

        n = 3
        to_degree = 180/np.pi

        gap_theta = 2*np.pi / n
        gap_theta * to_degree
Out[1]: 119.99999999999999
```

[그림 8.64] 개수가 정해졌을 때 각 원 사이의 각도를 구하는 코드

먼저 [그림 8.64]에서 보면 원 둘레에 위치해야 할 원의 개수를 n이라고 하면 360도를 n으로 나누면 각 원의 각도를 구할 수 있을 겁니다. 그러나 삼각함수부터 ROS에서는 대부분 한 바퀴를 360으로 보는 degree 단위를 쓰는 것이 아니라, 한 바퀴를 2로 보는 라디안(radian) 단위를 사용하고 있습니다. 그래서 gap_theta는 2에 n을 나누면 각 원 사이의 각도가 계산됩니다. 그러나 우리는 degree로 보는 것이 편하므로 미리 to_degree 변수를 하나 만들어서 그냥 곱해서 관찰하면 대략 120도라고 나옵니다. [그림 8.64]에서 n을 3으로 했으니 각 원은 120도 간격으로 나타나면 됩니다. [그림 8.64]에서는 각도 간격은 gap_theta에 저장했지만, 제일 마지막 줄에서는 to_degree를 곱해서 출력하도록 했습니다. 이런 방식으로 하면 출력은 degree로 보지만, gap_theta 변수의 내용은 라디안이 되어서 유용합니다.

```
In [2]: theta = [gap_theta*n for n in range(n)]
        [each * to_degree for each in theta]
Out[2]: [0.0, 119.99999999999999, 239.99999999999997]
```

[그림 8.65] 그림 8.64에서 list 형으로 원의 각도를 저장한 화면

이제 [그림 8.64]의 gap_theta를 이용해서 원의 개수 n만큼의 각도를 미리 생성해서 list에 저장합니다. 그 방법이 [그림 8.65]에 있습니다. [그림 8.65]의 첫 줄은 0부터 n-1만큼 숫자를 생성(range)하고 그 숫자를 각각 n이라고 하고, 각 n에 대해 gap_theta에 곱해서 리스트형에 저장하라는 뜻입니다.

```
In [3]: r = 3

        x = [r*np.cos(th) for th in theta]
        y = [r*np.sin(th) for th in theta]

In [4]: x
Out[4]: [3.0, -1.4999999999999993, -1.5000000000000013]

In [5]: y
Out[5]: [0.0, 2.598076211353316, -2.598076211353315]
```

[그림 8.66] 그림 8.65의 theta에 따라 x, y를 생성하는 코드

[그림 8.63]에서 삼각함수로 좌표 x, y를 계산할 수 있다고 했습니다. 그 결과를 [그림 8.65]에서 계산한 theta에 적용한 것이 [그림 8.66]입니다. 좌표는 x, y 순으로 각각 cos, sin 함수를 적용하면 되고, theta가 list 형이므로 각 theta를 이용해서 역시 x, y도 list 형으로 저장하도록 했습니다.

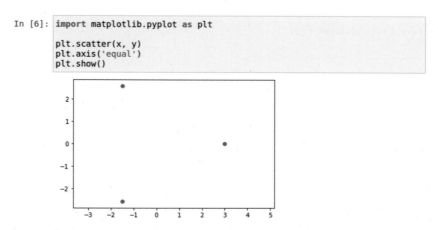

```
In [6]: import matplotlib.pyplot as plt

        plt.scatter(x, y)
        plt.axis('equal')
        plt.show()
```

[그림 8.67] 그림 8.66의 결과를 scatter 함수로 그려본 결과

[그림 8.66]의 결과가 잘 나온 건지 눈으로 확인할 필요가 있을 겁니다. matplotlib의 scatter 함수에 x, y를 주면 [그림 8.67]처럼 그려 줄 겁니다. 이때 그래프의 가로, 세로 간격이 사실 같지 않아서 처음 볼 때는 원점에서 각 점의 거리가 달라 보일 수 있습니다. 그래서 [그림 8.67]에서는 plt.axes('equal')이라는 코드가 들어갔습니다. 이 코드는 가로, 세로의 길이를 동일하게 합니다.

```
In [7]: def calc_position(n, r):
            gap_theta = 2*np.pi / n
            theta = [gap_theta*n for n in range(n)]
            x = [r*np.cos(th) for th in theta]
            y = [r*np.sin(th) for th in theta]

            return x, y, theta
```

[그림 8.68] 원을 배치하는 코드를 함수로 작성

지금까지의 결과를 [그림 8.68]에서 함수로 변경해 보았습니다. 원의 개수 n과 그 원이 배치될 큰 원의 반지름을 지정받아서 x, y, theta의 결과를 list 형으로 반환하도록 했습니다. 이 함수는 적절히 변환되어 [그림 8.55]의 코드에 배치될 것입니다.

```
In [8]: def draw_pos(x, y):
            plt.scatter(x, y)
            plt.axis('equal')
            plt.show()
```

[그림 8.69] 그림 8.68의 결과를 그래프로 확인하기 위한 코드

[그림 8.69]의 코드는 ROS에서는 사용하지 않지만, [그림 8.68]의 코드가 잘 작성되었는지 확인하기 위해 작성한 시각화 기능을 담당하는 함수입니다.

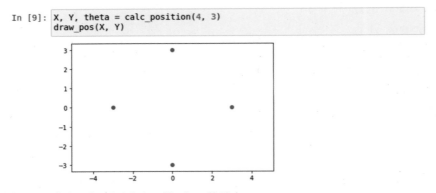

```
In [9]: X, Y, theta = calc_position(4, 3)
        draw_pos(X, Y)
```

[그림 8.70] 원 4개를 배치해보는 것을 테스트한 화면

[그림 8.70]에서 4개의 원을 배치해보라고 테스트를 해보니 90도 간격으로 잘 배치된 것 같습니다. [그림 8.71]에서는 15개를 배치해보는 것인데 잘 동작하는 것 같습니다.

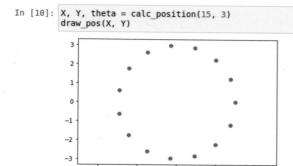

```
In [10]: X, Y, theta = calc_position(15, 3)
         draw_pos(X, Y)
```

[그림 8.71] 원 15개를 배치해보는 것을 테스트한 화면

4.5 여러 거북이를 배치하는 서비스 서버 구현

이제 목표로 한 여러 거북이를 원 모양으로 배치하기 위해 미리 작성하거나 파악해야 할 부분은 완료되었습니다. 물론 이것만으로 끝나는 것이 아니라 몇 가지 부수적으로 고려해야 할 사항들이 있습니다.

먼저 turtlesim을 하나씩 다시 만들기 위해 필요한 서비스는 spawn입니다. 이 Spawn 서비스는 turtlesim의 Spawn이라는 정의를 사용합니다. 그래서 아래처럼 Spawn을 import 합니다.

from turtlesim.srv import Spawn

그리고 [그림 8.68]의 함수에서는 numpy를 사용하므로

import numpy as np

이렇게 numpy를 import 합니다. 그리고 spawn 서비스를 사용하기 위해

elf.spawn = self.create_client(Spawn, '/spawn')

를 던더 init에 추가합니다. 또한 지금까지 turtlesim의 pose 토픽을 구독하면서 알았겠지만 turtlesim이 나타나는 화면의 센터값은 5.54입니다. 0이 센터가 아니므로 좌표를 찍을 때 이것을 반영하기 위해 던더 init에

```
self.center_x = 5.54
self.center_y = 5.54
```

를 추가해 줍니다. 또한 spawn 서비스를 사용하기 위해 Spawn 서비스 정의를 초기화하게

```
self.req_spawn = Spawn.Request()
```

를 던더 init에 추가합니다. [그림 8.68]에서 만든 calc_position 함수는 지금의 상태에서는 그대로 삽입하면 되겠습니다. 단,

```
def calc_position(self, n, r):
```

처럼 선언할 때 self를 인자로 받도록 합니다.

가장 중요한 부분은 callback_service 함수 부분입니다. [그림 8.72]에 이 함수 전체를 공개했습니다. 32번 줄에서 calc_position 함수를 사용해서 x, y, theta를 받았고, 반복문을 이용해서 각 좌표와 자세를 spawn 서비스에 요청합니다. 그리고 response를 반환하도록 했습니다.

```python
31    def callback_service(self, request, response):
32        x, y, theta = self.calc_position(request.num, 3)
33
34        for n in range(len(theta)):
35            self.req_spawn.x = x[n] + self.center_x
36            self.req_spawn.y = y[n] + self.center_y
37            self.req_spawn.theta = theta[n]
38            self.spawn.call_async(self.req_spawn)
39
40        response.x = x
41        response.y = y
42        response.theta = theta
43
44        return response
```

[그림 8.72] callback_service 함수 내부

```
Code: my_first_package/my_first_package/my_service_server.py [final]
 1  from my_first_package_msgs.srv import MultiSpawn
 2  from turtlesim.srv import TeleportAbsolute
 3  from turtlesim.srv import Spawn
 4
 5  import rclpy as rp
 6  import numpy as np
 7  from rclpy.node import Node
 8
 9
10  classMultiSpawning(Node):
```

```
11
12      def __init__(self):
13          super().__init__('multi_spawn')
14          self.server = self.create_service(MultiSpawn, 'multi_spawn', self.callback_service)
15          self.teleport = self.create_client(TeleportAbsolute, '/turtle1/teleport_absolute')
16          self.spawn = self.create_client(Spawn, '/spawn')
17          self.req_teleport = TeleportAbsolute.Request()
18          self.req_spawn = Spawn.Request()
19          self.center_x = 5.54
20          self.center_y = 5.54
21
22
23      def calc_position(self, n, r):
24          gap_theta = 2*np.pi / n
25          theta = [gap_theta*n for n in range(n)]
26          x = [r*np.cos(th) for th in theta]
27          y = [r*np.sin(th) for th in theta]
28
29          return x, y, theta
30
31      def callback_service(self, request, response):
32          x, y, theta = self.calc_position(request.num, 3)
33
34          for n in range(len(theta)):
35              self.req_spawn.x = x[n] + self.center_x
36              self.req_spawn.y = y[n] + self.center_y
37              self.req_spawn.theta = theta[n]
38              self.spawn.call_async(self.req_spawn)
39
40          response.x = x
41          response.y = y
42          response.theta = theta
43
44          return response
45
46  def main(args=None):
47      rp.init(args=args)
48      multi_spawn = MultiSpawning()
49      rp.spin(multi_spawn)
50      rp.shutdown()
51
52  if __name__ == '__main__':
53      main()
```

4.6 여러 거북이를 등장시키자

이제 즐겨볼까요.

[그림 8.73] 터미널 두 개를 만들어 둔 화면

터미널들을 모두 새로 시작하겠습니다. [그림 8.73]의 터미널 왼쪽에서 먼저 ros2study 환경을 부릅니다. 이 상태에서 한 터미널은 [그림 8.73]처럼 ros2_study 폴더로 이동해서, [그림 8.74]처럼 빌드를 합니다.

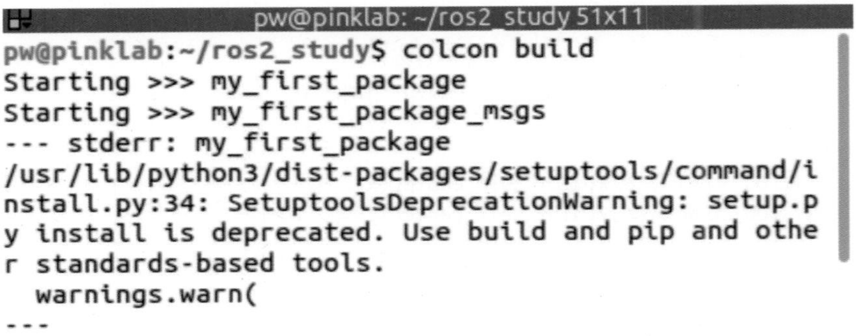

```
pw@pinklab: ~/ros2_study 51x11
pw@pinklab:~/ros2_study$ colcon build
Starting >>> my_first_package
Starting >>> my_first_package_msgs
--- stderr: my_first_package
/usr/lib/python3/dist-packages/setuptools/command/i
nstall.py:34: SetuptoolsDeprecationWarning: setup.p
y install is deprecated. Use build and pip and othe
r standards-based tools.
  warnings.warn(
---
```

[그림 8.74] 빌드하는 장면

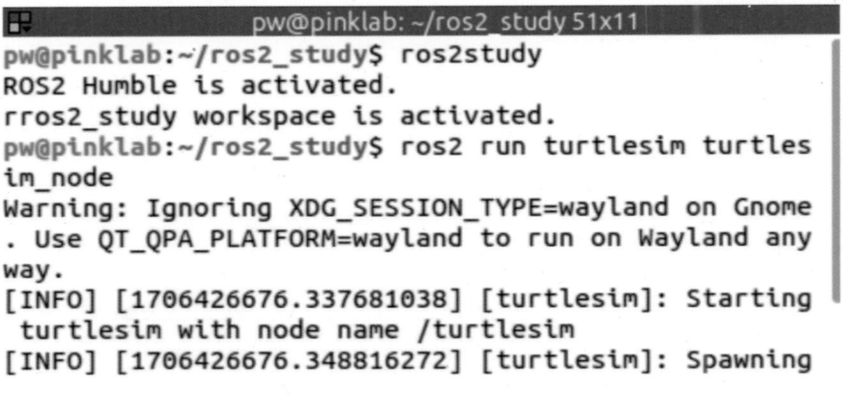

```
pw@pinklab: ~/ros2_study 51x11
pw@pinklab:~/ros2_study$ ros2study
ROS2 Humble is activated.
rros2_study workspace is activated.
pw@pinklab:~/ros2_study$ ros2 run turtlesim turtles
im_node
Warning: Ignoring XDG_SESSION_TYPE=wayland on Gnome
. Use QT_QPA_PLATFORM=wayland to run on Wayland any
way.
[INFO] [1706426676.337681038] [turtlesim]: Starting
 turtlesim with node name /turtlesim
[INFO] [1706426676.348816272] [turtlesim]: Spawning
```

[그림 8.75] 빌드 후 ros2study 환경을 부르는 장면

빌드 후 다시 [그림 8.75]처럼 또 ros2study를 부릅니다.

```
                pw@pinklab: ~/ros2_study 51x11                          pw@pinklab: ~/ros2_study 51x11
pw@pinklab:~/ros2_study$ ros2study                   pw@pinklab:~/ros2_study$ ros2study
ROS2 Humble is activated.                            rROS2 Humble is activated.
rros2_study workspace is activated.                  oros2_study workspace is activated.
pw@pinklab:~/ros2_study$ ros2 run turtlesim turtles  pw@pinklab:~/ros2_study$ ros2 run my_first_package
im_node                                              my_service_server
Warning: Ignoring XDG_SESSION_TYPE=wayland on Gnome
. Use QT_QPA_PLATFORM=wayland to run on Wayland any
way.
[INFO] [1706426676.337681038] [turtlesim]: Starting
 turtlesim with node name /turtlesim
[INFO] [1706426676.348816272] [turtlesim]: Spawning
```

[그림 8.76] turtlesim을 실행하고 my_service_server를 실행하는 화면

[그림 8.76]처럼 두 터미널 모두 ros2study를 부른 후 하나는 turtlesim을

    ros2 run turtlesim turtlesim_node

로 실행하고, 또 우리가 만든 my_service_server를

    ros2 run my_first_package my_service_server

실행합니다.

이제 또 하나의 터미널을 만들어서 ros2study 환경을 부르고,

    ros2 service call /multi_spawn my_first_package_msgs/srv/MultiSpawn
    "{num: 9}"

로 드디어 거북이 여러 개를 등장시키는 서비스를 [그림 8.77]처럼 요청합니다.

[그림 8.77] service를 요청하는 명령을 터미널에서 입력하는 화면

[그림 8.77]의 결과는 [그림 8.78]에 나타나 있습니다. 약간 삐뚤어진 거북이도 있는데 소수점의 문제가 약간 있지만, 그것을 수정하는 것보다는 전체 흐름상 여기서 마쳐도 될 듯 해서 멈추겠습니다.

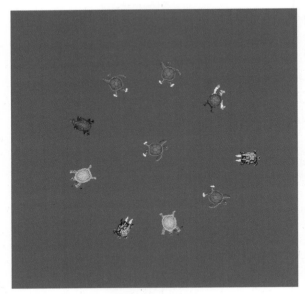

[그림 8.78] 여러 개의 turtlesim이 실행된 화면

5 마무리

우리는 이번 장에서 메시지 정의와 서비스 정의를 직접 만들었습니다. 그 안에서 토픽을 구독하면서 발행하는 것과 서비스 서버를 만들고 그 안에서 또 다른 서비스를 요청하는 것도 테스트해 보았습니다.

Chapter
9

액션 익숙해지기

앞에서 액션을 터미널 명령으로 사용해보았습니다. 우리는 그 후 한동안 액션은 하지 않았지만, 토픽과 서비스를 Python으로 다루면서 충분히 기초를 다진 것 같습니다. 이제 간단히 Python으로 ROS 액션 클라이언트를 다루는 학습을 해보고, 직접 액션 서버를 만들어 보겠습니다.

3장의 [그림 3.44]를 다시 보면 액션의 목표는 서비스로, 그 중간 상태는 토픽으로 전달하는 형태입니다.

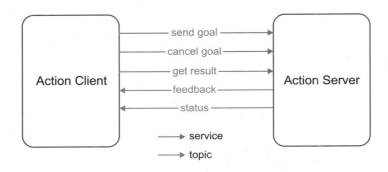

2 액션 정의 만들기

2.1 액션 정의를 만들기 위한 준비

8장에서 다루었듯이 새롭게 액션을 시작하기 위해서 액션 정의 Action definition을 만들어 두어야 합니다. 우리는 8장의 [그림 8.1]에서 메시지의 새로운 정의를 위해 패키지를 별도로 만들었습니다. 그때 만든 패키지 이름은 my_first_package_msgs였습니다. 이 패키지에 이 장에서 새롭게 시작할 액션의 정의를 my_first_package_msgs에 추가하겠습니다.

```
pw@pinklab: ~/ros2_study/src 80x24
pw@pinklab:~$ cd ros2_study/src/
pw@pinklab:~/ros2_study/src$ ls
my_first_package  my_first_package_msgs
pw@pinklab:~/ros2_study/src$ 
```

[그림 9.2] ros2_study의 src 폴더로 이동한 모습

[그림 9.2]처럼 ros2_study 폴더의 src 폴더로 이동한 후 [그림 9.3]처럼 현재 폴더를 모두 열라고 하는 점(.) 하나를 써서 subl 명령을 사용합니다.

```
subl .
```

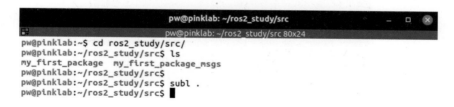

[그림 9.3] ros2_study의 src를 subl 명령으로 여는 장면

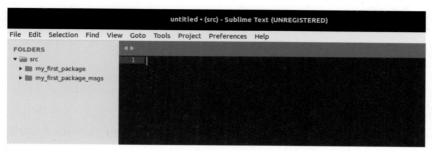

[그림 9.4] ros2_study의 src를 모두 한 번에 열어본 sublime text

[그림 9.3]의 결과로 [그림 9.4]처럼 sublime text가 실행되어 있을 겁니다. 이제 다시 [그림 9.3]의 터미널에서 [그림 9.5]처럼 my_first_package_msgs로 들어갑니다. 그리고 [그림 9.6]처럼 mkdir 명령으로 action이라는 이름의 폴더를 만듭니다. 폴더는 [그림 9.4]의 sublime text에서 만들어도 됩니다.

```
pw@pinklab: ~/ros2_study/src/my_first_package_msgs 80x24
pw@pinklab:~$ cd ros2_study/src/
pw@pinklab:~/ros2_study/src$ ls
my_first_package  my_first_package_msgs
pw@pinklab:~/ros2_study/src$
pw@pinklab:~/ros2_study/src$ subl .
pw@pinklab:~/ros2_study/src$ cd my_first_package_msgs/
pw@pinklab:~/ros2_study/src/my_first_package_msgs$
```

[그림 9.5] 터미널에서 my_first_package_msgs로 이동한 모습

```
pw@pinklab:~/ros2_study/src/my_first_package_msgs$
pw@pinklab:~/ros2_study/src/my_first_package_msgs$ mkdir action
pw@pinklab:~/ros2_study/src/my_first_package_msgs$ ls
action  CMakeLists.txt  include  msg  package.xml  src  srv
pw@pinklab:~/ros2_study/src/my_first_package_msgs$ _
```

[그림 9.6] my_first_package_msgs 폴더에서 mkdir 명령으로 action 폴더를 만드는 모습

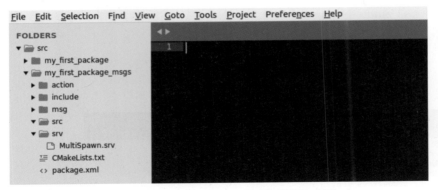

[그림 9.7] sublime text에서 그림 9.6에서 만든 action 폴더를 확인하는 장면

[그림 9.6]의 결과 [그림 9.7]처럼 좌측 내비게이션 창을 열어보면 action이라는 폴더가 만들어진 것을 알 수 있습니다.

2.2 액션 정의 만들기

이번 액션의 정의는 역시 turtlesim에서 사용자가 주는 선 속도와 각 속도 지령을 이수합니다. 이때 하나의 입력을 더 받는데 그것이 이동한 거리입니다. 사용자가 이동할 거리를 미리 입력하고 선 속도와 각 속도를 입력하면, turtlesim은 주어진 속도 명령을 이수하다가, 주어진 거리만큼 이동하면 중단하는 것입니다.

그렇다면 이번 액션의 입력은 선 속도, 각 속도, 그리고 이동해야 할 거리이고, 그 결과는 turtlesim의 x, y 위치와 자세 그리고 이동한 거리일 겁니다. 액션은 중간에 피드백을 줄 수 있는데 그것은 남은 거리를 주도록 해보겠습니다.

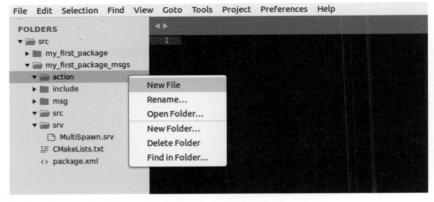

[그림 9.8] action 폴더에서 sublime text에서 New File을 선택하는 화면

[그림 9.8]처럼 my_first_package_msgs 폴더에 action 폴더를 만들어 둔 곳에서 마우스 오른쪽 버튼으로 띄운 팝업창에서 new file을 선택합니다. 그리고 새로운 빈 파일이 생성되면 CTRL+S 키로 저장합니다. 그때 저장할 파일 이름을 묻는데 [그림 9.9]처럼 DistTurtle. action이라고 작성합니다.

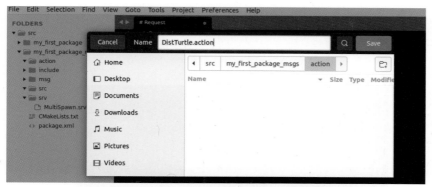

[그림 9.9] 그림 9.8의 새 파일을 DistTurtle.action이라는 이름으로 저장하는 화면

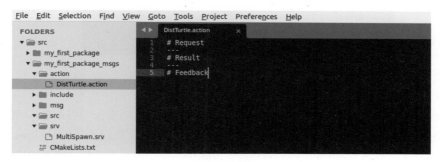

[그림 9.10] 저장 후 action의 기본 구조를 작성해 본 화면

[그림 9.10]에는 액션 정의의 기본 틀이 있습니다. #은 주석문이니 신경 쓸 것이 없이 그냥 Request, Result, Feedback의 순서로 대시 기호 세 개를 연달아 사용해서 그 사이를 구분한다는 것에 주의하면 됩니다.

[그림 9.11] DistTurtle.action을 작성한 화면

이번 액션에서 구현하려는 것은 먼저 turtlesim에 선 속도(linear_x)와 각 속도(angular_z), 그리고 이동해야 할 거리(dist)를 요청하는 것입니다. 그 내부 구현은 잠시 후 이야기하고, 그래서 액션은 이동해야 할 거리가 될 때까지 남은 거리(remained_dist)를 반환하면서 진행합니다. 다 도달하면 현재의 위치(pos_x, pos_y), 자세(pose_theta)와 실제 이동한 거리를 출력하면 됩니다. 이 내용으로 [그림 9.11]의 액션 정의가 작성되었습니다.

2.3 액션 정의 빌드하기

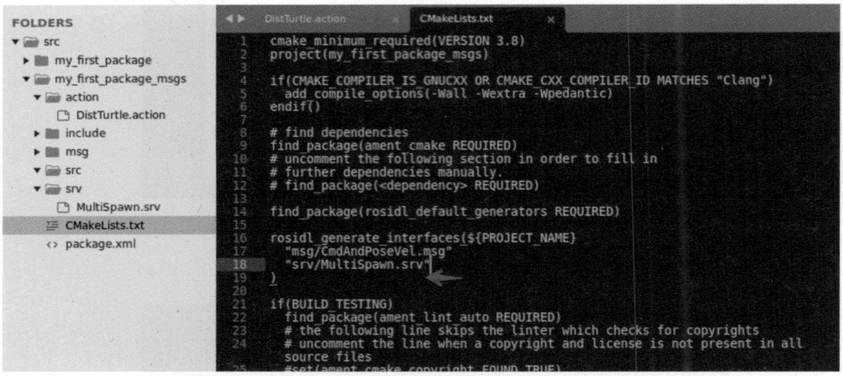

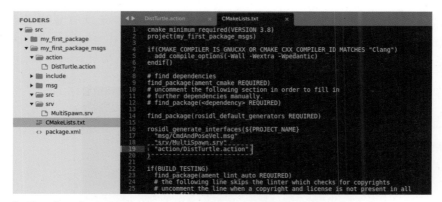

[그림 9.12] my_first_package_msgs 폴더의 CMakeLists.txt 파일 중 일부

이제 my_first_package_msgs 패키지가 있는 폴더의 CMakeLists.txt 파일을 열어보면 [그림 9.12]처럼 나타날 것입니다. 이 책의 내용대로 계속 따라왔으면 [그림 9.12]의 CMakeLists.txt 파일은 이전에 그림의 CmdAndPoseVel.msg와 MultiSpawn.srv를 등록한 상황일 겁니다. [그림 9.12]에 화살표로 표시된 부분에 새로운 액션을 추가합니다.

[그림 9.13] 그림 9.12의 CMakeLists.txt에 DistTurtle.action을 추가하는 장면

[그림 9.11]에서 작성한 DistTurtle.action이라는 파일을 [그림 9.12]에 화살표로 표시된 곳에
[그림 9.13]처럼 추가하면 됩니다.

[그림 9.14] my_first_package_msgs 폴더의 package.xml 파일의 일부

그리고 [그림 9.14]의 package.xml을 열어봅니다. [그림 9.14]에 표시된 대로 이전에 작업했
던 내용이 보입니다.

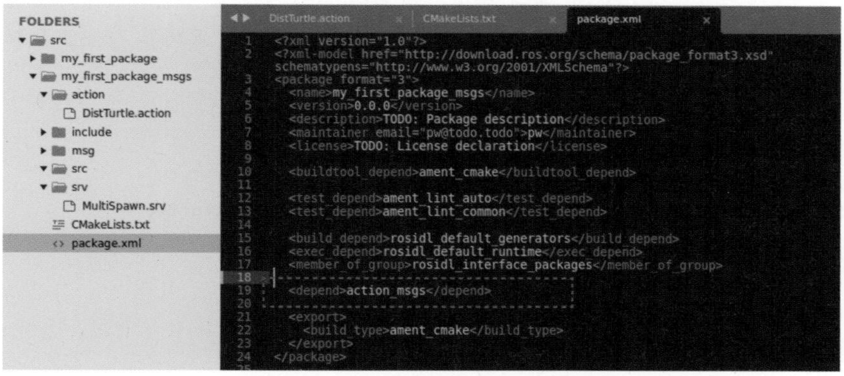

[그림 9.15] my_first_package_msgs 폴더의 package.xml 파일에 action_msgs 등록

[그림 9.14]에서 [그림 9.15]처럼 action_msgs를 추가합니다.

```
pw@pinklab:~$ ros2study  ←
ROS2 Humble is activated.
cros2_study workspace is activated.
pw@pinklab:~$ cd ros2_study/  ←
pw@pinklab:~/ros2_study$ ls  ←
build  install  log  src
pw@pinklab:~/ros2_study$ colcon build  ←
Starting >>> my_first_package
Starting >>> my_first_package_msgs
--- stderr: my_first_package
/usr/lib/python3/dist-packages/setuptools/command/install.py:34: SetuptoolsDepre
cationWarning: setup.py install is deprecated. Use build and pip and other stand
ards-based tools.
  warnings.warn(
---
Finished <<< my_first_package [1.99s]
Finished <<< my_first_package_msgs [2.85s]

Summary: 2 packages finished [3.89s]
  1 package had stderr output: my_first_package
pw@pinklab:~/ros2_study$
```

[그림 9.16] my_first_package_msgs를 빌드하는 과정

이제 [그림 9.16]처럼 [그림 9.15]까지 수정한 my_first_package_msgs를 빌드합니다. [그림 9.16]에 화살표로 표시된 명령을 하나씩 실행합니다. 먼저 우리가 잘 쓰는 ros2study 환경을 로딩합니다. 빌드 단계에서는 humble을 로딩해도 됩니다. 혹시, 지금 ros2study가 뭐고, humble이 뭔지 모른다면, 미안하지만, 책의 처음으로 다시 돌아가야 합니다. 그리고 cd 명령으로 ros2_study 폴더로 이동하고, 목록도 ls 명령으로 한 번 조회해서 올바른 장소로 왔는지 확인한 후, colcon build 명령으로 빌드를 수행합니다.

```
pw@pinklab:~$ ros2study
ROS2 Humble is activated.
ros2_study workspace is activated.
pw@pinklab:~$ ros2 interface show my_first_package_msgs/action/DistTurtle
# Request
float32 linear_x
float32 angular_z
float32 dist
---
# Result
float32 pos_x
float32 pos_y
float32 pos_theta
float32 result_dist
---
# Feedback
float32 remained_dist
```

[그림 9.17] 그림 9.16까지의 상황을 점검하기 위해 interface show 명령으로 확인하는 장면

이제 [그림 9.16]의 빌드 과정이 잘 되었는지 확인합니다. [그림 9.17]처럼 interface show 명령으로 방금 만들어서 빌드한 DistTurtle이 액션으로 조회되는지 확인합니다. [그림 9.17]처럼 결과가 나오면 잘 빌드된 겁니다. 이때 [그림 9.16]에서 같은 터미널에서 바로 테스트하는 것이라면 ros2study라는 명령으로 만들어 둔 환경을 [그림 9.17]의 처음 부분처럼 읽어야 합니다.

3.1 간단히 결과를 보여주는 액션 서버

먼저 간단하게 액션 서버를 만들어서 어떻게 액션이 동작하는 것인지 확인해 보는 시간을 잠시 가지겠습니다. [그림 9.18]에 표시된 my_first_package의 my_first_package 폴더에 dist_turtle_action_server.py라는 빈 파일을 만듭니다.

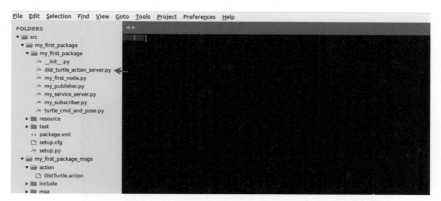

[그림 9.18] sublime text에서 dist_turtle_action_server.py라는 빈 파일을 만드는 장면

Code: my_first_package/my_first_package/dist_turtle_action_server.py [version 1]

```
1  import rclpy as rp
2  from rclpy.action import ActionServer
3  from rclpy.node import Node
4
5  from my_first_package_msgs.action import DistTurtle
6
7
8  class DistTurtleServer(Node):
9
10     def __init__(self):
11         super().__init__('dist_turtle_action_server')
12         self._action_server = ActionServer(
13             self,
14             DistTurtle,
15             'dist_turtle',
16             self.execute_callback)
17
```

```
18    def execute_callback(self, goal_handle):
19        goal_handle.succeed()
20        result = DistTurtle.Result()
21        return result
22
23
24  def main(args=None):
25      rp.init(args=args)
26      dist_turtle_action_server = DistTurtleServer()
27      rp.spin(dist_turtle_action_server)
28
29
30  if __name__ == '__main__':
31      main()
```

그리고 위의 코드를 [그림 9.19]와 같이 작성합니다.

[그림 9.19] setup.py를 작성한 장면

[그림 9.19]의 코드를 천천히 들여다보겠습니다. 먼저 rclpy를 rp로, ActionServer, Node도 각각 import 합니다.

```
import rclpy as rp
from rclpy.action import ActionServer
from rclpy.node import Node
```

[그림 9.11]에서 작성하고 [그림 9.16]에서 빌드했던 DistTurtle도 import 합니다.

```
from my_first_package_msgs.action import DistTurtle
```

Node 클래스의 속성을 상속하면서 DistTurtleServer라는 클래스를 만들기 시작합니다.

```
class DistTurtleServer(Node):
```

이제 DistTurtleServer 클래스의 던더 init 함수에는 ActionServer를 선언합니다. 여기서 [그림 9.11]의 액션 정의를 import 한 DistTurtle을 지정하고, 액션 이름을 dist_turtle이라고 지정합니다. 목표가 설정되면 실행해야 하는 execute_callback 함수도 지정해서 아래와 같이 작성했습니다.

```
def __init__(self):
        super().__init__('dist_turtle_action_server')
        self._action_server = ActionServer(
        self,
        DistTurtle,
        'dist_turtle',
        self.execute_callback)
```

이제 목표가 설정되면 goal_handle이라는 액션의 상태를 저장하는 매소드가 있는데, 여기에 succeed( )라고 하면 액션이 성공한 것으로 상태가 변환됩니다. 그래서 간단히

```
def execute_callback(self, goal_handle):
        goal_handle.succeed()
        result = DistTurtle.Result()
        return result
```

라고 작성하면, 우리가 [그림 9.11]에서 작성한 DistTurtle에서 지정한 result가 Result( )로 반환되도록 했고, 단순히 그냥 성공(succeed)한 것으로 바로 지정해 두었습니다.

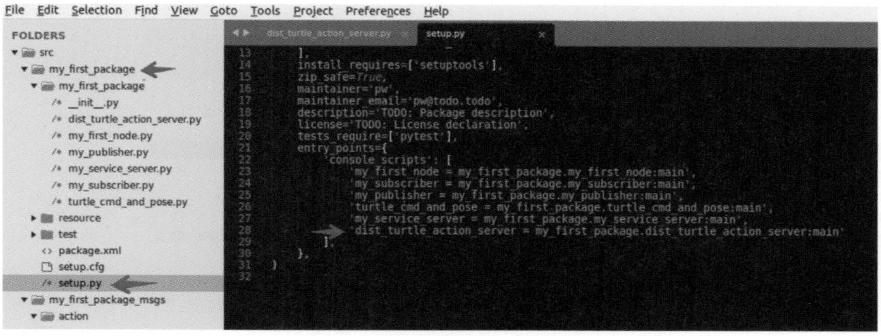

[그림 9.20] setup.py에 dist_turtle_action_server를 지정하는 장면

그리고 [그림 9.20]처럼 my_first_package의 setup.py에 방금 작성한 dist_turtle_action_server를 entry_point 항목에 아래와 같이 추가합니다.

```
'dist_turtle_action_server = my_first_package.dist_turtle_action_server:-
main'
```

```
                        pw@pinklab: ~/ros2_study 80x24
pw@pinklab:~/ros2_study$ ros2study
cROS2 Humble is activated.
ros2_study workspace is activated.
pw@pinklab:~/ros2_study$ colcon build
Starting >>> my_first_package
Starting >>> my_first_package_msgs
--- stderr: my_first_package
/usr/lib/python3/dist-packages/setuptools/command/install.py:34: SetuptoolsDepre
cationWarning: setup.py install is deprecated. Use build and pip and other stand
ards-based tools.
  warnings.warn(
```

[그림 9.21] 그림 9.20까지 작업한 후 다시 ros2_study 워크스페이스를 빌드하는 장면

[그림 9.20]까지 작업을 마쳤다면 ros2_study 워크스페이스로 이동합니다. 혹시 해당 터미널에서 ros2study 명령을 실행하지 않았다면 실행하고, [그림 9.21]처럼 colcon build 명령으로 빌드를 진행합니다.

```
                        pw@pinklab: ~/ros2_study 80x24
pw@pinklab:~/ros2_study$ ros2study
ROS2 Humble is activated.
ros2_study workspace is activated.
pw@pinklab:~/ros2_study$ ros2 run my_first_package dist_turtle_action_server
```

[그림 9.22] 그림 9.19의 액션 서버를 실행하는 장면

이제 빌드를 수행했기 때문에 다시 워크스페이스의 환경을 읽기 위해 ros2study 명령을 실행합니다. 그리고 [그림 9.22]처럼 dist_turtle_action_server를 실행합니다.

```
ros2 run my_first_package dist_turtle_action_server
```

```
                        pw@pinklab: ~/ros2_study 80x24
pw@pinklab:~/ros2_study$ ros2study
ROS2 Humble is activated.
rros2_study workspace is activated.
pw@pinklab:~/ros2_study$ ros2 action send_goal /dist_turtle my_first_package_msg
s/action/DistTurtle  "{linear_x: 0, angular_z: 0, dist: 0}"
```

[그림 9.23] 터미널에서 그림 9.22의 액션 서버에 send_goal 명령을 전송하는 장면

[그림 9.22]의 터미널을 중지하지 않은 상태에서 새로운 터미널을 열고 [그림 9.23]처럼

ros2 action send_goal /dist_turtle my_first_package_msgs/action/DistTurtle "{linear_x: 0, angular_z: 0, dist: 0}"

ros2 action send_goal 명령으로 dist_turtle이라는 이름으로 [그림 9.22]에서 동작 중인 액션 서버에 [그림 9.11]에서 정의해 둔 request 대로 linear_x, angular_z, dist의 값을 그냥 0으로 지정합니다.

```
pw@pinklab:~/ros2_study$ ros2 action send_goal /dist_turtle my_first_package_msg
s/action/DistTurtle "{linear_x: 0, angular_z: 0, dist: 0}"
Waiting for an action server to become available...
Sending goal:
     linear_x: 0.0
angular_z: 0.0
dist: 0.0

Goal accepted with ID: dfe85ceba33c4e0aa239b1b3aeb16b85

Result:
     pos_x: 0.0
pos_y: 0.0
pos_theta: 0.0
result_dist: 0.0

Goal finished with status: SUCCEEDED
pw@pinklab:~/ros2_study$ █
```

[그림 9.24] 그림 9.23의 결과

그러고 나면 [그림 9.24]처럼 그 결과가 나타납니다. 지금 [그림 9.24]의 결과는 큰 의미가 없습니다. 이제 액션 서버가 이렇게 잘 동작한다는 것을 알았으니 조금씩 살을 붙여 보도록 하겠습니다.

3.2 feedback을 액션 서버에 추가해 보기

[그림 9.11]에서 액션 정의를 만들 때, 마지막 feedback이라는 부분이 있었습니다. 액션에서 이 부분은 액션이 목표까지 도달하는 중간 과정을 토픽으로 발행할 수 있습니다. [그림 9.19]의 excute_callback 부분에 [그림 9.25]에서 표시된 부분과 같이 코드를 추가합니다.

```
Code: my_first_package/my_first_package/dist_turtle_action_server.py [version 2]

1  import rclpy as rp
2  from rclpy.action import ActionServer
3  from rclpy.node import Node
4  import time
```

```
 5
 6   from my_first_package_msgs.action import DistTurtle
 7
 8
 9   class DistTurtleServer(Node):
10
11       def __init__(self):
12           super().__init__('dist_turtle_action_server')
13           self._action_server = ActionServer(
14               self,
15               DistTurtle,
16               'dist_turtle',
17               self.execute_callback)
18
19       def execute_callback(self, goal_handle):
20           feedback_msg = DistTurtle.Feedback()
21           for n in range(0,10):
22               feedback_msg.remained_dist = float(n)
23               goal_handle.publish_feedback(feedback_msg)
24               time.sleep(0.5)
25
26           goal_handle.succeed()
27           result = DistTurtle.Result()
28           return result
29
30
31   def main(args=None):
32       rp.init(args=args)
33       dist_turtle_action_server = DistTurtleServer()
34       rp.spin(dist_turtle_action_server)
35
36
37   if __name__ == '__main__':
38       main()
```

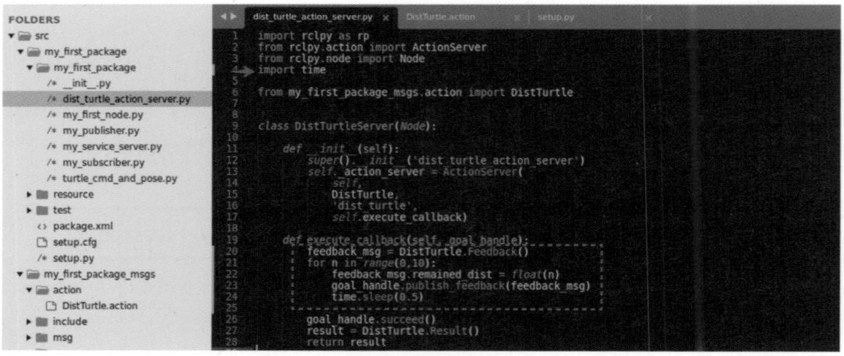

[그림 9.25] feedback을 발행하는 부분 추가

[그림 9.25]에 추가된 코드는 먼저 DistTurtle이라는 액션 정의를 만들고 빌드를 하면 생성되는 Feedback이라는 클래스를 객체화합니다.

```
feedback_msg = DistTurtle.Feedback()
```

그리고 테스트를 위해 만드는 반복문으로 0부터 9까지 반복되도록 반복문을 만듭니다.

```
for n in range(0,10):
```

그 안에 0부터 9까지 숫자를 remained_dist에 저장합니다.

```
feedback_msg.remained_dist = float(n)
```

그리고 publish_feedback을 이용해서 feedback_msg를 발행합니다.

```
goal_handle.publish_feedback(feedback_msg)
```

발행한 후 너무 빨리 반복문이 진행되어 feedback을 관찰하기 어려울 수 있어서 time.sleep으로 0.5초씩 대기하도록 합니다.

```
time.sleep(0.5)
```

이제 잘 저장하고 다시 빌드하고, ros2study 환경을 부르고, [그림 9.22]에서 했듯이 dist_turtle_action_server를 실행합니다.

```
ros2 run my_first_package dist_turtle_action_server
```

그리고 feedback을 관찰하기 위해서 feedback 옵션을 다음과 같이 주어서 [그림 9.26]의 하단처럼 실행합니다.

```
ros2 action send_goal --feedback /dist_turtle my_first_package_msgs/action/DistTurtle "{linear_x: 0, angular_z: 0, dist: 0}"
```

feedback 옵션을 주었기 때문에 실행하면 [그림 9.26]처럼 중간 과정이 나타납니다. [그림 9.26]에서 그 결과를 다 보이지는 않았지만, remained_dist가 반복적으로 표현된 후 [그림 9.24]처럼 성공했다는 메시지도 출력될 것입니다.

```
                        pw@pinklab: ~/ros2_study 80x5
pw@pinklab:~/ros2_study$ ros2study
ROS2 Humble is activated.
ros2_study workspace is activated.
pw@pinklab:~/ros2_study$ ros2 run my_first_package dist_turtle_action_server
▯
```

```
                        pw@pinklab: ~/ros2_study 80x24
pw@pinklab:~/ros2_study$ ros2study
ROS2 Humble is activated.
ros2_study workspace is activated.
pw@pinklab:~/ros2_study$ ros2 action send_goal --feedback /dist_turtle my_first_
package_msgs/action/DistTurtle  "{linear_x: 0, angular_z: 0, dist: 0}"
Waiting for an action server to become available...
Sending goal:
     linear_x: 0.0
angular_z: 0.0
dist: 0.0

Goal accepted with ID: 7ff56f59102748a58c74e9b0ea659ae6

Feedback:
    remained_dist: 0.0

Feedback:
    remained_dist: 1.0

Feedback:
    remained_dist: 2.0
```

[그림 9.26] 그림 9.25의 변경된 코드를 실행한 결과

④ ROS2 Multi Thread 기초

이 장에서 액션을 배우기 위해 진행하는 목표는 turtlesim이 움직인 거리를 측정하고, 사용자의 지시에 따라 turtlesim을 구동시키기도 해야 합니다. 그러면 지금 만들고 있는 액션 서버에서 토픽을 발행(cmd_vel)도 해야 하고 토픽을 구독(pose)도 해야 합니다.

토픽을 발행하는 것은 [그림 9.25]에서 excute_callback 함수 안에 넣으면 될 것 같습니다. 그런데 토픽을 구독하는 것을 만들려면 구독하기로 한 토픽이 발행될 때마다 실행하는 callback 함수를 하나 더 만들어 두어야 하는데 [그림 9.25]의 코드와 같이 진행하면 잘 안 됩니다. 그것은 [그림 9.25]의 액션 서버의 callback 함수인 excute_callback이 실행되기 시작하면 다른 callback 함수는 실행되지 않기 때문입니다.

이 문제를 해결하기 위해서 멀티스레드(multi thread)를 사용하려고 합니다. ROS2에서는 유

입되는 메시지에 대해 callback 함수를 사용하도록 설정하는 경우 한 노드에서 동시에 여러 상황이 발생하는 경우는 멀티스레드를 쓰는 것이 간편합니다. 이번 절에서는 멀티스레드를 어떻게 사용하는지 간단히 익혀 보도록 하겠습니다.

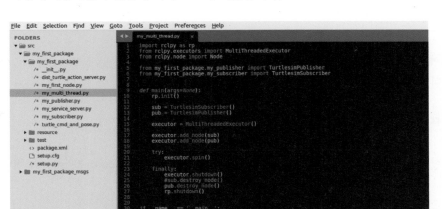

[그림 9.27] my_multi_thread.py 파일을 작성한 화면

Code: my_first_package/my_first_package/my_multi_thread.py

```
1  import rclpy as rp
2  from rclpy.executors import MultiThreadedExecutor
3  from rclpy.node import Node
4
5  from my_first_package.my_publisher import TurtlesimPublisher
6  from my_first_package.my_subscriber import TurtlesimSubscriber
7
8
9  def main(args=None):
10     rp.init()
11
12     sub = TurtlesimSubscriber()
13     pub = TurtlesimPublisher()
14
15     executor = MultiThreadedExecutor()
16
17     executor.add_node(sub)
18     executor.add_node(pub)
19
20     try:
21         executor.spin()
22
23     finally:
24         executor.shutdown()
25         #sub.destroy_node()
26         pub.destroy_node()
```

```
27        rp.shutdown()
28
29
30 if __name__ == '__main__':
31     main()
```

[그림 9.27]에 보이는 코드를 ros2_study 폴더의 my_first_package 폴더 안에 또 my_first_
package 폴더 안에 만들어 둡니다. 그리고 rclpy를 rp라고 import 합니다.

import rclpy as rp

그리고 이 절의 주제인 멀티스레드를 사용하기 위해 MultiThreadedExcutor를 import 합
니다.

from rclpy.executors import MultiThreadedExecutor

이제 멀티스레드를 테스트할 내용은 7장 [그림 7.37]에서 다루었던 my_publisher.py라는 파
일에 작성했던 코드와 [그림 7.28]에서 작성했던 my_subscriber.py라는 파일입니다. 이 두
파일은 각각 TurtlesimPublisher와 TurtlesimSubscriber가 클래스로 만들어져 있었는데요.
지금 우리가 멀티스레드를 연습하는 단계에서는 그 두 코드를 그냥 복사해서 [그림 9.27]의
코드에 붙여넣어도 되지만, 저는 여러분들에게 한 가지를 더 알려주고 싶습니다.

바로 이전에 따로 작성해 둔 내 코드를 불러오는 것입니다. 일단 같은 패키지 내에 있다고 보
고 간단히 [그림 7.37]과 [그림 7.28]에서 작성한 TurtlesimPublisher와 TurtlesimSubscriber
를 import 하기 위해 먼저 TurtlesimPublisher는 아래와 같이 불러주면 됩니다.

from my_first_package.my_publisher import TurtlesimPublisher

그리고 TurtlesimSubscriber도 아래와 같이 불러주면 됩니다.

from my_first_package.my_subscriber import TurtlesimSubscriber

[그림 9.27]의 def main( ) 함수 안을 보면 첫 줄은 rclpy를 초기화하기 위해 다음을 사용합
니다.

rp.init()

지금 [그림 9.27]의 5번, 6번 줄에서 TurtlesimPublisher와 TurtlesimSubscriber를 import 했습니다. 그러면 7장의 [그림 7.37]과 [그림 7.28]의 각각의 클래스를 사용할 수 있습니다. 그때 만들어 둔 코드는 [그림 9.28]과 [그림 9.29]에 다시 나타냈습니다.

```
 7   class TurtlesimPublisher(Node):
 8
 9       def __init__(self):
10           super().__init__('turtlesim_publisher')
11           self.publisher = self.create_publisher(Twist, '/turtle1/cmd_vel', 10)
12           timer_period = 0.5
13           self.timer = self.create_timer(timer_period, self.timer_callback)
14
15       def timer_callback(self):
16           msg = Twist()
17           msg.linear.x = 2.0
18           msg.angular.z = 2.0
19           self.publisher.publish(msg)
20
```

[그림 9.28] 그림 7.37의 TurtlesimPublisher 클래스의 내용

먼저 [그림 9.28]의 TurtlesimPublisher의 내용은 turtle1의 cmd_vel 토픽으로 linear.x와 angular.z를 각각 2.0을 발행하도록 했습니다. 또 [그림 9.29]의 TurtlesimSubscriber에서는 turtle1/pose 토픽을 구독해서 단순히 위칫값을 프린트하도록 했습니다.

```
 7   class TurtlesimSubscriber(Node):
 8
 9       def __init__(self):
10           super().__init__('turtlesim_subscriber')
11           self.subscription = self.create_subscription(
12               Pose,
13               '/turtle1/pose',
14               self.callback,
15               10)
16           self.subscription  # prevent unused variable warning
17
18       def callback(self, msg):
19           print("X : ", msg.x, ", Y : ", msg.y)
20
```

[그림 9.29] 그림 7.28의 TurtlesimSubscriber 클래스의 내용

이 두 클래스를 각각 sub, pub으로 받았습니다.

```
sub = TurtlesimSubscriber()
pub = TurtlesimPublisher()
```

이제 멀티스레드를 시작하기 위해 excutor라는 변수에 MultiThreadedExecutor를 객체화(인스턴시에이션)를 시킵니다.

```
executor = MultiThreadedExecutor()
```

그리고 add_node 명령으로 TurtlesimPublisher와 TurtlesimSubscriber를 추가하면 됩니다.

```
executor.add_node(sub)
executor.add_node(pub)
```

```
1  from setuptools import setup
2
3  package_name = 'my_first_package'
4
5  setup(
6      name=package_name,
7      version='0.0.0',
8      packages=[package_name],
9      data_files=[
10         ('share/ament_index/resource_index/packages',
11             ['resource/' + package_name]),
12         ('share/' + package_name, ['package.xml']),
13     ],
14     install_requires=['setuptools'],
15     zip_safe=True,
16     maintainer='pw',
17     maintainer_email='pw@todo.todo',
18     description='TODO: Package description',
19     license='TODO: License declaration',
20     tests_require=['pytest'],
21     entry_points={
22         'console_scripts': [
23             'my_first_node = my_first_package.my_first_node:main',
24             'my_subscriber = my_first_package.my_subscriber:main',
25             'my_publisher = my_first_package.my_publisher:main',
26             'turtle_cmd_and_pose = my_first_package.turtle_cmd_and_pose:main',
27             'my_service_server = my_first_package.my_service_server:main',
28             'dist_turtle_action_server = my_first_package.dist_turtle_action_server:main',
29             'my_multi_thread = my_first_package.my_multi_thread:main'
30         ],
31     },
32  )
```

[그림 9.30] setup.py에 my_multi_thread를 entry_point에 추가하는 장면

```
                       pw@pinklab: ~/ros2_study 80x14
pw@pinklab:~/ros2_study$ ros2study
ROS2 Humble is activated.
ros_study workspace is activated.
pw@pinklab:~/ros2_study$ ros2 run turtlesim turtlesim_node
```

```
                       pw@pinklab: ~/ros2_study 80x11
pw@pinklab:~/ros2_study$ ros2study
ROS2 Humble is activated.
ros_study workspace is activated.
pw@pinklab:~/ros2_study$ ros2 run my_first_package my_multi_thread
```

[그림 9.31] 그림 9.30 이후 빌드를 완료한 후 turtlesim_node와 my_multi_thread를 준비하는 화면

이제 setup.py에 [그림 9.27]에서 작성한 my_multi_thread를 [그림 9.30]처럼 추가합니다. 그리고 워크스페이스에서 colcon build를 수행하고, ros2study 명령으로 다시 환경을 읽어 들인 후 [그림 9.31]처럼 두 개의 터미널을 준비해서 각각 turtlesim_node와 my_multi_thread를 ros2 run 명령으로 실행합니다. 그러면 [그림 9.32]와 같이 실행 결과를 확인할 수

있습니다.

[그림 9.32] 그림 9.31의 실행 결과

좀 더 정확히 확인하기 위해 또 다른 터미널에서 ros2study를 실행한 후 rqt_graph 명령을
실행해서 토픽 사이의 연결을 확인하면 [그림 9.33]처럼 되어야 합니다.

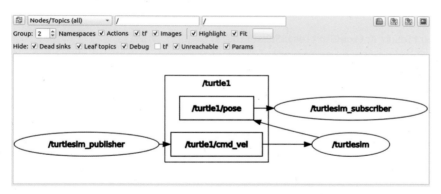

[그림 9.33] 그림 9.32의 실행 결과에서 rqt_graph로 각 토픽의 연결 상황을 확인한 장면

⑤ 지정한 거리만큼 이동하는 액션 서버 만들기

이번 장에서의 목표를 구현할 준비 끝난 것 같습니다. 이제 하나씩 만들어 보겠습니다. 먼저
우리 목표는 사용자가 turtle에게 속도 명령을 인가한 것을 전달하고, 또 사용자가 지정한 이
동 거리를 계산해서 해당 이동 거리 만큼만 이동하고 멈춰야 합니다. 이때 이동 거리는 turtle
이 발행하는 pose 토픽을 구독해서 일정 시간 간격마다 진행한 거리를 계산하려고 합니다.

5.1 전체 코드

이번 코드는 길어서 한 화면에 캡처가 되지 않습니다. 그래서 전체 코드를 먼저 보여드리고
그 세부 내용을 설명하겠습니다.

```
Code: my_first_package/my_first_package/dist_turtle_action_server.py [final]
1   import rclpy as rp
2   from rclpy.action import ActionServer
3   from rclpy.executors import MultiThreadedExecutor
4   from rclpy.node import Node
5
6   from turtlesim.msg import Pose
7   from geometry_msgs.msg import Twist
8   from my_first_package_msgs.action import DistTurtle
9   from my_first_package.my_subscriber import TurtlesimSubscriber
10
11  import math
12  import time
13
14  class TurtleSub_Action(TurtlesimSubscriber):
15      def __init__(self, ac_server):
16          super().__init__()
17          self.ac_server = ac_server
18
19      def callback(self, msg):
20          self.ac_server.current_pose = msg
21
22  class DistTurtleServer(Node):
23      def __init__(self):
24          super().__init__('dist_turtle_action_server')
25          self.total_dist = 0
26          self.is_first_time = True
27          self.current_pose = Pose()
28          self.previous_pose = Pose()
29          self.publisher = self.create_publisher(Twist, '/turtle1/cmd_vel', 10)
30          self.action_server = ActionServer(self, DistTurtle, 'dist_turtle', self.excute_callback)
31
32      def calc_diff_pose(self):
33          if self.is_first_time:
34              self.previous_pose.x = self.current_pose.x
35              self.previous_pose.y = self.current_pose.y
36              self.is_first_time = False
37
38          diff_dist = math.sqrt((self.current_pose.x - self.previous_pose.x)**2 +\
39                              (self.current_pose.y - self.previous_pose.y)**2)
40
41          self.previous_pose = self.current_pose
```

```
42
43          return diff_dist
44
45      def excute_callback(self, goal_handle):
46          feedback_msg = DistTurtle.Feedback()
47
48          msg = Twist()
49          msg.linear.x = goal_handle.request.linear_x
50          msg.angular.z = goal_handle.request.angular_z
51
52          while True:
53              self.total_dist += self.calc_diff_pose()
54              feedback_msg.remained_dist = goal_handle.request.dist - self.total_dist
55              goal_handle.publish_feedback(feedback_msg)
56              self.publisher.publish(msg)
57              time.sleep(0.01)
58
59              if feedback_msg.remained_dist < 0.2:
60                  break
61
62          goal_handle.succeed()
63          result = DistTurtle.Result()
64
65          result.pos_x = self.current_pose.x
66          result.pos_y = self.current_pose.y
67          result.pos_theta = self.current_pose.theta
68          result.result_dist = self.total_dist
69
70          self.total_dist = 0
71          self.is_first_time = True
72
73          return result
74
75
76  def main(args=None):
77      rp.init(args=args)
78
79      executor = MultiThreadedExecutor()
80
81      ac = DistTurtleServer()
82      sub = TurtleSub_Action(ac_server = ac)
83
84      executor.add_node(sub)
85      executor.add_node(ac)
86
87      try:
88          executor.spin()
89
90      finally:
```

```
91          executor.shutdown()
92          sub.destroy_node()
93          ac.destroy_node()
94          rp.shutdown()
95
96
97  if __name__ == '__main__':
98      main()
```

5.2 main: 멀티스레드 적용

```
1   import rclpy as rp
2   from rclpy.action import ActionServer
3   from rclpy.executors import MultiThreadedExecutor
4   from rclpy.node import Node
5
6   from turtlesim.msg import Pose
7   from geometry_msgs.msg import Twist
8   from my_first_package_msgs.action import DistTurtle
9   from my_first_package.my_subscriber import TurtlesimSubscriber
10
11  import math
12  import time
```

[그림 9.34] import 내용

[그림 9.34]에는 import 한 내용이 나타나 있습니다. 1, 2, 3, 4번 행은 왜 import 했는지
이해할 것입니다. 6번은 pose 토픽을 받기 위해, 7번 행은 cmd_vel 토픽을 발행하기 위해
import 했습니다. 8번 행은 앞에서 만든 my_first_package_msgs 패키지에 있는 액션 정의
를 import 했습니다. 그리고 그냥 이 코드에서 만들어도 되지만 여러분들의 학습 효과를 높
이는 차원에서 9번 행처럼 이전에 만들어 둔 my_subscriber.py에 있는 TurtlesimSubscriber
클래스를 import 했습니다.

```
76  def main(args=None):
77      rp.init(args=args)
78
79      executor = MultiThreadedExecutor()
80
81      ac = DistTurtleServer()
82      sub = TurtleSub_Action(ac_server = ac)
83
84      executor.add_node(sub)
85      executor.add_node(ac)
86
87      try:
88          executor.spin()
89
90      finally:
91          executor.shutdown()
92          sub.destroy_node()
93          ac.destroy_node()
94          rp.shutdown()
```

[그림 9.35] main() 문의 내용

[그림 9.35]의 main 함수는 앞 절에서 했던 멀티스레드를 적용하고 있습니다. 앞 절과 다른 점은 [그림 9.35]의 82번 줄입니다. TurtleSub_Action은 turtlesim의 pose 토픽을 받기 위해 선언한 클래스입니다. DistTurtleServer는 앞에서 만들어 둔 클래스 이름입니다. 내용은 새로 작성했습니다. DistTurtleServer를 ac라고 받은 후 TurtleSub_Action을 객체화시킬 때 입력으로 넣고 있는 것이 82번 줄입니다. 이유는 pose를 토픽으로 받은 후 액션 서버에 전달하기 위해서입니다.

5.3 TurtleSub_Action: pose 토픽 구독

```
14    class TurtleSub_Action(TurtlesimSubscriber):
15        def __init__(self, ac_server):
16            super().__init__()
17            self.ac_server = ac_server
18
19        def callback(self, msg):
20            self.ac_server.current_pose = msg
```

[그림 9.36] TurtleSub_Action 클래스의 내용

TurtleSub_Action 클래스는 [그림 9.36]의 14번 줄에서처럼 TurtlesimSubscriber 클래스를 상속받습니다. TurtlesimSubscriber는 [그림 9.34]의 9번 행에서 import 해 두었습니다. TurtlesimSubscriber는 [그림 7.28]에 그 내용이 있지만, 편의를 위해 [그림 9.29]에서 한 번 더 제시했습니다. TurtlesimSubscriber의 내용은 /turtle1/pose 토픽을 받아 화면에 출력하는 것이었습니다. 그런데 그걸 그대로 출력하면 안 됩니다. 우리는 액션 서버에서 사용할 수 있도록 해야 합니다. 그래서 15번 줄에서 던더 init을 선언할 때 ac_server라는 입력을 준비해서 여기에 적용해야 할 액션 서버를 지정하도록 했습니다. 그래서 [그림 9.35]의 82번 줄에서 TurtlesimSubscriber를 객체화할 때 입력으로 81번 줄의 액션 서버를 적용한 것입니다. 그것이 [그림 9.36]의 17번 줄입니다. [그림 9.36]의 16번 행의 super()는 6장에서 다룬 것으로 던더 init의 나머지 변수는 그대로 가져오기 위해서입니다.

또한 [그림 9.36]의 19번 줄에서 callback 함수를 다시 적용한 것은 6장에서 배운 오버라이딩입니다. 즉 TurtlesimSubscriber에 있는 callback을 사용하지 않고 [그림 9.36]의 19번 줄에서 다시 선언하겠다는 것입니다. 그 내용은 20번 줄에서처럼 입력으로 받은 액션 서버에 current_pose라는 변수를 하나 준비하고 그 내용을 msg, 즉 pose 토픽의 내용으로 업데이트를 하라는 의도입니다.

요즘은 Python으로 작성된 ROS 패키지도 많아서 그 코드 내부를 들여다볼 수 있는 일이 많습니다. 꼭 그것만 아니더라도 시간이 지날수록 여러분 스스로 작성한 코드들이 많아질 것입니다. 그럴 때 [그림 9.36]과 같은 스타일로 작성하는 것은 꽤 효율적입니다.

5.4 DistTurtleServer: 사용자가 지정한 거리만큼 이동

5.4.1 DistTurtleServer/__init__()

```
22  class DistTurtleServer(Node):
23      def __init__(self):
24          super().__init__('dist_turtle_action_server')
25          self.total_dist = 0
26          self.is_first_time = True
27          self.current_pose = Pose()
28          self.previous_pose = Pose()
29          self.publisher = self.create_publisher(Twist, '/turtle1/cmd_vel', 10)
30          self.action_server = ActionServer(self, DistTurtle, 'dist_turtle', self.excute_callback)
```

[그림 9.37] DistTurtleServer/__init__()

이제부터는 DistTurtleServer 클래스의 내용입니다. 던더 init 함수에서는 어떤 중요한 이유 때문에 준비한 변수들과 토픽을 발행하고 액션 서버를 초기화하기 위한 선언들이 있습니다. 먼저 [그림 9.37]의 29번 줄에는 사용자가 액션 서버에 지정한 cmd_vel을 발행하기 위해 publisher를 준비했습니다. 그리고 30번 행에는 액션 서버를 준비했습니다.

[그림 9.37]의 25번 줄은 turtle이 움직인 거리를 한 번에 알 수가 없어서 짧은 순간순간의 이동 거리를 누적해서 기록할 용도로 변수를 선언한 것인데 처음에는 움직인 거리가 없어서 0으로 해 두었습니다.

[그림 9.37]의 26번 줄은 액션 서버에서 반복문이 동작하는데 그 반복문이 처음 실행된 것인지 확인하는 용도로 사용할 변수입니다. 처음 turtlesim을 실행하면 첫 위치가 대략 x, y가 각각 약 5.4 정도에서 시작되는데 이를 반영하기 위해서 첫 계산에서는 첫 위치를 이동 거리 계산에 포함하지 않기 위해서입니다.

5.4.2 DistTurtleServer/calc_diff_pos()

```
32      def calc_diff_pose(self):
33          if self.is_first_time:
34              self.previous_pose.x = self.current_pose.x
35              self.previous_pose.y = self.current_pose.y
36              self.is_first_time = False
37
38          diff_dist = math.sqrt((self.current_pose.x - self.previous_pose.x)**2 +\
39                                (self.current_pose.y - self.previous_pose.y)**2)
40
41          self.previous_pose = self.current_pose
42
43          return diff_dist
```

[그림 9.38] DistTurtleServer/calc_diff_pos()

DistTurtleServer 클래스에 있는 calc_diff_pos 함수가 [그림 9.38]에 있습니다. [그림 9.38]의 calc_diff_pos 함수의 메인은 38번 줄입니다. 38번 줄에서 앞에서 받은 pose 토픽을 이용해서 현재의 위치(x, y)와 직전 위치로 유클리드 기하학으로 거리를 계산합니다. 같은 위치

끼리 빼고 난 결과를 각각 제곱한 후 제곱근을 적용하는 것입니다. 이때 현재 위치는 [그림 9.37]의 27번 줄에서 선언해 둔 current_pose에 [그림 9.36]의 TurtleSub_Action 클래스가 업데이트해 줍니다. 또한 previous_pose는 38번 줄의 연산이 끝난 후 current_pose를 저장합니다. 그러면 다시 calc_diff_pose가 실행될 때 previous_pose에는 이전 위치가 저장되어서 38번 줄을 실행하면 거리를 계산할 수 있습니다.

[그림 9.38]의 33번 줄은 calc_diff_pose가 혹시 처음 실행된 것이라면 previous_pose는 (0,0)인데 첫 시작이 (0,0)이 아닌 경우 움직이지 않았는데 거리가 0이 아닐 수 있기 때문에 적용된 코드입니다. 처음 시작했다면 previous_pose를 바로 현재값으로 저장해서 38번 줄을 계산한 결과가 0이 되도록 한 것입니다.

그리고 난 후 41번 줄에서 현재 위치 current_pose를 previous_pose에 저장하고, 계산된 순간적인 거릿값을 반환(return)합니다.

5.4.3 DistTurtleServer/execute_callback( )

```
45    def execute_callback(self, goal_handle):
46        feedback_msg = DistTurtle.Feedback()
47
48        msg = Twist()
49        msg.linear.x = goal_handle.request.linear_x
50        msg.angular.z = goal_handle.request.angular_z
51
52        while True:
53            self.total_dist += self.calc_diff_pose()
54            feedback_msg.remained_dist = goal_handle.request.dist - self.total_dist
55            goal_handle.publish_feedback(feedback_msg)
56            self.publisher.publish(msg)
57            time.sleep(0.01)
58
59            if feedback_msg.remained_dist < 0.2:
60                break
61
62        goal_handle.succeed()
63        result = DistTurtle.Result()
64
65        result.pos_x = self.current_pose.x
66        result.pos_y = self.current_pose.y
67        result.pos_theta = self.current_pose.theta
68        result.result_dist = self.total_dist
69
70        self.total_dist = 0
71        self.is_first_time = True
72
73        return result
```

[그림 9.39] DistTurtleServer/execute_callback()

DistTurtleServer 클래스에서 [그림 9.37]의 30번 행에서 액션 서버를 선언할 때 지정한 execute_callback 함수의 내용이 [그림 9.39]에 있습니다.

먼저 우리가 사전에 만들어 둔 액션 정의의 Request 부분 중 속도 명령에 대한 것이 있습니다. 이 부분은 사용자에게 받아서 그대로 cmd_vel 토픽으로 발행할 것입니다. [그림 9.37]의 29번 줄에서 선언한 publisher를 이용해서 [그림 9.39]의 56번 줄에서 발행하도록 하고 있습니다. 이때 사용되는 msg는 [그림 9.39]의 48번에서 Twist를 객체화하고 linear.x와 angular.z에 사용자에게 받은 linear_x, angular_z를 각각 지정한 것입니다.

이제 [그림 9.39]의 52번 줄부터 60번 줄까지 while True로 무한 반복되는 코드를 보겠습니다. 이 코드에는 먼저 순간적인 이동 거리를 계산하는 [그림 9.38]의 결과를 계속 누적해서 합산해 두는 53번 줄이 있습니다. 그리고 유저가 지정한 거리에서 이 결과를 빼서 54번 줄에서 remained_dist에 저장해 둡니다. 나중에 유저는 이 내용이 발행되도록 해서 열람해 볼 수 있습니다. 그렇게 하도록 55번 줄에서 goal_handle.publish_feedback 명령을 사용합니다.

[그림 9.39]의 59번 줄의 조건문은 남은 거리가 0.2 이내에 들어오면 52번 줄의 반복문을 종료하도록 하고 있습니다. 0.2는 제가 편의상 잡은 수치로 여러 이유로 남은 거리가 딱 0이 되지 않을 때가 많습니다. 약간의 오차가 존재합니다. 그래서 대충 얼마 이내로 들어오면 멈추라고 한 것입니다. 그리고 62번 줄에서 이 액션을 성공으로 상태를 전환합니다.

이제 결과를 반환하기 위해 63번 줄에서 result를 선언하고, 마지막 turtlesim의 위치를 기록해서 반환합니다. 그런데 70번, 71번 줄이 추가된 것은 액션 서버를 종료하지 않고 또 명령을 인가할 때, 즉 send_goal을 지정할 때 거리를 새롭게 0부터 계산하도록 하기 위해서입니다.

6 액션 서버 간단히 사용해보기

```
pw@pinklab:~/ros2_study$ colcon build
Starting >>> my_first_package
Starting >>> my_first_package_msgs
--- stderr: my_first_package
/usr/lib/python3/dist-packages/setuptools/command/install.py:34: SetuptoolsDepre
cationWarning: setup.py install is deprecated. Use build and pip and other stand
ards-based tools.
  warnings.warn(
---
Finished <<< my_first_package [1.64s]
Finished <<< my_first_package_msgs [3.74s]
```

[그림 9.40] 워크스페이스에서 빌드를 수행한 모습

먼저 [그림 9.40]처럼 워크스페이스에서 빌드를 수행합니다.

```
pw@pinklab:~/ros2_study$ ros2study
ROS2 Humble is activated.
ros2_study workspace is activated.
pw@pinklab:~/ros2_study$ ros2 run turtlesim turtlesim_node
Warning: Ignoring XDG_SESSION_TYPE=wayland on Gnome. Use QT_QPA_PLATFORM=wayland
 to run on Wayland anyway.
[INFO] [1706428469.426749874] [turtlesim]: Starting turtlesim with node name /tu
rtlesim
```

[그림 9.41] 빌드 후 turtlesim_node를 실행하고 있는 모습

그런 다음 [그림 9.41]처럼 ros2study를 실행한 후 ros2 run 명령으로 turtlesim 패키지의 turtlesim_node를 실행합니다.

```
pw@pinklab:~/ros2_study$ ros2study
ROS2 Humble is activated.
ros2_study workspace is activated.
pw@pinklab:~/ros2_study$ ros2 run my_first_package dist_turtle_action_server
```

[그림 9.42] dist_turtle_action_server를 실행하는 모습

이제 my_first_package에서 만들어 둔 dist_turtle_action_server를 또 다른 터미널을 열어서 [그림 9.42]처럼 실행합니다.

```
pw@pinklab: ~/ros2_study 80x13
pw@pinklab:~/ros2_study$ ros2study
ROS2 Humble is activated.
ros2_study workspace is activated.
pw@pinklab:~/ros2_study$ ros2 action send_goal --feedback /dist_turtle my_first_
package_msgs/action/DistTurtle  "{linear_x: 0.8, angular_z: 0.4, dist: 2.}"
```

[그림 9.43] ros2 action 명령으로 send_goal을 인가하는 장면

그리고 [그림 9.43]처럼 ros2 action 명령으로 send_goal을 지정합니다. 속도는 직선 방향으로 0.8, 회전 방향으로 0.4 만큼의 속도를 인가하고 이동해야 할 거리는 2라고 지정했습니다.

```
Feedback:
    remained_dist: 0.20800016820430756

Feedback:
    remained_dist: 0.20800016820430756

Feedback:
    remained_dist: 0.19519980251789093

Result:
    pos_x: 7.111639022827148
pos_y: 6.3100080490112305
pos_theta: 0.902398943901062
result_dist: 1.8048001527786255

Goal finished with status: SUCCEEDED
pw@pinklab:~/ros2_study$ 
```

[그림 9.44] 그림 9.43을 실행한 결과

[그림 9.43]의 터미널에서 실행 결과가 [그림 9.44]입니다. 그리고 그 실제 결과는 [그림 9.45]입니다. [그림 9.45]에서 거북이가 아직 움직이고 있을 때 미리 열어둔 또 다른 터미널에서 rqt_graph를 한 결과는 [그림 9.46]입니다. [그림 9.46]에서 보면 액션 서버에서부터 turtlesim과의 연결을 확인할 수 있습니다.

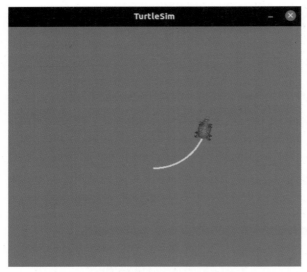

[그림 9.45] 그림 9.43을 실행한 turtlesim의 움직인 결과

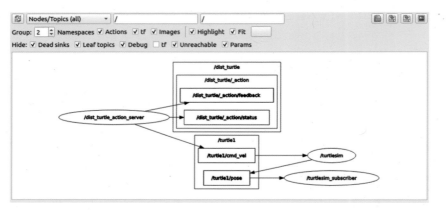

[그림 9.46] 그림 9.43을 실행하는 동안 rqt_graph의 결과

7 마무리

지금까지 액션을 다루었습니다. 액션 정의를 만드는 것에서 시작해서 간단한 액션의 동작에 관해 이야기했습니다. 더 나가서 멀티스레드를 ROS에서 어떻게 구현하는지 이야기하고 이를 이용해서 간단히 액션 서버를 만들어 보았습니다.

Chapter

10

Parameter 다루기

ROS 세계에서는 설정값을 관리하는 다양한 방법이 있습니다. 그중에 프로그램 코드에 변수로 등록해 두는 방법이 있습니다. 그렇게 하면 어떤 코드에서 사용하는 설정을 외부에서도 사용하려면 신경을 많이 써야 합니다. 이때 파라미터 서버를 이용할 수 있습니다. 이번 장에서는 이 파라미터를 다루는 방법을 이야기하겠습니다.

2 **터미널 명령으로 파라미터 사용해보기**

2.1 실습환경

[그림 10.1] 실습을 위해 터미널 3개를 준비하고 humble 환경을 호출한 모습

[그림 10.1]처럼 세 개의 터미널을 준비한 후 모두 humble 환경을 호출합니다. 이전에 사용하던 ros2study 환경을 호출해도 상관없습니다. 어차피 [그림 7.19]에서 처음 만들 때, ros2study에서 humble을 부르도록 했습니다.

[그림 10.2] 그림 10.1에서 turtlesim_node와 turtle_teleop_key를 실행하는 장면

[그림 10.1]의 세 개의 터미널 중 두 개에서 ros2 run 명령으로 turtlesim 패키지의 turtlesim_node와 turtle_teleop_key 노드를 [그림 10.2]처럼 각각 실행합니다. 실행이 완료되면 [그림 10.3]처럼 되어 있을 겁니다.

[그림 10.3] 그림 10.2의 실행 결과

2.2 ros2 param list

이제 [그림 10.4]와 같이 세 번째 터미널에 ros2 param 명령으로 list를 조회하면 현재 사용 가능하거나 접근 가능한 파라미터 목록을 확인할 수 있습니다.

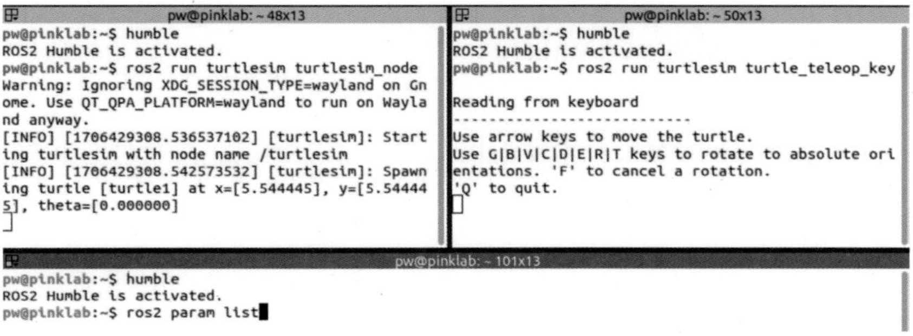

[그림 10.4] 그림 10.3에서 ros2 param list를 실행하려는 화면

```
pw@pinklab:~$ ros2 param list
/teleop_turtle:
  qos_overrides./parameter_events.publisher.depth
  qos_overrides./parameter_events.publisher.durability
  qos_overrides./parameter_events.publisher.history
  qos_overrides./parameter_events.publisher.reliability
  scale_angular
  scale_linear
  use_sim_time
/turtlesim:
  background_b
  background_g
  background_r
  qos_overrides./parameter_events.publisher.depth
  qos_overrides./parameter_events.publisher.durability
  qos_overrides./parameter_events.publisher.history
  qos_overrides./parameter_events.publisher.reliability
  use_sim_time
pw@pinklab:~$ ▊
```

[그림 10.5] 그림 10.4의 ros2 param list를 실행한 결과

2.3 ros2 param get

[그림 10.5]를 보면 ros2 param lists 명령으로 파라미터의 목록을 조회한 결과가 나타나 있습니다. 두 개의 노드를 실행해서 /teleop_turtle과 /turtlesim으로 크게 나뉘어 있는 것을 확인할 수 있습니다. 이 중의 하나를 콕 찍어서 그 값을 조회하는 방법을 보겠습니다.

```
  use_sim_time
/turtlesim:
  background_b
  background_g
  background_r
  qos_overrides./parameter_events.publisher.depth
  qos_overrides./parameter_events.publisher.durability
  qos_overrides./parameter_events.publisher.history
  qos_overrides./parameter_events.publisher.reliability
  use_sim_time
pw@pinklab:~$ ros2 param get /turtlesim background_g
Integer value is: 86
pw@pinklab:~$
pw@pinklab:~$
```

[그림 10.6] ros2 param get 명령으로 background_g의 값을 조회하는 장면

특정한 파라미터의 값을 확인하고 싶다면 ros2 param get 명령을 이용해서 원하는 노드의 이름과 파라미터의 이름을 명시합니다.

ros2 param get /turtlesim background_g

그러면 [그림 10.6]과 같은 결과를 얻을 수 있습니다.

2.4 ros2 param set

[그림 10.6]에서 해당 파라미터의 값을 조회하는 명령을 사용해보았습니다. 이번에는

ros2 param set /turtlesim background_r 250

를 이용해서 turtlesim 노드의 background_r 파라미터를 250으로 [그림 10.7]과 같이 set 하도록 하겠습니다. 그러면 [그림 10.8]과 같이 turtlesim 노드의 배경화면 색이 핑크[1]로 변경되는 것을 확인할 수 있습니다.

```
pw@pinklab:~$ humble
ROS2 Humble is activated.
pw@pinklab:~$ ros2 param set /turtlesim background_r 250
Set parameter successful
pw@pinklab:~$
```

[그림 10.7] ros2 param set 명령으로 background_r의 값을 250으로 변경하는 장면

[그림 10.8] 그림 10.7을 실행했을 때, turtlesim의 배경색이 바뀌는 장면

---

1 역시 핑크입니다.

2.5 ros2 param dump

[그림 10.6]처럼 ros2 param get 명령으로 일일이 파라미터를 조회하는 것은 불편할 수 있습니다. 이럴 때는 파라미터 전체를 다 통으로 저장해두는 것도 좋습니다. 혹은 파라미터를 관찰하고 싶을 때 한 번에 저장해서 관찰하는 것도 좋습니다.

```
pw@pinklab:~$ humble
roROS2 Humble is activated.
pw@pinklab:~$ ros2 param set /turtlesim background_r 250
Set parameter successful
pw@pinklab:~$ cd ros2_study/src/my_first_package
pw@pinklab:~/ros2_study/src/my_first_package$
```

[그림 10.9] 워크스페이스의 src 폴더의 my_first_package로 이동하는 모습

현재 폴더 경로가 홈(~)이라면 [그림 10.9]처럼 cd 명령을 이용해서 워크스페이스(ros2_study)의 src 폴더의 my_first_package로 이동합니다.

```
pw@pinklab:~$ humble
roROS2 Humble is activated.
pw@pinklab:~$ ros2 param set /turtlesim background_r 250
Set parameter successful
pw@pinklab:~$ cd ros2_study/src/my_first_package
pw@pinklab:~/ros2_study/src/my_first_package$ mkdir params
pw@pinklab:~/ros2_study/src/my_first_package$ cd params
pw@pinklab:~/ros2_study/src/my_first_package/params$
```

[그림 10.10] my_first_package 폴더에 params 폴더를 만드는 장면

그리고 [그림 10.10]처럼 mkdir 명령으로 my_first_package 폴더에 params라는 폴더를 만들어 둡니다. 그리고 cd 명령으로 만들어 둔 params 폴더로 이동합니다.

```
pw@pinklab:~$ humble
ROS2 Humble is activated.
pw@pinklab:~$ ros2 param set /turtlesim background_r 250
Set parameter successful
pw@pinklab:~$ cd ros2_study/src/my_first_package
pw@pinklab:~/ros2_study/src/my_first_package$ mkdir params/
pw@pinklab:~/ros2_study/src/my_first_package$ cd params/
pw@pinklab:~/ros2_study/src/my_first_package/params$ ros2 param dump /turtlesim > turtlesim.
pw@pinklab:~/ros2_study/src/my_first_package/params$ ls
turtlesim.yaml
pw@pinklab:~/ros2_study/src/my_first_package/params$ █
```

[그림 10.11] ros2 param dump 명령으로 파라미터를 저장하는 장면

이제 ros2 param dump 명령으로 /turtlesim 노드의 파라미터들을 저장합니다.

ros2 param dump /turtlesim > turtlesim.yaml

이렇게 하면 params 폴더에 turltesim.yaml이라는 파일이 [그림 10.11]처럼 생성되는 것을 확인할 수 있습니다.

```
pw@pinklab:~$ humble
ROS2 Humble is activated.
pw@pinklab:~$ ros2 param set /turtlesim background_r 250
Set parameter successful
pw@pinklab:~$ cd ros2_study/src/my_first_package
pw@pinklab:~/ros2_study/src/my_first_package$ mkdir params/
pw@pinklab:~/ros2_study/src/my_first_package$ cd params/
pw@pinklab:~/ros2_study/src/my_first_package/params$ ros2 param dump /turtlesim
 > turtlesim.yaml
pw@pinklab:~/ros2_study/src/my_first_package/params$ ls
turtlesim.yaml
pw@pinklab:~/ros2_study/src/my_first_package/params$ cd ~/ros2_study/
pw@pinklab:~/ros2_study$ cd src
pw@pinklab:~/ros2_study/src$ subl .
pw@pinklab:~/ros2_study/src$
```

[그림 10.12] 워크스페이스의 src 폴더로 가서 sublime text를 실행한 장면

[그림 10.12]처럼 워크스페이스(ros2_study)로 가서, 다시 src 폴더로 이동한 다음, subl . 명령으로 현재 폴더 전체를 sublime text로 열었습니다.

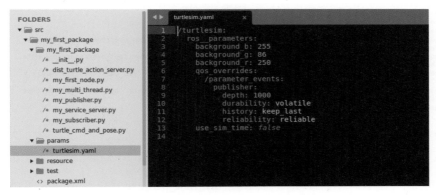

[그림 10.13] sublime text에서 params 폴더의 turtlesim.yaml을 열어본 화면

[그림 10.13]은 [그림 10.12]에서 sublime text로 params 폴더의 turtlesim.yaml을 열어본 모습입니다. [그림 10.13]에서는 우리가 [그림 10.7]에서 background_r을 250으로 수정한 것도 확인할 수 있습니다.

2.6 ros2 param load

[그림 10.13]의 3, 4, 5번 행의 값을 [그림 10.14]처럼 수정합니다. 그리고 반드시 저장해야 합니다.

[그림 10.14] 그림 10.13에서 background_b, g, r 값을 수정한 모습

```
pw@pinklab:~/ros2_study/src$
pw@pinklab:~/ros2_study/src$ cd ./my_first_package/params/
pw@pinklab:~/ros2_study/src/my_first_package/params$
pw@pinklab:~/ros2_study/src/my_first_package/params$
```

[그림 10.15] my_first_package 폴더의 params 폴더로 이동한 모습

```
pw@pinklab:~/ros2_study/src/my_first_package/params$ ros2 param load /turtlesim ./turtlesim.yaml
Set parameter background_b successful
Set parameter background_g successful
Set parameter background_r successful
Set parameter qos_overrides./parameter_events.publisher.depth failed: parameter 'qos_overrides./parameter_eve
nts.publisher.depth' cannot be set because it is read-only
Set parameter qos_overrides./parameter_events.publisher.durability failed: parameter 'qos_overrides./paramete
r_events.publisher.durability' cannot be set because it is read-only
Set parameter qos_overrides./parameter_events.publisher.history failed: parameter 'qos_overrides./parameter_e
vents.publisher.history' cannot be set because it is read-only
Set parameter qos_overrides./parameter_events.publisher.reliability failed: parameter 'qos_overrides./paramet
er_events.publisher.reliability' cannot be set because it is read-only
Set parameter use_sim_time successful
```

[그림 10.16] ros2 param load 명령으로 turtlesim.yaml을 읽은 모습

이제 [그림 10.15]처럼 워크스페이스(ros2_study)의 my_first_package 폴더의 params 폴더로 이동해서 [그림 10.16]처럼 ros2 param load 명령으로 [그림 10.12]에서 저장하고 [그림 10.14]에서 일부 수정 후 저장한 turltesim.yaml을 읽습니다.

ros2 param load /turtlesim ./turtlesim.yaml

그러면 [그림 10.16]처럼 쓸 수 없는 파라미터는 에러가 나지만 나머지는 값이 변경되고 [그림 10.17]처럼 더 부드러운 핑크로 변경됩니다.

[그림 10.17] 그림 10.16의 결과로 색이 더 핑크에 가까워진 모습

③ 코드로 접근하는 파라미터

이번에는 파라미터를 어떻게 코드 내에서 활용하는지 잠시 확인해보겠습니다. 파라미터를 테스트하기 위해 9장에서 작성했던 코드에 특정 기능을 하나 추가해 보겠습니다. 9장에서 만든 액션 서버는 사용자로부터 직진과 회전 방향의 주행 속도 명령, 가야 할 거리를 받아서 turtlesim을 주행시키는 역할을 했습니다. 여기서 사용자에게 받은 이동해야 할 거리의 75% 지점과 95% 지점이 되면 어떤 메시지를 출력하도록 하겠습니다. 그런데 위에서 말한 75%, 95%는 초기 설정값이고 사용자는 이를 파라미터로 변경하도록 하겠습니다.

3.1 일단 파라미터를 선언하자

먼저 9장에서 최종적으로 작성 완료했던 dist_turtle_action_server.py 파일의 DistTurtleServer 클래스의 던더 init에 [그림 10.18]처럼 두 줄의 명령을 마지막에 추가합니다.

```
self.declare_parameter('quatile_time', 0.75)
self.declare_parameter('almost_goal_time', 0.95)
```

```
22  class DistTurtleServer(Node):
23      def __init__(self):
24          super().__init__('dist_turtle_action_server')
25          self.total_dist = 0
26          self.is_first_time = True
27          self.current_pose = Pose()
28          self.previous_pose = Pose()
29          self.publisher = self.create_publisher(Twist, '/turtle1/cmd_vel', 10)
30          self.action_server = ActionServer(self, DistTurtle, 'dist_turtle', self.exc
31          self.declare_parameter('quatile_time', 0.75)
32          self.declare_parameter('almost_goal_time', 0.95)
33
```

[그림 10.18] 두 줄의 명령 추가

노드가 제공하는 declare_parameter는 유저가 지정한 이름의 파라미터를 만들고 초기치를 지정할 수 있게 해줍니다. 일단 여기까지 한 후 빌드를 다시 하고 ros2study 환경을 다시 읽습니다.

그리고 [그림 10.19]의 위쪽 그림과 같이 9장에서 만들고 [그림 10.18]에서 두 줄을 추가한 후 빌드를 다시 한, my_first_package의 dist_turtle_action_server를 실행합니다. 그리고 [그림 10.19]의 아래쪽 그림과 같이 터미널을 하나 더 열어서 ros2study를 읽고, ros2 param list를 해본 결과를 보면 [그림 10.18]에서 만든 두 개의 파라미터 이름이 보일 겁니다.

[그림 10.19] 그림 10.18의 코드를 빌드하고 실행한 후 파라미터 목록을 조회하는 장면

이때 초기치 설정이 잘 되었는지 확인하기 위해 ros2 param get 명령을 이용해서

```
ros2 param get /dist_turtle_action_server quatile_time
```

라고 실행한 [그림 10.20]의 결과가 [그림 10.18]에서 지정했던 초기치와 같다는 것을 확인할 수 있습니다.

```
                          pw@pinklab: ~ 99x11
ros2_study workspace is activated.
pw@pinklab:~$ ros2 param list
/dist_turtle_action_server:
  almost_goal_time
  quatile_time
  use_sim_time
/turtlesim_subscriber:
  use_sim_time
pw@pinklab:~$ ros2 param get /dist_turtle_action_server quatile_time
Double value is: 0.75
pw@pinklab:~$
```

[그림 10.20] 그림 10.18의 코드를 빌드하고 실행한 후 파라미터 목록을 조회하는 장면

3.2 파라미터를 코드 내에서 사용하는 방법

[그림 10.18]에서 변경한 코드 아래에 추가로 [그림 10.21]처럼 다음과 같이 작성합니다.

```
(quantile_time, almosts_time) = self.get_parameters( ['quatile_time', 'al-most_goal_time'])
print('quatile_time and almost_goal_time is ', quantile_time.value, al-mosts_time.value)
```

```
22   class DistTurtleServer(Node):
23       def __init__(self):
24           super().__init__('dist_turtle_action_server')
25           self.total_dist = 0
26           self.is_first_time = True
27           self.current_pose = Pose()
28           self.previous_pose = Pose()
29           self.publisher = self.create_publisher(Twist, '/turtle1/cmd_vel', 10)
30           self.action_server = ActionServer(self, DistTurtle, 'dist_turtle', self.excute_
31           self.declare_parameter('quatile_time', 0.75)
32           self.declare_parameter('almost_goal_time', 0.95)
33
34           (quantile_time, almosts_time) = self.get_parameters(
35                                   ['quatile_time', 'almost_goal_time'])
36
37           print('quatile_time and almost_goal_time is ',
38                       quantile_time.value, almosts_time.value)
```

[그림 10.21] get_parameters를 사용해서 파라미터 변수로 저장

[그림 10.21]처럼 다수의 파라미터를 리스트 형으로 잡아서 get_parameters를 통해 저장할 수 있습니다. 이때 저장된 변수에서 value 속성으로 그 값을 가져올 수 있습니다. 그것은 [그림 10.21]의 37번, 38번 줄의 print 문을 보면 알 수 있습니다.

[그림 10.21]의 코드를 변경하고 저장한 후 다시 빌드하고 ros2study를 읽고, [그림 10.22]처럼 dist_turtle_action_server를 실행한 결과를 실행한 결과를 보면 파라미터를 코드 내에서 잘 쓰고 있음을 알 수 있습니다.

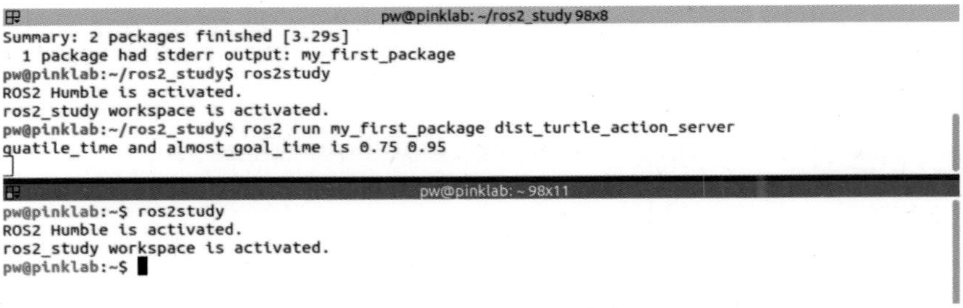

[그림 10.22] 그림 10.21의 코드를 확인하는 장면

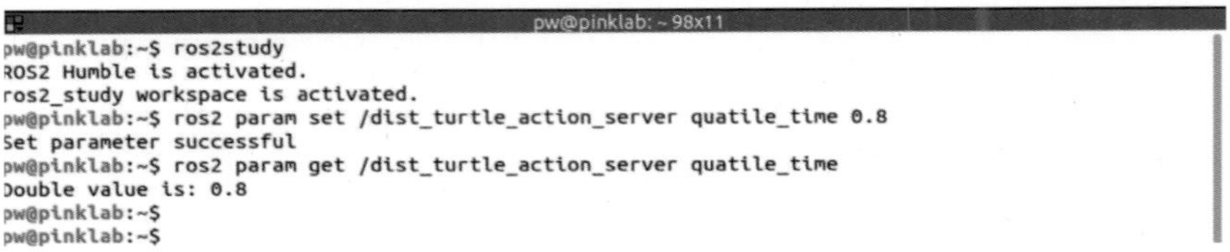

[그림 10.23] ros2 param set 명령을 사용하는 장면

이때 [그림 10.23]처럼 ros2 param set 명령으로 quatile_time의 값을 0.8로 바꾼 후 ros2 param get 명령으로 확인해보면 변경도 잘 되었음을 알 수 있습니다.

3.3 파라미터가 변경되는 것 눈치채기

ROS2에서는 파라미터가 변경되는 것을 실시간으로 알 수 있습니다. 그래서 파라미터가 변경되면 바로 적용할 수 있습니다. 여러분들은 이미 한 번 만난 적이 있습니다. 바로 [그림 10.17]에서 배경색을 변경하니 즉시 변경되는 것이었습니다. 이렇게 변경하게 하려면 파라미터가 변경되었음을 알 수 있어야 합니다. 그것이 바로 add_on_set_parameters_callback이라는 것을 이용하는 것입니다.

먼저

from rcl_interfaces.msg import SetParametersResult

를 dist_turtle_action_server에 [그림 10.24]처럼 추가합니다. [그림 10.23]에서 나오는 param set 명령으로 파라미터를 변경했을 때 successful 어쩌고 하는 메시지를 우리가 직접 관리하고 싶을 때 사용합니다.

```
  ◂ ▸    dist_turtle_action_server.py  ×
    1     import rclpy as rp
    2     from rclpy.action import ActionServer
    3     from rclpy.executors import MultiThreadedExecutor
    4     from rclpy.node import Node
    5
    6     from turtlesim.msg import Pose
    7     from geometry_msgs.msg import Twist
    8     from my_first_package_msgs.action import DistTurtle
    9     from my_first_package.my_subscriber import TurtlesimSubscriber
   10
   11     from rcl_interfaces.msg import SetParametersResult
   12
   13     import math
   14     import time
```

[그림 10.24] dist_turtle_action_server에 SetParametersResult를 import 하는 코드를 추가한 장면

```
   24   class DistTurtleServer(Node):
   25       def __init__(self):
   26           super().__init__('dist_turtle_action_server')
   27           self.total_dist = 0
   28           self.is_first_time = True
   29           self.current_pose = Pose()
   30           self.previous_pose = Pose()
   31           self.publisher = self.create_publisher(Twist, '/turtle1/cmd_vel', 10)
   32           self.action_server = ActionServer(self, DistTurtle, 'dist_turtle', self.excute_
   33           self.declare_parameter('quatile_time', 0.75)
   34           self.declare_parameter('almost_goal_time', 0.95)
   35
   36           (quantile_time, almosts_time) = self.get_parameters(
   37                                       ['quatile_time', 'almost_goal_time'])
   38
   39           self.add_on_set_parameters_callback(self.parameter_callback)
   40
   41       def parameter_callback(self, params):
   42           for param in params:
   43               print(param.name, " is changed to ", param.value)
   44
   45           return SetParametersResult(successful=True)
   46
```

[그림 10.25] DistTurtleServer 클래스에서 parameter_callback을 추가하는 장면

[그림 10.21]에서 print 문은 이제 제거하고 그 자리에 [그림 10.25]처럼 get_parameters 후에 add_on_parameters_callback을 넣어 줍니다. 파라미터 set이 발생했을 때 실행할 콜백 함수를 parameter_callback이라는 이름으로 지정했습니다. [그림 10.21]의 41번 줄부터 그 parameter_callback 함수입니다. 콜백함수의 내용은 간단합니다. 입력으로 params를 받도록 해주면 set 명령이 적용되어 변경된 파라미터들이 반환됩니다. 그게 리스트형으로 들어와서 [그림 10.25]의 42번 줄에서 반복문으로 받도록 했습니다. 그리고 그 각각의 요소들은 name 과 value로 되어 있어서 [그림 10.25]의 43번 줄처럼 예시를 들었습니다.

이제 다시 빌드하고 ros2study를 읽습니다.

```
                          pw@pinklab: ~/ros2_study 98x8
pw@pinklab:~/ros2_study$ ros2 run my_first_package dist_turtle_action_server
]
```

```
                          pw@pinklab: ~ 98x11
pw@pinklab:~$ ros2study
ROS2 Humble is activated.
ros2_study workspace is activated.
pw@pinklab:~$ ros2 param get /dist_turtle_action_server quatile_time
Double value is: 0.75
pw@pinklab:~$ ▉
```

[그림 10.26] 다시 빌드한 후 dist_turtle_action_server를 실행한 모습

```
pw@pinklab:~/ros2_study$ ros2 run my_first_package dist_turtle_action_server
quatile_time  is changed to  0.8
]
```

```
pw@pinklab:~$ ros2study
ROS2 Humble is activated.
ros2_study workspace is activated.
pw@pinklab:~$ ros2 param get /dist_turtle_action_server quatile_time
Double value is: 0.75
pw@pinklab:~$ ros2 param set /dist_turtle_action_server quatile_time 0.8
Set parameter successful
pw@pinklab:~$ █
```

[그림 10.27] ros2 param set으로 quantile_time을 변경한 모습

```
pw@pinklab:~/ros2_study$ ros2 run my_first_package dist_turtle_action_server
quatile_time  is changed to  0.8
almost_goal_time  is changed to  0.99
]
```

```
pw@pinklab:~$ ros2study
ROS2 Humble is activated.
ros2_study workspace is activated.
pw@pinklab:~$ ros2 param get /dist_turtle_action_server quatile_time
Double value is: 0.75
pw@pinklab:~$ ros2 param set /dist_turtle_action_server quatile_time 0.8
Set parameter successful
pw@pinklab:~$ ros2 param set /dist_turtle_action_server almost_goal_time 0.99
Set parameter successful
pw@pinklab:~$
```

[그림 10.28] ros2 param set으로 almost_goal_time을 변경한 모습

[그림 10.26]에서 빌드한 후 dist_turtle_action_server를 다시 실행하고, [그림 10.27]에서
보여준 것은 ros2 param get으로 quantile_time이라는 파라미터를 확인한 후, ros2 param
set으로 변경했을 때 의도한 대로 콜백함수가 잘 작동하는 것을 보여주고 있습니다. 추가로
almost_goal_time에도 적용한 모습이 [그림 10.28]에도 나타나 있습니다.

이제 실제로 [그림 10.25]의 콜백에서는 변수의 내용도 함께 업데이트해야 하므로 [그림
10.29]처럼 변경합니다.

```
33        self.declare_parameter('quatile_time', 0.75)
34        self.declare_parameter('almost_goal_time', 0.95)
35
36        (quantile_time, almosts_time) = self.get_parameters(
37                                    ['quatile_time', 'almost_goal_time'])
38        self.quantile_time = quantile_time.value
39        self.almosts_time = almosts_time.value
40
41        self.add_on_set_parameters_callback(self.parameter_callback)
42
43    def parameter_callback(self, params):
44        for param in params:
45            print(param.name, " is changed to ", param.value)
46
47            if param.name == 'quatile_time':
48                self.quantile_time = param.value
49            if param.name == 'almost_goal_time':
50                self.almosts_time = param.value
51
52        print('quatile_time and almost_goal_time is ',
53                    self.quantile_time, self.almosts_time)
54
55        return SetParametersResult(successful=True)
```

[그림 10.29] parameter_callback 함수의 모습

여기까지의 dist_turtle_action_server의 코드는 남겨둡니다. [그림 10.29]와 같이 변경된 quantile_time과 almost_time 변수는 지금은 변수로 변경만 해 두었습니다. 이 코드는 다음 장에서 로그를 다룰 때 그 기능을 더 추가하겠습니다.

| Code: my_first_package/my_first_package/dist_turtle_action_server.py [chapter 10] |

```
1   import rclpy as rp
2   from rclpy.action import ActionServer
3   from rclpy.executors import MultiThreadedExecutor
4   from rclpy.node import Node
5
6   from turtlesim.msg import Pose
7   from geometry_msgs.msg import Twist
8   from my_first_package_msgs.action import DistTurtle
9   from my_first_package.my_subscriber import TurtlesimSubscriber
10
11  from rcl_interfaces.msg import SetParametersResult
12
13  import math
14  import time
15
16  class TurtleSub_Action(TurtlesimSubscriber):
17      def __init__(self, ac_server):
18          super().__init__()
19          self.ac_server = ac_server
20
21      def callback(self, msg):
22          self.ac_server.current_pose = msg
23
24  class DistTurtleServer(Node):
25      def __init__(self):
26          super().__init__('dist_turtle_action_server')
27          self.total_dist = 0
28          self.is_first_time = True
29          self.current_pose = Pose()
30          self.previous_pose = Pose()
31          self.publisher = self.create_publisher(Twist, '/turtle1/cmd_vel', 10)
32          self.action_server = ActionServer(self, DistTurtle, 'dist_turtle', self.excute_callback)
33          self.declare_parameter('quatile_time', 0.75)
34          self.declare_parameter('almost_goal_time', 0.95)
35
36          (quantile_time, almosts_time) = self.get_parameters(
37                                  ['quatile_time', 'almost_goal_time'])
38          self.quantile_time = quantile_time.value
39          self.almosts_time = almosts_time.value
40
41          self.add_on_set_parameters_callback(self.parameter_callback)
```

```python
42
43      def parameter_callback(self, params):
44          for param in params:
45              print(param.name, " is changed to ", param.value)
46
47              if param.name == 'quatile_time':
48                  self.quantile_time = param.value
49              if param.name == 'almost_goal_time':
50                  self.almosts_time = param.value
51
52          print('quatile_time and almost_goal_time is ',
53                          self.quantile_time, self.almosts_time)
54
55          return SetParametersResult(successful=True)
56
57      def calc_diff_pose(self):
58          if self.is_first_time:
59              self.previous_pose.x = self.current_pose.x
60              self.previous_pose.y = self.current_pose.y
61              self.is_first_time = False
62
63          diff_dist = math.sqrt((self.current_pose.x - self.previous_pose.x)**2 +\
64                          (self.current_pose.y - self.previous_pose.y)**2)
65
66          self.previous_pose = self.current_pose
67
68          return diff_dist
69
70      def excute_callback(self, goal_handle):
71          feedback_msg = DistTurtle.Feedback()
72
73          msg = Twist()
74          msg.linear.x = goal_handle.request.linear_x
75          msg.angular.z = goal_handle.request.angular_z
76
77          while True:
78              self.total_dist += self.calc_diff_pose()
79              feedback_msg.remained_dist = goal_handle.request.dist - self.total_dist
80              goal_handle.publish_feedback(feedback_msg)
81              self.publisher.publish(msg)
82              time.sleep(0.01)
83
84              if feedback_msg.remained_dist < 0.2:
85                  break
86
87          goal_handle.succeed()
88          result = DistTurtle.Result()
89
```

```
 90            result.pos_x = self.current_pose.x
 91            result.pos_y = self.current_pose.y
 92            result.pos_theta = self.current_pose.theta
 93            result.result_dist = self.total_dist
 94
 95            self.total_dist = 0
 96            self.is_first_time = True
 97
 98            return result
 99
100
101    def main(args=None):
102        rp.init(args=args)
103
104        executor = MultiThreadedExecutor()
105
106        ac = DistTurtleServer()
107        sub = TurtleSub_Action(ac_server = ac)
108
109        executor.add_node(sub)
110        executor.add_node(ac)
111
112        try:
113            executor.spin()
114
115        finally:
116            executor.shutdown()
117            sub.destroy_node()
118            ac.destroy_node()
119            rp.shutdown()
120
121
122    if __name__ == '__main__':
123        main()
```

[그림 10.29]까지 변경하고 빌드한 후 환경을 다시 읽습니다. 그리고 실행된 결과는 [그림 10.30]에 나타나 있습니다. 이제는 따로 해설하지 않아도 충분히 알 수 있을 것으로 생각합니다.

```
pw@pinklab: ~/ros2_study 98x9
pw@pinklab:~/ros2_study$ ros2study
ROS2 Humble is activated.
ros2_study workspace is activated.
pw@pinklab:~/ros2_study$ ros2 run my_first_package dist_turtle_action_server
quatile_time  is changed to  0.8
quatile_time and almosts_goal_time is  0.8 0.95
almost_goal_time  is changed to  0.99
quatile_time and almosts_goal_time is  0.8 0.99
```

```
pw@pinklab: ~ 98x10
pw@pinklab:~$ ros2study
ROS2 Humble is activated.
ros2_study workspace is activated.
pw@pinklab:~$  ros2 param set /dist_turtle_action_server quatile_time 0.8
Set parameter successful
pw@pinklab:~$ ros2 param set /dist_turtle_action_server almost_goal_time 0.99
Set parameter successful
pw@pinklab:~$
```

[그림 10.30] 그림 10.29까지 변경된 내용을 빌드하고 실행한 결과

④ 마무리

이번 장에서는 ROS2 파라미터에 관해 이야기했습니다. 단순히 터미널에서 사용하는 것부터
Python 코드를 이용해서 어떻게 다루는지도 이야기를 했습니다. 실제 예로 든 코드에서 만
든 파라미터는 실제 어떤 역할을 아직 하지 않습니다. 그것은 다음 장에서 로그 시스템에 관
해 이야기할 때 명확해집니다.

Chapter

11

디버그와 관찰을 위한 여러 도구들

① 이 장의 목적

지금까지 이 책에서는 코드의 중간 과정을 관찰하는 목적으로 print 문을 사용했습니다. 그리고 print 문이 처음 등장했을 때 이런 글을 남겼습니다.

> 여기서 잠시 print 구문을 사용했다는 것에 약간 의문을 가질 분들이 있을 수 있어서 미리 이야기할 것이 있습니다. ROS 유저들은 log에 기록을 남기는 것을 좋아합니다. 정상적인 정보, 경고, 에러 등등을 수준별로 관리하는 로그(log)에 기록을 남기면 추후 디버그 등에 아주 유리합니다. 그러나 지금은 단지 토픽의 발행 구독 등을 단순히 공부하는 영역이므로 단순한 print 문으로 진행을 하고 있습니다.
>
> — 4장에서 처음 print 문이 등장했을 때 남겼던 글

사실 많은 분들이 ROS로 코드를 짤 때 print 문을 싫어하는 경향이 있습니다. 그러나 print 문이 무조건 나쁜 건 아닙니다. print 문은 이 책에서처럼 특정 과정을 맞게 작성한 것인지 확인하는 용도로 많이 사용합니다.

그러나 실제 시스템을 공부하거나 개발할 때는 조금만 복잡해도 내가 의도한 동작이 구현되지 않아서 오랜 시간 고민해야 할 때가 있습니다. 의도한 동작이 되지 않는 상황을 점검할 때 유용한 도구 중 하나가 로그입니다. 시간 정보와 함께 잘 기록된 로그 정보를 보면 보다 효율적으로 로봇을 점검할 수 있습니다. 특히 몇십 밀리초, 혹은 몇십 마이크로초 단위로 신호를 주고받는 로봇의 상황을 단지 터미널에 찍힌 문자만 보고 판단하기는 어렵습니다.

이번 장에서는 이럴 때 사용할 수 있는 도구 중 하나인 로그에 대해 ROS가 어떤 지원을 하고 어떻게 사용할 것인지 들여다보겠습니다. 또한 토픽을 기록하는 rosbag과 GUI 환경에서 지금까지 다룬 ROS 명령을 사용할 수 있게 해주는 rqt 등도 다뤄볼 겁니다.

② 로그

2.1 간단히 rqt_console을 이용해서 로그 확인하기

[그림 11.1] rqt 관련 패키지를 설치하는 모습

혹시 이후 과정을 진행하는데 미리 설치되지 않은 패키지로 에러가 나지 않도록 [그림 11.1]에서 rqt 관련 패키지를 설치하고 있습니다. [그림 11.1]은 ros-humble-rqt로 시작하는 모든 패키지를 설치하라는 의미로 ros-humble-rqt 뒤에 별표(*)를 붙여서 ros-humble-rqt*를 sudo apt install 명령으로 설치하는 모습입니다.

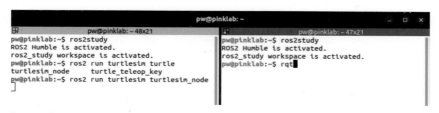

[그림 11.2] turtlesim_node를 실행하고 rqt를 실행하는 모습

[그림 11.1]과 같이 설치한 다음 [그림 11.2]처럼 turtelsim의 turtlesim_node 노드를 실행합니다. 그리고 [그림 11.2]처럼 rqt를 실행합니다. 이제는 말하지 않아도 되지 않을까 생각하지만, 터미널이 새로 실행되면 ros2study를 반드시 실행해야 합니다.

[그림 11.3] 그림 11.2에서 turtlesim_node를 실행한 결과

[그림 11.4] rqt 실행 결과

[그림 11.2]에서 rqt를 실행하면 [그림 11.4]와 같은 창이 나타납니다. [그림 11.4]의 메뉴에서 Plugins를 선택하고, [그림 11.5]처럼 Logging의 Console을 선택합니다. 그러면 [그림 11.6] 처럼 나타납니다.

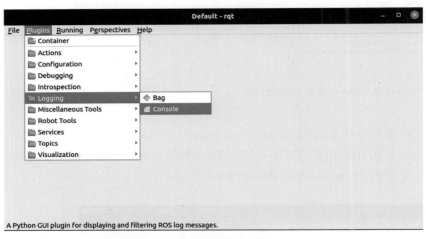

[그림 11.5] 그림 11.4에서 Logging의 Console을 실행하는 화면

[그림 11.6] 그림 11.5의 실행 결과 나타난 logging console

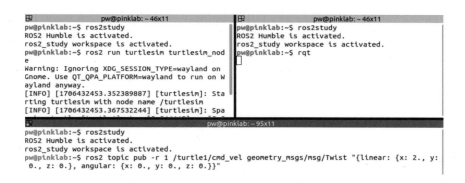

[그림 11.7] topic pub 명령으로 직진 방향으로 계속 가도록 명령

이제 [그림 11.7]의 하단 터미널처럼 ros2 topic pub 명령으로 직선으로 계속 주행하도록 명령을 줍니다.

```
ros2 topic pub -r 1 /turtle1/cmd_vel geometry_msgs/msg/Twist "{linear:
{x: 2., y: 0., z: 0.}, angular: {x: 0., y: 0., z: 0.}}"
```

[그림 11.8] 그림 11.7의 실행 결과로 turtle이 벽에 부딪힌 상황

[그림 11.7]의 명령을 인가하고 나면 turtle이 직진하다가 곧 벽을 만나게 됩니다. 그러면 [그림 11.8]의 좌측 상단 터미널의 상황처럼 다음의 메시지가 나옵니다.

[WARN] [1659418957.802302765] [turtlesim]: Oh no! I hit the wall! (Clamping from [x=11.120889, y=5.544445])

여기서 보면 WARN이라는 글자가 나오고 그 후 Oh no!라는 메시지가 나옵니다. 여기서 WARN은 로그 정보의 레벨입니다. 이 레벨에는 Fatal, Error, Warn, Info, Debug의 레벨이 있습니다. 그 뒤 나오는 Oh! no 이후 메시지는 이 노드를 만든이가 출력한 메시지가 됩니다.

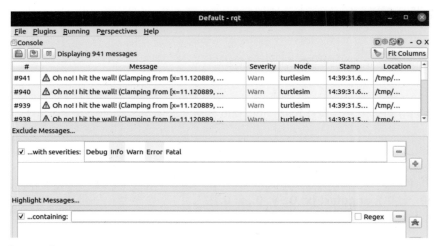

[그림 11.9] rqt logging console에 출력된 메시지

[그림 11.9]에 [그림 11.8]에서 보이던 메시지가 보입니다. 단지 메시지만 관찰하는 거라면 이런 멋진 GUI 도구까지 사용할 이유는 없겠지만, rqt의 logging console을 사용하면 조건이나 상황을 설정해서 원하는 메시지만 관찰할 수 있습니다.

## CHAPTER 11

2.2 로그 메시지 직접 만들기

9장에서 만든 dist_turtle_action_server.py 파일이 있습니다. 여기서 DistTurtleServer 클래스의 던더 init 함수에 DistTurtleServer 클래스가 시작된다는 사실을 로그 레벨 info로 남겨 보겠습니다. [그림 11.10]의 표시된 부분처럼 dist_turtle_action_server.py의 DistTurtleServer에서 던더 init에 다음과 같이 추가합니다.

```
self.get_logger().info('Dist turtle action server is started.')
```

get_logger()라는 함수를 이용해서 info 레벨로 Dist turtle action server is started라는 문장을 로그로 남기는 것입니다. 이렇게 하면 로그 기록으로도 남겨지고 해당 터미널에 출력도 됩니다.

[그림 11.10] dist_turtle_action_server.py 파일의 DistTurtleServer 클래스에 logger를 추가하는 장면

빌드 후 다시 환경(ros2study)을 부르고 난 다음 [그림 11.11]처럼 실행한 결과를 보면 메시지가 잘 출력되어 있음을 알 수 있습니다.

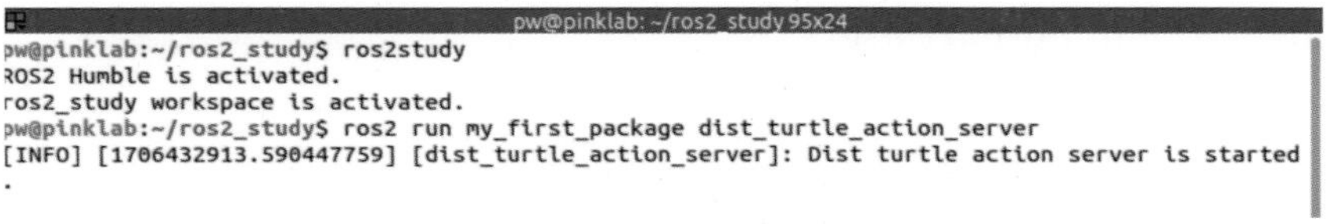

```
                      pw@pinklab: ~/ros2_study 95x24
pw@pinklab:~/ros2_study$ ros2study
ROS2 Humble is activated.
ros2_study workspace is activated.
pw@pinklab:~/ros2_study$ ros2 run my_first_package dist_turtle_action_server
[INFO] [1706432913.590447759] [dist_turtle_action_server]: Dist turtle action server is started
.
```

[그림 11.11] 그림 11.10에 추가된 로그 코드가 동작한 모습

```
24  class DistTurtleServer(Node):
25      def __init__(self):
26          super().__init__('dist_turtle_action_server')
27          self.total_dist = 0
28          self.is_first_time = True
29          self.current_pose = Pose()
30          self.previous_pose = Pose()
31          self.publisher = self.create_publisher(Twist, '/turtle1/cmd_vel', 10)
32          self.action_server = ActionServer(self, DistTurtle, 'dist_turtle', self.excute_callback
33
34          self.get_logger().info('Dist turtle action server is started.')
35
36          self.declare_parameter('quatile_time', 0.75)
37          self.declare_parameter('almost_goal_time', 0.95)
38
39          (quantile_time, almosts_time) = self.get_parameters(
40                                          ['quatile_time', 'almost_goal_time'])
41          self.quantile_time = quantile_time.value
42          self.almosts_time = almosts_time.value
43
44          output_msg = "quantile time is " + str(self.quantile_time) + ". "
45          output_msg = output_msg + "and almost_goal_time is " + str(self.almosts_time) + ". "
46          self.get_logger().info(output_msg)
47
48          self.add_on_set_parameters_callback(self.parameter_callback)
49
```

[그림 11.12] DistTurtleServer 클래스의 던더 init에 로그 출력을 추가하는 장면

추가로 DistTurtleServer 클래스의 던더 init에 10장에서 파라미터 서버를 공부할 때 만들어
둔 quantile_time과 almost_time 변수를 로그로 초기치를 출력하는 코드를 [그림 11.12]에
추가했습니다. [그림 11.12]에서 추가한 코드는 quantile_time을 문자(str)로 변경하고 하나의
문장을 만듭니다.

output_msg = "quantile_time is " + str(self.quantile_time) + ". "

그 문장에 추가로 다시 almosts_time이라는 변수를 문자로 만들어서 문장을 만듭니다.

output_msg = output_msg + "and almost_goal_time is " + str(self.almosts_
time) + ". "

이를 로그로 출력하도록 합니다.

self.get_logger().info(output_msg)

```
49
50      def parameter_callback(self, params):
51          for param in params:
52              print(param.name, " is changed to ", param.value)
53
54              if param.name == 'quatile_time':
55                  self.quantile_time = param.value
56              if param.name == 'almost_goal_time':
57                  self.almosts_time = param.value
58
59          print('quatile_time and almost_goal_time is ',
60                  self.quantile_time, self.almosts_time)
61
62          return SetParametersResult(successful=True)
```

[그림 11.13] DistTurtleServer 클래스의 parameter_callback 함수의 print 구문

그리고 DistTurtleServer 클래스에는 10장에서 만들 당시 파라미터가 변경되면 어떤 행동을 하는 콜백함수 parameter_callback을 만들고 그 안에 [그림 11.13]처럼 print 문이 있었습니다. [그림 11.13]의 print 문을 [그림 11.14]처럼 변경합니다. [그림 11.14]에 들어간 코드는 [그림 11.12]에서 사용한 코드입니다.

```
50      def parameter_callback(self, params):
51          for param in params:
52              print(param.name, " is changed to ", param.value)
53
54              if param.name == 'quatile_time':
55                  self.quantile_time = param.value
56              if param.name == 'almost_goal_time':
57                  self.almosts_time = param.value
58
59              output_msg = "quantile_time is " + str(self.quantile_time) + ". "
60              output_msg = output_msg + "and almost_goal_time is " + str(self.almosts_time) + ". "
61              self.get_logger().info(output_msg)
62
63          return SetParametersResult(successful=True)
64
```

[그림 11.14] 그림 11.13의 print 문을 그림 11.12의 로그 출력 코드로 변경

```
77
78      def excute_callback(self, goal_handle):
79          feedback_msg = DistTurtle.Feedback()
80
81          msg = Twist()
82          msg.linear.x = goal_handle.request.linear_x
83          msg.angular.z = goal_handle.request.angular_z
84
85          while True:
86              self.total_dist += self.calc_diff_pose()
87              feedback_msg.remained_dist = goal_handle.request.dist - self.total_dist
88              goal_handle.publish_feedback(feedback_msg)
89              self.publisher.publish(msg)
90
91              tmp = feedback_msg.remained_dist - goal_handle.request.dist * self.quantile_time
92              tmp = abs(tmp)
93
94              if tmp < 0.02:
95                  output_msg = 'The turtle passes the ' + str(self.quantile_time) + ' point. '
96                  output_msg = output_msg + ' : ' + str(tmp)
97                  self.get_logger().info(output_msg)
98
99              time.sleep(0.01)
100
101             if feedback_msg.remained_dist < 0.2:
102                 break
103
```

[그림 11.15] DistTurtleServer의 excute_callback 부분에 로그 출력 코드 추가

[그림 11.15]에서 DistTurtleServer의 excute_callback 부분에 로그 출력을 위한 코드를 추가 했습니다. 해당 코드는 목표지점까지 남은 거리가 75% 지점일 때 로그를 남기는 기능입니다. 먼저 목표 거리에 지정된 값(기본 설정은 0.75)을 곱해서 남은 거리와 뺀 값을 지정합니다.

tmp = feedback_msg.remained_dist - goal_handle.request.dist * self.quantile_time

그다음 절댓값으로 변환합니다.

tmp = abs(tmp)

그 절댓값이 어떤 값(여기서는 0.02)보다 작은 경우

```
if tmp < 0.02:
```

절댓값으로 계산한 결과를 잠시 로그로 남기도록 조건문 안에 아래와 같이 코드를 작성했습니다.

```
output_msg = 'The turtle passes the ' + str(self.quantile_time) + ' point. '
output_msg = output_msg + ' : ' + str(tmp)
self.get_logger().info(output_msg)
```

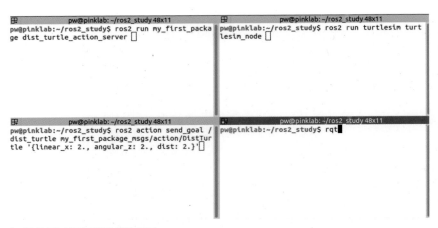

[그림 11.16] 터미널에서 실행 준비

이제 [그림 11.15]까지 작성한 코드를 빌드한 후 [그림 11.16]처럼 네 개의 터미널을 준비하고 미리 turtlesim_node와 dist_turtle_action_server를 실행할 준비를 합니다. 또한 rqt도 실행할 준비를 합니다. 그리고 액션 서버에 send_goal을 보낼 준비도 미리 해 둡니다.

```
ros2 action send_goal /dist_turtle my_first_package_msgs/action/DistTurtle '{linear_x: 2., angular_z: 2., dist: 2.}'
```

[그림 11.17] rqt를 실행하고 logging console을 준비한 모습

[그림 11.16]에서 **rqt**를 먼저 실행하고 [그림 11.17]처럼 **logging console**이 나타나게 합니다.

[그림 11.18] turtlesim_node가 실행된 화면

그리고 [그림 11.18]처럼 turtlesim_node를 실행합니다.

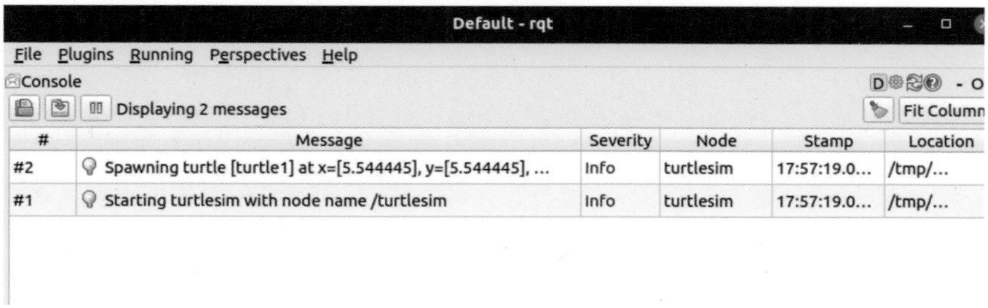

#	Message	Severity	Node	Stamp	Location
#2	Spawning turtle [turtle1] at x=[5.544445], y=[5.544445], ...	Info	turtlesim	17:57:19.0...	/tmp/...
#1	Starting turtlesim with node name /turtlesim	Info	turtlesim	17:57:19.0...	/tmp/...

[그림 11.19] 로그 출력 모습

그러면 [그림 11.19]처럼 console에 turtlesim_node가 실행될 때 출력되는 로그 출력이 보일 겁니다.

[그림 11.20] dist_turtle_action_server를 실행

그리고 [그림 11.20]의 좌측 상단 터미널에서 준비한 dist_turtle_action_server를 실행합니다.

[그림 11.21] dist_turtle_action_server를 실행할 때 출력된 로그

그러면 [그림 11.21]처럼 또 로그가 관찰됩니다. 이제 [그림 11.16]의 좌측 하단에서 준비한 send_goal을 [그림 11.22]처럼 실행합니다.

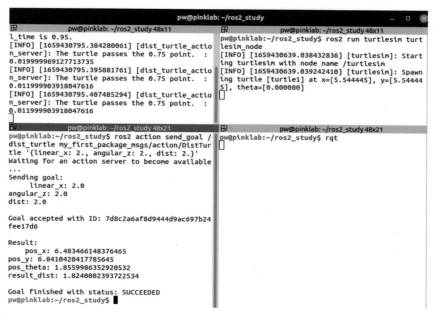

[그림 11.22] 액션 서버에 send_goal을 전송하는 장면

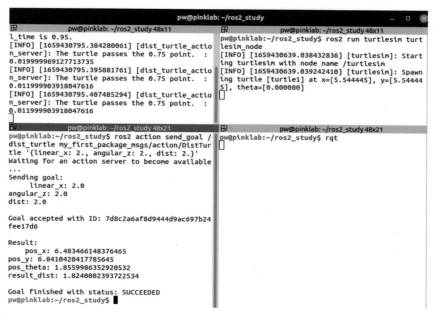

[그림 11.23] 로그가 출력된 모습

그러면 [그림 11.23]처럼 로그 정보가 잘 나타나는 것을 알 수 있습니다.

로그 메시지의 수준은 Fatal, Error, Warn, Info, Debug가 있습니다. 이 단계들을 결정하는 것은 유저의 선택입니다. 물론 일반적인 수준에 관한 내용은 있습니다. Fatal은 시스템을 멈춰야 할 정도의 에러, Error는 시스템의 오류, Warn은 시스템을 멈출 수준은 아닌 경고, info 는 정보 등입니다. 여러분들은 이런 로그 시스템을 이용해서 로봇 시스템을 개발할 때 다양한 상황에 대한 대응에 효율적인 코드를 작성할 수 있습니다.

```
1   import rclpy as rp
2   from rclpy.action import ActionServer
3   from rclpy.executors import MultiThreadedExecutor
4   from rclpy.node import Node
5
6   from turtlesim.msg import Pose
7   from geometry_msgs.msg import Twist
8   from my_first_package_msgs.action import DistTurtle
9   from my_first_package.my_subscriber import TurtlesimSubscriber
10
11  from rcl_interfaces.msg import SetParametersResult
12
13  import math
14  import time
15
16  class TurtleSub_Action(TurtlesimSubscriber):
17      def __init__(self, ac_server):
18          super().__init__()
19          self.ac_server = ac_server
20
21      def callback(self, msg):
22          self.ac_server.current_pose = msg
23
24  class DistTurtleServer(Node):
25      def __init__(self):
26          super().__init__('dist_turtle_action_server')
27          self.total_dist = 0
28          self.is_first_time = True
29          self.current_pose = Pose()
30          self.previous_pose = Pose()
31          self.publisher = self.create_publisher(Twist, '/turtle1/cmd_vel', 10)
32          self.action_server = ActionServer(self, DistTurtle, 'dist_turtle', self.excute_callback)
33
34          self.get_logger().info('Dist turtle action server is started.')
35
36          self.declare_parameter('quatile_time', 0.75)
37          self.declare_parameter('almost_goal_time', 0.95)
38
39          (quantile_time, almosts_time) = self.get_parameters(
40                                          ['quatile_time', 'almost_goal_time'])
41          self.quantile_time = quantile_time.value
42          self.almosts_time = almosts_time.value
43
44          output_msg = "quantile_time is " + str(self.quantile_time) + ". "
45          output_msg = output_msg + "and almost_goal_time is " + str(self.almosts_time) + ".
46  "
```

```
47          self.get_logger().info(output_msg)
48
49          self.add_on_set_parameters_callback(self.parameter_callback)
50
51      def parameter_callback(self, params):
52          for param in params:
53              print(param.name, " is changed to ", param.value)
54
55              if param.name == 'quatile_time':
56                  self.quantile_time = param.value
57              if param.name == 'almost_goal_time':
58                  self.almosts_time = param.value
59
60          output_msg = "quantile_time is " + str(self.quantile_time) + ". "
61          output_msg = output_msg + "and almost_goal_time is " + str(self.almosts_time) + ".
62  "
63          self.get_logger().info(output_msg)
64
65          return SetParametersResult(successful=True)
66
67      def calc_diff_pose(self):
68          if self.is_first_time:
69              self.previous_pose.x = self.current_pose.x
70              self.previous_pose.y = self.current_pose.y
71              self.is_first_time = False
72
73          diff_dist = math.sqrt((self.current_pose.x - self.previous_pose.x)**2 +\
74                                (self.current_pose.y - self.previous_pose.y)**2)
75
76          self.previous_pose = self.current_pose
77
78          return diff_dist
79
80      def excute_callback(self, goal_handle):
81          feedback_msg = DistTurtle.Feedback()
82
83          msg = Twist()
84          msg.linear.x = goal_handle.request.linear_x
85          msg.angular.z = goal_handle.request.angular_z
86
87          while True:
88              self.total_dist += self.calc_diff_pose()
89              feedback_msg.remained_dist = goal_handle.request.dist - self.total_dist
90              goal_handle.publish_feedback(feedback_msg)
91              self.publisher.publish(msg)
92
93              tmp = feedback_msg.remained_dist - goal_handle.request.dist * self.quantile_time
94              tmp = abs(tmp)
```

```
 95
 96                     if tmp < 0.02:
 97                         output_msg = 'The turtle passes the ' + str(self.quantile_time) + ' point. '
 98                         output_msg = output_msg + ' : ' + str(tmp)
 99                         self.get_logger().info(output_msg)
100
101                     time.sleep(0.01)
102
103                     if feedback_msg.remained_dist < 0.2:
104                         break
105
106             goal_handle.succeed()
107             result = DistTurtle.Result()
108
109             result.pos_x = self.current_pose.x
110             result.pos_y = self.current_pose.y
111             result.pos_theta = self.current_pose.theta
112             result.result_dist = self.total_dist
113
114             self.total_dist = 0
115             self.is_first_time = True
116
117             return result
118
119
120    def main(args=None):
121        rp.init(args=args)
122
123        executor = MultiThreadedExecutor()
124
125        ac = DistTurtleServer()
126        sub = TurtleSub_Action(ac_server = ac)
127
128        executor.add_node(sub)
129        executor.add_node(ac)
130
131        try:
132            executor.spin()
133
134        finally:
135            executor.shutdown()
136            sub.destroy_node()
137            ac.destroy_node()
138            rp.shutdown()
139
140
141    if __name__ == '__main__':
           main()
```

3 rqt

3.1 rqt_graph

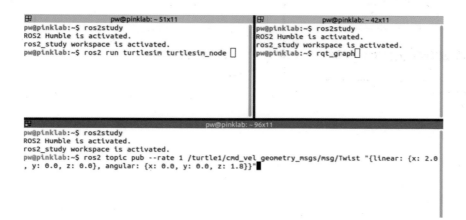

[그림 11.24] rqt_graph를 실행하기 위해 준비하는 장면

[그림 11.24]에서는 이전에 사용했던 rqt_graph를 실행하기 위해 다시 환경을 설정하고 있습니다. [그림 11.23]까지 실습했던 내용은 모두 종료하고 다시 [그림 11.24]처럼 화면을 분할한 후 turtlesim_node를 실행합니다. ros2 topic pub으로 turlte이 원 모양으로 움직이도록 cmd_vel 토픽을 발행하면 [그림 11.25]처럼 turtle이 움직일 겁니다. 이제 rqt_graph를 실행하면 [그림 11.26]처럼 결과가 나옵니다.

[그림 11.25] turtle을 원 모양으로 움직이게 토픽을 발행한 모습

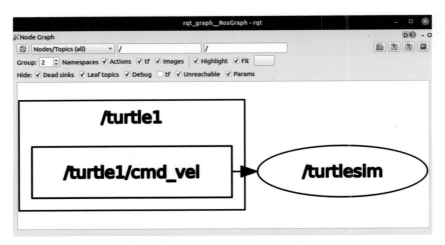

[그림 11.26] rqt_graph의 출력 결과

[그림 11.26]에 rqt_graph가 나타나 있습니다. 여기서 터미널에서 발행한 토픽도 보이게 하고 싶다면 debug를 체크하면 됩니다.

3.2 rqt_plot

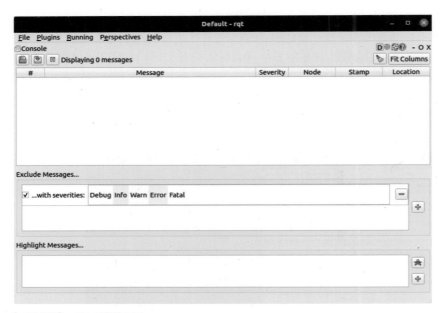

[그림 11.27] rqt를 실행한 결과

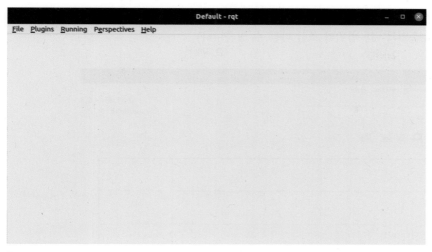

[그림 11.28] rqt의 빈 화면

[그림 11.24]의 rqt_graph를 실행한 터미널에서 rqt_graph를 중단하고, rqt를 실행합니다. 그러면 여러분들이 이 장을 연달아 학습하고 있다면 [그림 11.27]이 나타날 겁니다. 이때 우측 상단에 창을 끄는 × 기호 말고, 그 아래 검은색 작은 ×를 누르면 [그림 11.28]처럼 rqt의 빈 화면이 나타납니다. 여기서 [그림 11.29]처럼 상단 메뉴에 Plugins를 누르고 Visualization의 Plot을 선택하면 [그림 11.30]의 화면이 나타납니다.

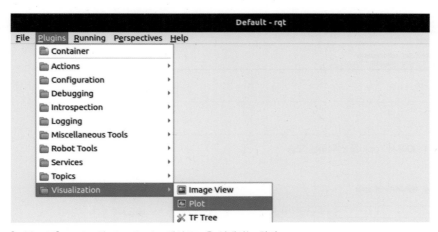

[그림 11.29] Plugins의 Visualization에서 Plot을 선택하는 화면

[그림 11.29]에서 선택한 plot은 [그림 11.30]처럼 나타납니다. 여기서 [그림 11.31]에 표시된 Topic이라는 영역에 관찰하고 싶은 토픽을 선택합니다. 이름을 다 입력해도 되지만, [그림 11.32]처럼 입력하고 + 버튼을 누르면 약간 많이 나오지만 다 나타납니다. 여기서 [그림 11.33]의 − 버튼을 눌러 [그림 11.34]처럼 나타난 목록에서 보고 싶지 않은 토픽을 제거해도

됩니다. 최종적으로는 [그림 11.35]처럼 turtle의 x, y 좌표를 남기면 됩니다. 실습 상황에 따라 여러분들의 출력과 y축 범위가 조금 다를 수 있습니다.

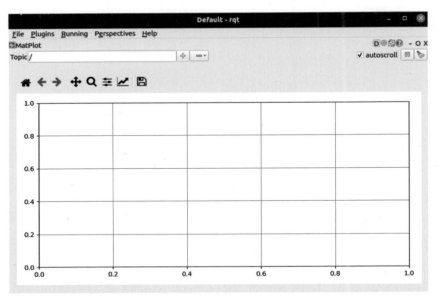

[그림 11.30] rqt에서 plot 창을 만든 모습

[그림 11.31] 그림 11.30에서 Topic을 선택하는 모습

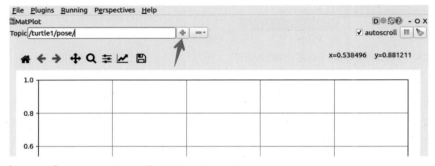

[그림 11.32] 그림 11.31에서 토픽을 선택하기 위해 + 키를 누르는 모습

ROS2 혼자 공부하는 로봇SW 직접 만들고 코딩하자

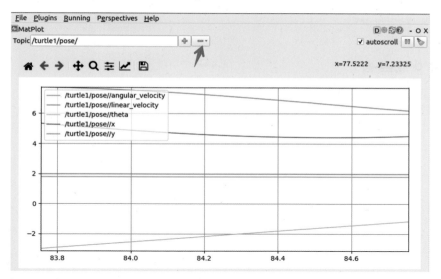

[그림 11.33] 그림 11.32에서 선택한 토픽에서 필요 없는 부분을 제거하기 위해 - 버튼을 누르는 장면

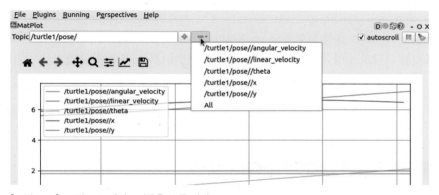

[그림 11.34] 그림 11.33에서 - 버튼을 누른 결과

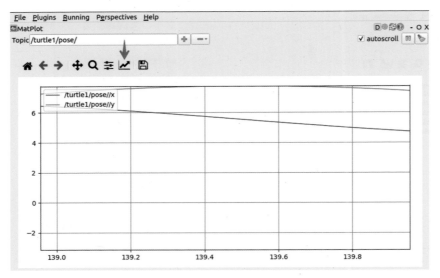

[그림 11.35] 그림 11.34에서 원하는 토픽을 남긴 상태에서 그래프 속성을 선택하는 장면

이렇게 손쉽게 어떤 topic의 내용을 그래프로 보는 것도 필요한 기능입니다. 여기서 [그림 11.35]의 상황에서 그래프의 표현 범위를 조금 변경하고 싶을 수도 있습니다. 이럴 때는 [그림 11.35]에 표시된 그래프 속성 창을 눌러 [그림 11.36]의 창이 나타나도록 합니다.

그리고 Y축의 범위는 여러분들 화면에 맞춰 설정하면 됩니다. 그런데 X축의 범위는 간격만 맞추면 됩니다. X축은 시간의 흐름에 따라 계속 변하기 때문에 절댓값은 신경 쓰지 말고 [그림 11.37]처럼 간격을 5로 하고 싶다면 0부터 5까지라고 입력하면 됩니다.

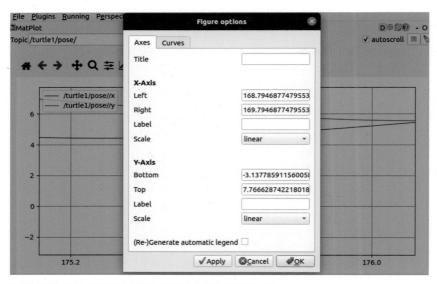

[그림 11.36] 그림 11.35에서 선택한 그래프 속성을 변경하는 창

그러면 [그림 11.38]처럼 그래프를 관찰할 수 있습니다. rqt의 plot은 강력한 기능으로 데이터를 시각화하는 기본 기능이지만, 이 기능을 ROS 같은 도구 없이 여러분이 직접 구현한다면 시간을 허비하는 일이 될 것입니다. 그런 의미에서 얼핏 단순해 보이는 이런 시각화 도구가 실제로는 아주 유용합니다.

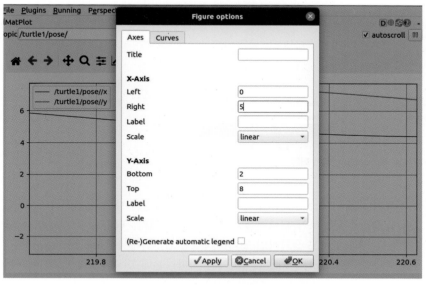

[그림 11.37] 그림 11.36에서 x축과 y축의 범위를 지정하는 장면

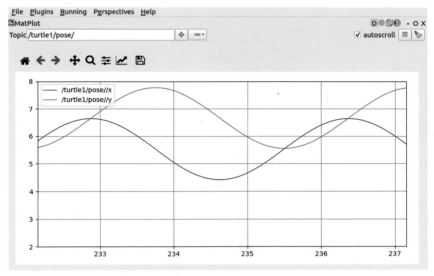

[그림 11.38] turtle의 x, y 좌표를 plot 하고 있는 모습

3.3 topic monitor

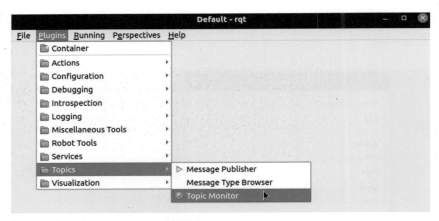

[그림 11.39] rqt의 Topic Monitor를 선택한 화면

RQT에는 많은 기능이 있습니다. 아마 터미널에서 입력하던 명령을 대다수 가지고 있을 겁니다. 그중 [그림 11.39]에서는 토픽 모니터를 시작하고 있습니다. 터미널에서 ros2 topic echo 명령을 수행하는 것과 같다고 생각하면 됩니다. [그림 11.39]에서 Topic Monitor를 선택하면 현재 구독 가능한 토픽들이 [그림 11.40]처럼 나타나는데 이중 [그림 11.41]에서는 turtle1의 pose 토픽을 선택해서 관찰하고 있습니다.

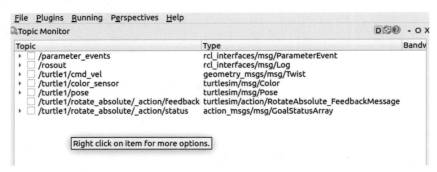

[그림 11.40] Topic Monitor에서 토픽 리스트가 나타난 화면

[그림 11.41] Topic Monitor에서 원하는 토픽을 선택해서 관찰하는 화면

3.4 topic publisher

또한 rqt는 토픽 발행도 가능합니다. Topic publisher를 [그림 11.42]처럼 선택하고 [그림 11.43]의 상단에 토픽 이름과 데이터 타입을 선택하고 + 버튼을 누르면 [그림 11.43]처럼 그 결과가 나타납니다. 그리고 [그림 11.44]처럼 원하는 값을 입력하고 [그림 11.45]에 표시된 화살표 부분을 체크하면 토픽이 발행됩니다. [그림 11.24]의 상황에서 지금까지 계속 따라왔다면 아마 cmd_vel 토픽이 중복으로 발행되어서 어쩌면 [그림 11.46]과 같은 결과가 나타날지도 모르겠네요.

[그림 11.42] rqt의 topic publisher를 선택한 화면

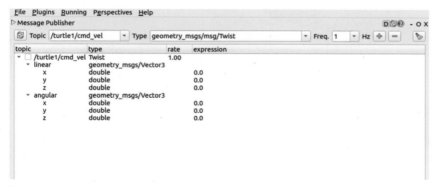

[그림 11.43] topic publisher에서 발행하고자 하는 토픽을 선택한 화면

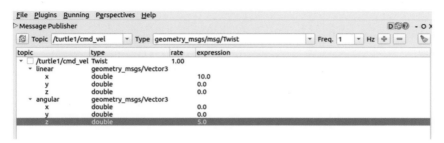

[그림 11.44] 그림 11.43에서 선택한 토픽에서 값을 변경하는 화면

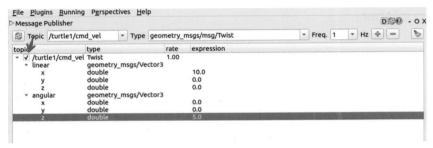

[그림 11.45] 그림 11.44에서 변경한 토픽을 발행하기 위해 체크박스를 체크하는 화면

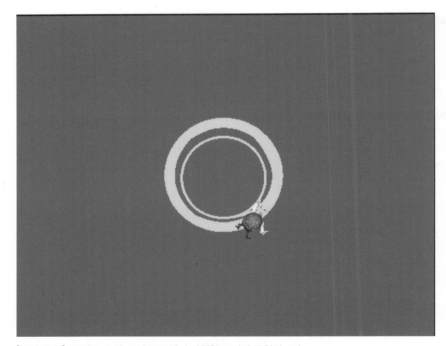

[그림 11.46] 그림 11.45와 그림 11.24에서 발행한 토픽이 중첩된 모습

④ rosbag

ROS의 토픽은 토픽 이름과 데이터 타입을 알면 그냥 구독할 수 있습니다. 이 특성으로 원하는 토픽을 별도로 기록해 둘 수 있습니다. 이렇게 토픽을 기록해 두면 나중에 단순한 관찰이든 디버그 목적으로 분석을 할 때 아주 유용합니다. 토픽을 기록하는 용도로 사용되는 것이 rosbag입니다.

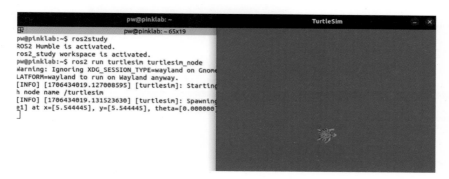

[그림 11.47] turtlesim_node를 실행한 화면

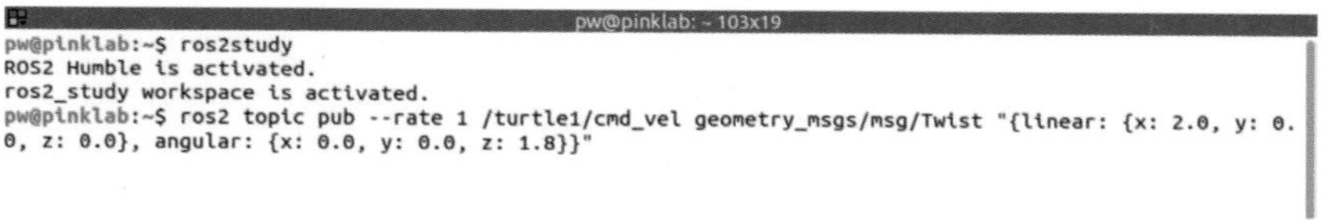

```
pw@pinklab:~$ ros2study
ROS2 Humble is activated.
ros2_study workspace is activated.
pw@pinklab:~$ ros2 topic pub --rate 1 /turtle1/cmd_vel geometry_msgs/msg/Twist "{linear: {x: 2.0, y: 0.0, z: 0.0}, angular: {x: 0.0, y: 0.0, z: 1.8}}"
```

[그림 11.48] 추가로 cmd_vel을 발행하는 장면

먼저 [그림 11.47]처럼 turtlesim을 실행합니다. 그리고 다음과 같이 cmd_vel 토픽을 [그림 11.48]처럼 발행합니다.

> **ros2 topic pub --rate 1 /turtle1/cmd_vel geometry_msgs/msg/Twist "{linear: {x: 2.0, y: 0.0, z: 0.0}, angular: {x: 0.0, y: 0.0, z: 1.8}}"**

그러면 [그림 11.49]와 같이 실행될 것입니다.

pw@pinklab: ~
TurtleSim
pw@pinklab: ~ 103x
pw@pinklab:~$ ros2study
ROS2 Humble is activated.
ros2_study workspace is activated.
pw@pinklab:~$ ros2 run turtlesim turtlesim_node
Warning: Ignoring XDG_SESSION_TYPE=wayland on Gnome. Use QT_
ay.
[INFO] [1706434019.127008595] [turtlesim]: Starting turtlesi
[INFO] [1706434019.131523630] [turtlesim]: Spawning turtle [
ta=[0.000000]
pw@pinklab: ~ 103x
publishing #16: geometry_msgs.msg.Twist(linear=geometry_msgs.
geometry_msgs.msg.Vector3(x=0.0, y=0.0, z=1.8))
publishing #17: geometry_msgs.msg.Twist(linear=geometry_msgs.
geometry_msgs.msg.Vector3(x=0.0, y=0.0, z=1.8))

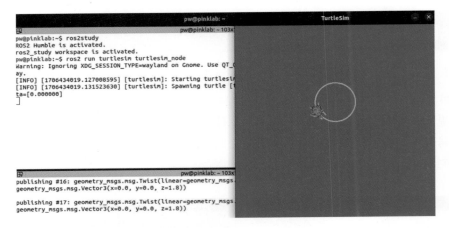

[그림 11.49] 그림 11.47, 그림 11.48의 실행 결과

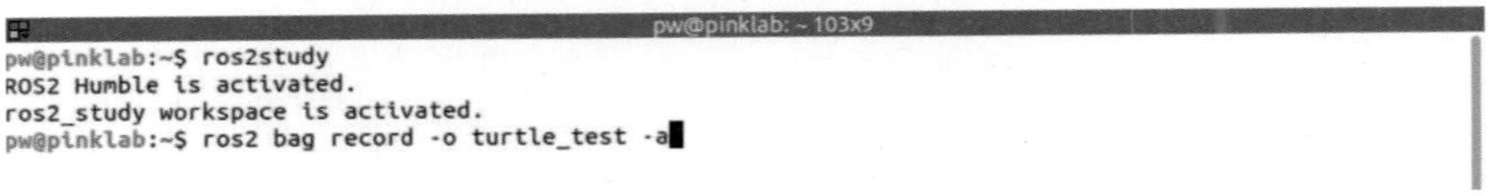

pw@pinklab: ~ 103x9
pw@pinklab:~$ ros2study
ROS2 Humble is activated.
ros2_study workspace is activated.
pw@pinklab:~$ ros2 bag record -o turtle_test -a

[그림 11.50] ros2 bag record를 실행하는 장면

이제 새로운 터미널에 [그림 11.50]처럼 ros2 bag 명령을 이용해서 토픽을 기록합니다.

```
ros2 bag record -o turtle_test -a
```

여기서 옵션 o는 기록되는 토픽을 보관하는 이름으로 turtle_test라고 지정했습니다. 지정하지 않으면 자동으로 이름이 붙습니다. 그리고 맨 뒤의 -a는 모든 토픽을 기록하라는 뜻인데, 원하는 토픽 이름만 지정할 수도 있습니다.

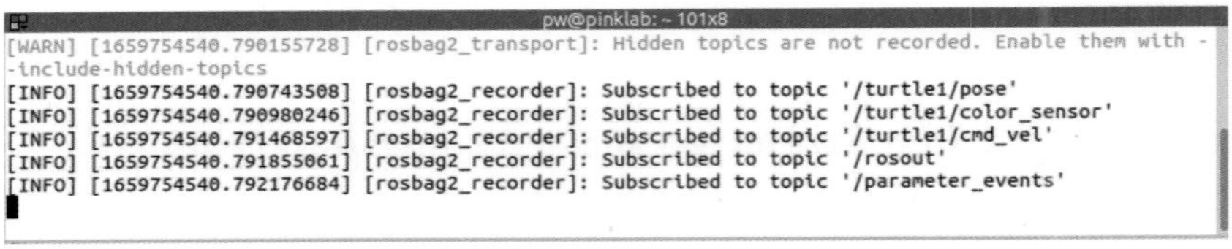

pw@pinklab: ~ 101x8
[WARN] [1659754540.790155728] [rosbag2_transport]: Hidden topics are not recorded. Enable them with -
-include-hidden-topics
[INFO] [1659754540.790743508] [rosbag2_recorder]: Subscribed to topic '/turtle1/pose'
[INFO] [1659754540.790980246] [rosbag2_recorder]: Subscribed to topic '/turtle1/color_sensor'
[INFO] [1659754540.791468597] [rosbag2_recorder]: Subscribed to topic '/turtle1/cmd_vel'
[INFO] [1659754540.791855061] [rosbag2_recorder]: Subscribed to topic '/rosout'
[INFO] [1659754540.792176684] [rosbag2_recorder]: Subscribed to topic '/parameter_events'

[그림 11.51] 그림 11.50을 실행한 결과

[그림 11.50]의 rosbag 명령을 실행하면 [그림 11.51]처럼 결과가 나타납니다. 기록되는 토픽 이름들이 보입니다. 어느 정도 시간이 지나면 [그림 11.51]이 실행되는 터미널에서 ctrl+c 키를 이용해서 중단합니다.

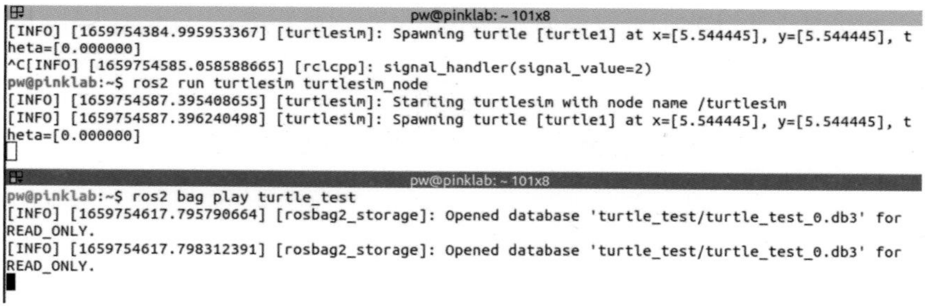

[그림 11.52] 다시 turtlesim을 실행하고 ros2 bag play를 실행하는 장면

[그림 11.49]에서 실행한 노드를 모두 멈추고, 다시 [그림 11.52]의 상단처럼 turtlesim_node 를 실행합니다. 그리고 [그림 11.52]의 하단처럼 ros2 bag play 명령으로 [그림 11.51]에서 저 장한 토픽을 play 합니다. 그러면 [그림 11.48]처럼 토픽을 따로 발행하지 않았는데도 [그림 11.53]처럼 turtle이 움직이는 것을 알 수 있습니다. 이것은 저장한 토픽이 다시 발행되는 것 입니다.

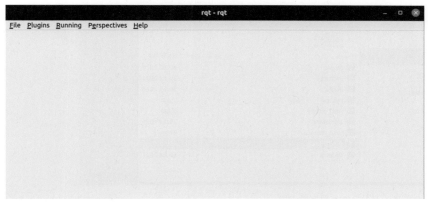

[그림 11.53] 그림 11.52의 결과

rqt - rqt

File   Plugins   Running   Perspectives   Help

[그림 11.54] rqt를 실행한 화면

이번에는 turtlesim이 실행된 상태에서 [그림 11.54]처럼 rqt를 실행합니다. [그림 11.55]처럼 Plusins의 Logging의 Bag을 선택합니다.

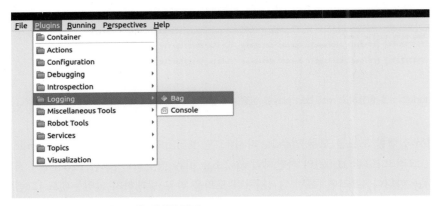

[그림 11.55] Logging의 Bag을 선택한 화면

[그림 11.56] Bag에서 파일 읽기 아이콘 클릭

그리고 실행된 [그림 11.56]에서 파일 읽기 버튼을 클릭한 후, [그림 11.57]처럼 저장해둔 turtle_test 폴더를 선택합니다.

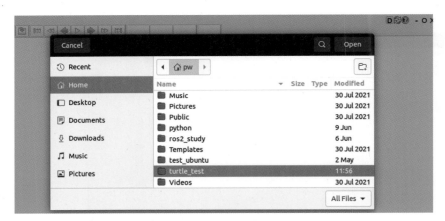

[그림 11.57] 그림 11.51에서 저장한 bag 폴더를 선택

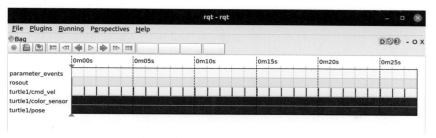

[그림 11.58] 저장된 topic을 확인한 장면

그러면 [그림 11.58]처럼 토픽이 보입니다. [그림 11.58]에서 마우스 오른쪽 버튼을 눌러서 publish를 선택하면 토픽이 발행됩니다. [그림 11.58]과 같은 결과는 토픽들의 발행 타이밍을 함께 관찰할 수 있어서 좋습니다. 1ms 아니 수백, 수십 마이크로초의 타이밍이 중요한 로봇에서 이렇게 토픽의 발행 타이밍을 관찰할 수 있다는 것도 유용한 도구입니다.

5 ROSLAUNCH

지금까지 우리는 하나의 터미널에 하나의 노드를 실행했습니다. 그래서 여러 노드를 여러 터미널에 실행했습니다. 또 어떤 경우는 파라미터를 입력해야 할 때 일일이 파라미터를 지정하고 노드를 실행하기도 했습니다. 이런 경우에 조금 더 쉽게 여러 노드를 실행하거나 손쉽게 프로그래밍하듯이 노드와 파라미터의 설정 등을 지정할 수 있는 roslaunch가 있습니다. 이번 절에서는 이 roslaunch에 대해 학습해 보겠습니다.

5.1 roslaunch 기본

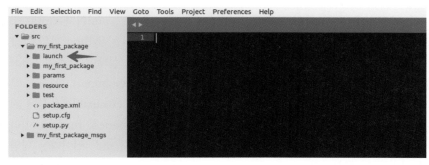

[그림 11.59] launch폴더를 만든 장면

지금까지 만들고 다듬은 my_first_package 패키지가 있는 폴더에서 launch 폴더를 만듭니다. 그리고 launch 폴더 안에 [그림 11.60]처럼 turtlesim_and_teleop.launch.py라는 파일을 작성합니다.

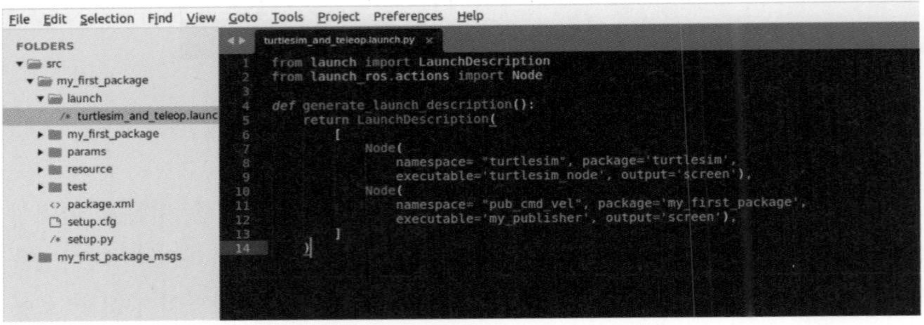

[그림 11.60] turtlesim_and_teleop.launch.py를 작성한 모습

```
Code: my_first_package/launch/turtlesim_and_teleop.launch.py
1   from launch import LaunchDescription
2   from launch_ros.actions import Node
3
4   def generate_launch_description():
5       return LaunchDescription(
6           [
7               Node(
8                   namespace= "turtlesim", package='turtlesim',
9                   executable='turtlesim_node', output='screen'),
10              Node(
11                  namespace= "pub_cmd_vel", package='my_first_package',
12                  executable='my_publisher', output='screen'),
13          ]
14      )
```

ROS에서 launch 파일은 Python 파일로 구성합니다. 물론 문서에서는 yaml이나 xml로 구성할 수 있다고 설명하며 그 방법도 제시하고 있습니다. 하지만 여기서는 Python 파일로 구성하는 것을 이야기하려고 합니다. 먼저 launch_ros.actions에서 노드 실행에 관련된 Node 클래스와 설정이 완료된 노드나 명령을 실행하는 LaunchDescription을 import 합니다. 그리고 간단히 노드 두 개를 실행하는데 package 이름과 실행할 파일을 executable 옵션에 지정하면 됩니다. [그림 11.60]의 코드는 turtlesim 패키지의 turtlesim_node를 turtlesim이라는 네임스페이스로, my_first_package 패키지의 my_publisher를 pub_cmd_vel이라는 네임스페이스로 실행하라고 한 것입니다.

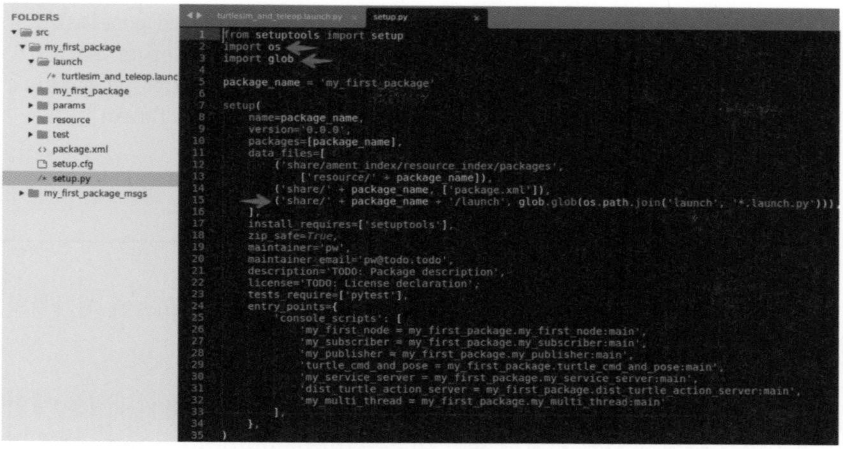

[그림 11.61] setup.py에 launch 파일을 등록한 모습

Code: my_first_package/setup.py

```
1  from setuptools import setup
2  import os
3  import glob
4
5  package_name = 'my_first_package'
6
7  setup(
8      name=package_name,
9      version='0.0.0',
10     packages=[package_name],
11     data_files=[
12         ('share/ament_index/resource_index/packages',
13             ['resource/' + package_name]),
14         ('share/' + package_name, ['package.xml']),
15         ('share/' + package_name + '/launch', glob.glob(os.path.join('launch', '*.launch.py'))),
16     ],
17     install_requires=['setuptools'],
18     zip_safe=True,
19     maintainer='pw',
20     maintainer_email='pw@todo.todo',
21     description='TODO: Package description',
22     license='TODO: License declaration',
23     tests_require=['pytest'],
24     entry_points={
25         'console_scripts': [
26             'my_first_node = my_first_package.my_first_node:main',
27             'my_subscriber = my_first_package.my_subscriber:main',
28             'my_publisher = my_first_package.my_publisher:main',
```

```
29            'turtle_cmd_and_pose = my_first_package.turtle_cmd_and_pose:main',
30            'my_service_server = my_first_package.my_service_server:main',
31            'dist_turtle_action_server = my_first_package.dist_turtle_action_server:main',
32            'my_multi_thread = my_first_package.my_multi_thread:main'
33        ],
34    },
35 )
```

그리고 [그림 11.61]에 나와 있듯이 setup.py 파일의 setup 항목에서 data_files에 패키지의 launch 폴더에서 모든 .launch.py 파일을 추가하라고 지정해 둡니다.

그리고 [그림 11.60]에서 네임스페이스를 따로 지정했으므로 my_publisher.py 파일을 열어서 [그림 11.62]의 11번째 줄에 표시된 것처럼 토픽 이름을 /turtlesim/turtle1/cmd_vel로 변경해야 합니다.

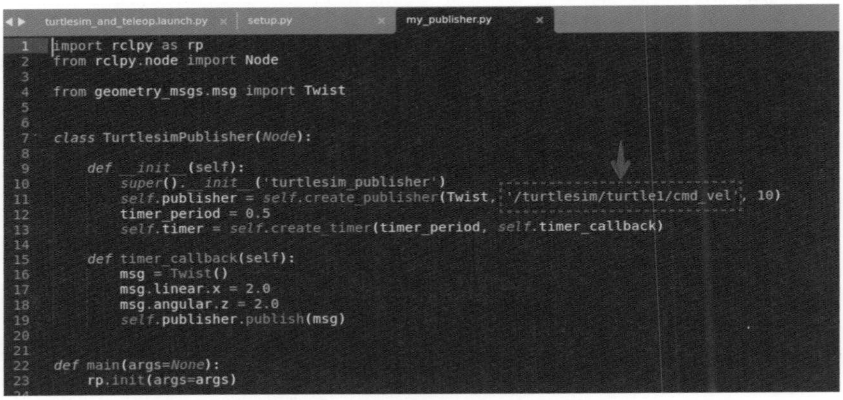

[그림 11.62] my_publisher.py의 토픽 이름을 변경하는 모습

이제 빌드를 다시 하고 [그림 11.63]처럼 [그림 11.60]의 py 파일을 다음과 같이 실행합니다.

ros2 launch my_first_package turtlesim_and_teleop.launch.py

그러면 [그림 11.64]와 같이 하나의 터미널에서 turtlesim_node가 실행되고 my_publisher에 의해 turtle이 움직이는 것을 알 수 있습니다.

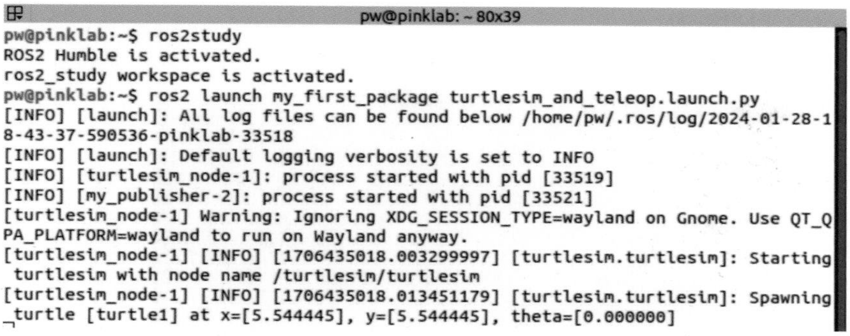

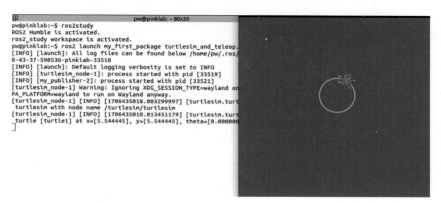

[그림 11.63] turtlesim_and_teleop.launch.py를 실행하는 모습

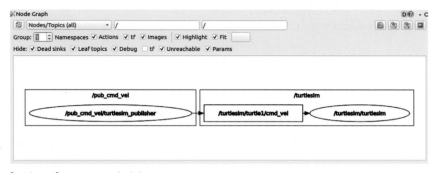

[그림 11.64] 그림 11.63의 실행 결과

그래서 [그림 11.65]처럼 rqt_graph로 확인해보면 turltesim이라는 네임스페이스에 cmd_vel
이 보입니다. 즉, [그림 11.60]에서 지정한 네임스페이스가 [그림 11.65]에서 확인됩니다.

[그림 11.65] rqt_graph의 결과

5.2 parameter 지정하기

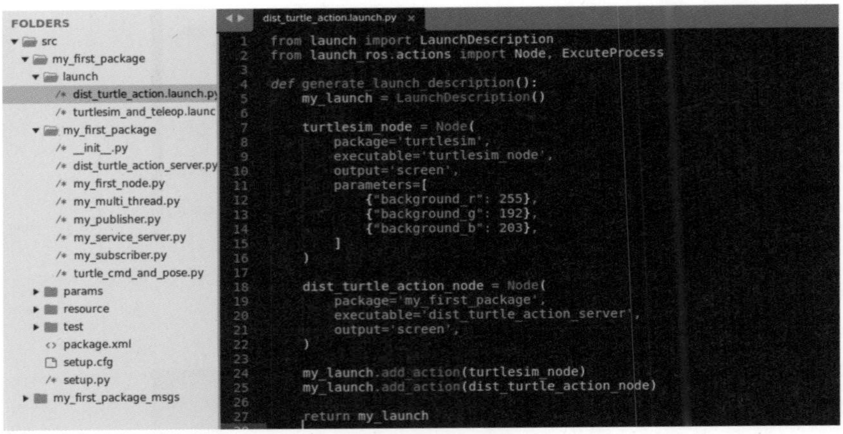

[그림 11.66] dist_turtle_action.launch.py

이번에는 [그림 11.66]을 보겠습니다. [그림 11.66]은 [그림 11.60]과 비교하면 LaunchDescription을 선언만 한 다음, add_action을 이용해서 추가하고 있다는 것이 다릅 니다. 실행해야 할 요소가 많아지면 [그림 11.66]과 같은 형태로 작업을 하게 됩니다. 그리고 12, 13, 14번 줄에서 turtlesim의 백그라운드 색상을 파라미터로 변경하는 부분을 넣을 수 있 다는 것입니다.

```
Code: my_first_package/launch/dist_turtle_action.launch.py

1  from launch import LaunchDescription
2  from launch_ros.actions import Node, ExcuteProcess
3
4  def generate_launch_description():
5      my_launch = LaunchDescription()
6
7      turtlesim_node = Node(
8          package='turtlesim',
9          executable='turtlesim_node',
10         output='screen',
11         parameters=[
12             {"background_r": 255},
13             {"background_g": 192},
14             {"background_b": 203},
15         ]
16     )
17
18     dist_turtle_action_node = Node(
```

```
19          package='my_first_package',
20          executable='dist_turtle_action_server',
21          output='screen',
22      )
23
24   my_launch.add_action(turtlesim_node)
25   my_launch.add_action(dist_turtle_action_node)
26
27   return my_launch
```

역시 빌드하고 실행하면 액션 서버가 정상적으로 동작하고 터틀이 위치하는 배경색도 변경된 것을 확인할 수 있습니다.

❻ 마무리

이번 장이 이 책의 마지막 장입니다. 사실 이 책은 제가 집필하는 ROS의 첫 번째 책이고, 다음에 이어질 이야기가 또 있습니다. 그래서 다음 이야기를 쓰고 싶은 마음이 급합니다. 이번 장에서는 로그 시스템과 rqt의 여러 가지 사용법, 그리고 rosbag, roslaunch에 관한 이야기를 했습니다. 이런 도구들은 이어지는 다음 콘텐츠(그것이 책이든, 업로드 하는 영상이든, 강의든)에서 더 상세히 다룰 예정입니다.

마치며…

지금까지 수고하셨습니다. "뭐야 한 권의 책 전체 동안 거북이만 데리고 놀았잖아"라고 생각할까 걱정도 좀 됩니다. 그러나 제가 중요하게 생각한 것은 여러분들이 ROS의 아주 기초적인 부분을 잘 익히기를 기대했습니다.

제 지인 중, 정확하게는 제가 친하게 지내고 싶은 능력자 중 몇몇 분들이 이야기하는 것이 있습니다.

"ROS 엔지니어라고 신입사원을 채용했는데, 스스로 패키지도 못 만들더라고요."

"자기 힘으로 자기가 원하는 토픽, 서비스를 구현하지 못하더라고요"

이런 이야기를 들으면서 저는 단순한 튜토리얼 수준보다 조금 더 깊으면서 기초를 튼튼히 잡을 수 있는 아이디어를 고민하고 책을 구성했습니다. 책 앞부분에서도 이야기했지만, 여러분들이 가능하면 한 Chapter를 한 호흡에 따라 하면 좋겠다고 생각하고 이 책을 만들었습니다. DDS나 QoS와 같은 깊이 있는 내용은 다루지 않아서 조금 아쉽긴 하지만, 이 책은 앞으로 저희가 출판할 큰 시리즈의 첫 단계일 뿐이니까 다음을 기대해 주시면 좋겠습니다.

우리가 흔히 로봇이라고 하면 크게 주행 로봇과 로봇팔이 떠오를 겁니다. 원래 이 책의 집필 방향은 주행 로봇과 로봇팔을 모두 포함하려고 했습니다. 그러나 ROS의 기초만 다루는데도 책 한 권의 분량이 필요하네요. 아마도 로봇이라는 분야가 광범위하고 깊은 내용을 가지는 분야라 그런 것 같습니다. 저희는 이 책에서 멈추지 않고 주행 로봇과 로봇팔을 다루는 내용도 진행할 예정입니다.

이 책을 시작으로 저희가 구성할 목표는 https://www.pinklab.art/edu_contents에 있고 이 내용을 모두 책과 영상으로 발표할 예정입니다.

"이미 만들어진 로봇을 사용하는 교육이 아니라,
직접 로봇을 만들 수 있는 콘텐츠"

우리는 이미 만들어진 로봇을 사용하는 방법을 알려주는 내용이 아니라 이 책 혹은 제가 만드는 콘텐츠를 통해 로봇을 만드는 방법을 익힐 수 있도록 준비하고 있습니다.

앞으로의 우리 콘텐츠를 기대해 주세요.